GOLDMANN

Buch

Biblische Schöpfungsgeschichte und moderne kosmologische Theorie stellen eine Einheit dar, ja die Bibel ist eine Quelle kosmologischer Erkenntnisse, und neueste Forschungsergebnisse bestätigen die biblischen Berichte. Zu dieser aufsehenerregenden These gelangt Gerald L. Schroeder durch einen systematischen Vergleich der Aussagen der Bibel mit der Urknalltheorie. Er weist in seinem spannenden Buch nach, daß die Entstehung des Lebens aus unbelebter Materie durch zufällig ablaufende chemische Reaktionen, wie es die Naturwissenschaften annehmen, statistisch gesehen fast unmöglich ist: Für den Zufall stand einfach nicht genug Zeit zur Verfügung. In der nach wie vor unter Physikern offenen Debatte um die Entstehung von Universum, Leben und Mensch tritt Schroeder dafür ein, auch die theologischen Quellen mit offenen Augen zu studieren, da mit rein naturwissenschaftlichen Methoden auch in Zukunft keine befriedigenden Antworten zu finden sein werden.

Autor

Gerald L. Schroeder ist promovierter Physiker und Theologe. Er wurde am renommierten Massachusetts Institute of Technology (MIT) ausgebildet. Heute arbeitet er hauptsächlich in Jerusalem und hält weltweit Vorträge.

Gerald L. Schroeder

Schöpfung und Urknall

Die Übereinstimmung der modernen Naturwissenschaft mit der Bibel

Aus dem Amerikanischen von
Karl A. Klewer

GOLDMANN VERLAG

Umwelthinweis:
Alle bedruckten Materialien dieses Taschenbuches
sind chlorfrei und umweltschonend.

Der Goldmann Verlag
ist ein Unternehmen der Verlagsgruppe Bertelsmann

Vollständige Taschenbuchausgabe Januar 1996
Wilhelm Goldmann Verlag, München

Originalverlag: Bantam Books, New York
Originaltitel: Genesis and the Big Bang
Umschlaggestaltung: Design Team München
unter Verwendung einer Bibelillustration »Der Schöpfer, die Welt
messend« aus dem 13. Jahrhundert (Wien, National-Bibliothek) und
eines Satellitenfotos von Comstock, Berlin
Satz: Uhl + Massopust, Aalen
Druck: Presse-Druck, Augsburg
Verlagsnummer: 12660
Fachliche Beratung der Übersetzung: Dr. Jürgen Christner
ss · Herstellung: Ludwig Weidenbeck
Made in Germany
ISBN 3-442-12660-6

1 3 5 7 9 10 8 6 4 2

Inhalt

Danksagung

Das vorliegende Buch *Schöpfung und Urknall* geht auf Notizen zurück, die ich mir während der letzten zehn Jahre immer wieder – angestoßen durch Fragen meiner Kinder – machte. In dieser Zeit habe ich den beabsichtigten Buchtitel nicht ein einziges Mal geändert, denn mein Bestreben war immer dasselbe: Ich wollte die Einheit von biblischer Schöpfungsgeschichte und kosmologischer Theorie finden und anschaulich darstellen. Es handelt sich dabei um eben die Einheit, welche die gesamte Menschheit und das gesamte Weltall miteinander verbindet.

Bei dieser Aufgabe erfuhr ich Unterstützung von vielen Seiten, nicht zuletzt von meiner Frau Barbara, die unser häusliches Leben in Schwung gehalten hat. Die Ausbildung, die ich während meines Grundstudiums und danach am Massachusetts Institute of Technology (M. I. T.) erhielt, hat mir das Rüstzeug für wissenschaftliche Forschung an die Hand gegeben. Die schwer deutbaren Feinheiten der Heiligen Schrift und der Naturwissenschaft haben viel miteinander gemeinsam. Schon früh förderten meine Eltern, die unter ihren engsten Freunden als Naturphilosophen galten, mein Bestreben, auf einem dieser Gebiete oder beiden als Forscher tätig zu werden. Später halfen mir Professor Robley Evans, unter dessen Anleitung ich die Forschungsarbeit für meine Dissertation durchführte, Rabbi Chaim Brovender und der inzwischen verstorbene Rabbi Herman Pollack, die mich auf den Weg zu gewissenhaften Bibelstudien brachten, Wesentliches von Unwesentlichem zu unterscheiden, die Spreu vom Weizen zu trennen. Adelaide und Seymour

Kahn stellten mir die ihnen zugänglichen Hilfsmittel zur Verfügung.

Dazu, daß *Schöpfung und Urknall* seine vorliegende Gestalt annahm, trugen drei Menschen entscheidend bei: Helen Rees, die von Anfang an von meinem Unternehmen überzeugt war und es fördernd begleitete; Marc Jaffe, der das Manuskript während seiner Entstehung wiederholt las und kritisch kommentierte; sowie Michelle Rapkin vom Verlag Bantam Books, die es redaktionell betreute und mit ihren Anregungen zur Erhellung beitrug. Allen, die mir zur Seite standen, danke ich aufrichtig und hoffe, daß ihre Mühe nicht vergebens war.

Wer war das noch, der gesagt hat:
»Wenn du dir nur eine einzige Zeitung leisten kannst,
lies die der Gegenseite«?

Einleitung

Studiere Astronomie und Physik, wenn du begreifen willst, welche Beziehung zwischen der Welt und der Art besteht, wie Gott sie handhabt.

Maimonides,
Führer der Unschlüssigen

Das Bild, das ich mir bis 1961 von Rehwild machte, war eine Mischung aus Walt Disneys Bambi und dem kraftstrotzenden Rehbock mit dem glänzenden Fell, den ich aus dem Zoo des New Yorker Stadtteils Bronx kannte. Diese Vorstellung erfuhr an einem hellen, kühlen Herbstmorgen jenes Jahres in der Wüste von Nevada eine grundlegende Veränderung. Ich saß mitten im Versuchsgelände der amerikanischen Atomenergiekommission auf dem Dach eines Kleinlasters, der dem Verteidigungsministerium gehörte und seit dem Vorabend auf der Rainier-Hochfläche geparkt war. Zum ersten Mal seit drei Jahren hatten die Vereinigten Staaten wieder eine Atombombe gezündet.

Was ich erlebte, war die Verwirklichung des Wunschtraums jedes freiheitlich Gesinnten. Ich hatte den Auftrag, ein Verfahren zu entwickeln, mit dessen Hilfe sich Epizentren unterirdischer Atomexplosionen ermitteln ließen, ein Verfahren, das entscheidende Bedeutung gewinnen konnte, falls die Vereinigten Staaten und die Sowjetunion je ein Abkommen zur atomaren Abrüstung unterzeichnen sollten. Bei einem solchen bilateralen Abkommen bestand ja, sofern Kontrolle nicht möglich war, die Gefahr einseitiger Abrüstung, die dem Frieden mehr schaden konnte als ein unverhülltes Wettrüsten.

Einer der Stolpersteine auf dem Weg zu einem derartigen Vertrag ist bekanntermaßen das zur Überprüfung seiner Einhaltung gewählte Verfahren; es muß eine Möglichkeit geben nachzuweisen, daß einer der Vertragspartner wortbrüchig geworden ist und unerlaubterweise einen Atomwaffenversuch durchgeführt hat. Dieser mußte zwangsläufig unterirdisch erfolgen, denn theoretisch vermag die Erde einen so großen Teil der dabei freigesetzten Energie und Strahlung aufzunehmen, daß ausländische Beobachter einen solchen Atomwaffenversuch unter Umständen nicht bemerken.

Meine Kollegen und ich vertraten die Ansicht (zu Recht, wie wir später erfuhren), das Epizentrum einer solchen Explosion lasse sich mit Hilfe winziger von der Druckwelle der Detonation verursachter Veränderungen in der Bodenstruktur ermitteln. Ein solches Verfahren konnte vielleicht sogar dann Ergebnisse liefern, wenn die gesamte bei der Versuchszündung einer Bombe auftretende Strahlung nicht über die riesige Glaskugel hinausgelangte, die dadurch entsteht, daß die Hitze das Gestein unter der Erde verflüssigt.

Da meine Arbeit die Voraussetzungen für einen kontrollierbaren Abrüstungsvertrag schaffen sollte, konnte ich meine Mitwirkung an den aufregenden Ereignissen – und die gab es reichlich – im Zusammenhang mit den Atomversuchen moralisch rechtfertigen. Daran Beteiligte sprechen normalerweise nicht von »Bombe«, sondern von einer »Vorrichtung«, und das Ergebnis ihrer Zündung nennen sie »Ereignis« statt »Detonation«.

Am späten Abend traf der Flug 711 der United Airlines am Internationalen McCarran-Flughafen von Las Vegas ein. Der Farbschimmer, der von den Motels entlang der Hauptstraße ausging, verlieh dem Ort ein unwirkliches Aussehen – er ähnelte eher einem Lunapark als einer Stadt, auch dann noch, als ich mich zum sechsten Mal unter denjenigen einreihte, die ebenfalls darauf warteten, Zeuge einer atomaren Detonation zu werden.

Ich holte die Schlüssel für den von Avis gemieteten Chevy ab und lud die vier Säcke handelsüblichen Zements ein, die ich mitgebracht hatte. Zwar hatte ihr Transport den Steuerzahler vierhundert Dollar für Übergepäck gekostet, aber genau diesen Zement brauchte ich für meine Arbeit. Ich hatte ihn einige Tage zuvor am Forschungszentrum für Radioaktivität am M. I. T. im gegen Strahlung abgeschirmten Labor gemessen, dessen Wände, Boden und Decke aus etwa fünfzehn Zentimeter starken Stahlplatten bestanden, die man aus der Armierung eines außer Dienst gestellten Kriegsschiffs geschnitten hatte. Diese Panzerung nimmt einen so großen Teil der kosmischen und terrestrischen Strahlung auf, daß sich auch noch die kaum merkliche Strahlung genau nachweisen läßt, die der Radiumgehalt im Skelett eines gesunden Menschen verursacht. Da die vier von mir mitgebrachten Säcke Zement etwa das Vierfache der radioaktiven Strahlung eines Menschen abgaben, konnte ich ihre Auswirkung auf die beim Atomwaffenversuch anfallenden Werte berechnen.

Von Las Vegas bis zum Zufahrtstor des Versuchsgeländes gelangte man auf der US-Fernstraße 95 rund achtzig Kilometer in nordwestlicher Richtung. Da sie zu jener Zeit lediglich zweispurig war und ohne Brücken dem Relief der Landschaft folgte, mußte man zur Überquerung von Wasserläufen die Uferböschung hinabfahren. Dabei entschwand für kurze Zeit der Gegenverkehr aus dem Blick, und wenn man gleich darauf wieder auftauchte, schlug unter dem Druck der scharfen Bergaufbeschleunigung die Federung des Wagens durch. Auf dem größten Teil der Strecke gab es keine Geschwindigkeitsbeschränkung, und so fuhren wir durchgehend Höchstgeschwindigkeit.

Nach der Sicherheitsüberprüfung am Eingangstor zum Versuchsgelände ging es auf einer zweispurigen Straße weiter zur fünfzig Kilometer entfernten Rainier-Hochfläche. Zivilfahrzeuge waren dort während der Atomwaffenversuche nicht zugelassen, und so ließ ich meinen Mietwagen im Basislager zurück und fuhr mit dem mir vom Verteidigungsministerium zugewiesenen Kleinlaster weiter.

Für das geplante »Ereignis« hatte man in einer Tiefe, die

einem Drittel der Höhe vom Fuß des Berges bis zur Hochfläche entsprach, einen Tunnel von einigen hundert Meter Länge gegraben. Die »Vorrichtung« kam ans Ende des Tunnels, der dann zum Teil wieder verfüllt wurde, damit die bei der Detonation auftretende Druckwelle nicht ins Freie gelangte. Da ich acht Meter unterhalb der Hochfläche, genau oberhalb der Stelle, an der die Bombe gezündet werden sollte, Meßröhren für Gasproben brauchte, mußten im Tuffgestein über dem Epizentrum des geplanten »Ereignisses« Bohrungen niedergebracht werden. Man hatte uns lediglich eine Woche vor der ersten geplanten Detonation informiert, und das hieß für die Arbeitstrupps Überstunden machen, um die Bohrungen rechtzeitig fertigzubekommen. Vierundzwanzig Stunden später war es soweit.

Atomwaffenversuche finden am frühen Morgen statt, gewöhnlich unmittelbar nach Sonnenaufgang. Das gibt der Arbeitsgruppe die Möglichkeit, sich einen vollen Tag hindurch bei Licht mit den Auswirkungen des »Ereignisses« zu beschäftigen. Am Vortag hatte man am Nachmittag alles nicht benötigte Personal von der Fläche der Hochebene abgezogen. Nur vier Wissenschaftler, die in jener Nacht auf der Hochfläche schlafen sollten, erhielten unmittelbar nach dem »Ereignis« Zutritt zur Höhe Null – drei strahlensicher untergebrachte Kollegen und ich. Daß Gefahren auftreten könnten, kam mir nicht in den Sinn. Die für die Schätzung der frei werdenden Energie zuständigen Physiker erklärten, sie seien bereit, sich ins Epizentrum der Detonation zu stellen, wo sie die Stoßenergie mit gebeugten Knien abfedern könnten.

Es war ein herrlicher, klarer, windstiller Tag, und die Stille war ebenso bleiern wie die Nachmittagshitze. Alles Gestrüpp dort hatte die graugrüne Farbe der mit Staub bedeckten Wüstenvegetation – mit Regen war erst in einigen Monaten zu rechnen. Tief unter uns schnitt die verlassene Zufahrtsstraße eine einsame Linie durch die unermeßlichen, mit verschiedenen Palmenarten bewachsenen Flächen und stieg dann scharf zur Hochebene empor an.

Der Nachthimmel über Wüsten ist so sternenklar, wie ihn Stadtbewohner nie erleben. Die trockene Wüstenluft reflektiert so wenig Licht, daß der Himmel entweder vollständig schwarz oder mit Sternen wie reinweißen Diamanten bedeckt ist. Die Milchstraße zieht quer durch das mit Sternen besetzte Halbrund ihre Spur, und das »Reiterlein« im Großen Bären läßt sich mit bloßem Auge erkennen.

Als Gott Abraham aus seinem Zelt führte und ihm sagte, die Zahl seiner Nachkommen werde ebenso groß sein wie die der Sterne, muß er wohl dieses Bild vor Augen gehabt haben. »Abraham glaubte dem Herrn, und das rechnete er ihm als Gerechtigkeit an« (1 Mose 15, 6). Der Glaube an eine so große Zahl von Nachkommen hat für einen kinderlosen älteren Mann sicher vollständige vertrauensvolle Hingabe bedeutet.

Die Kühle eines Wüstenmorgens ist ein kurzlebiges Vergnügen. Die ganze Nacht hindurch strahlen der nackte Fels und der Erdboden Wärme ab, welche durch die klare, trockene Luft in die Schwärze des Weltraums geht. Es ist, als bemühe sich die Erde vergebens, der Sonne für ihr Geschenk der Wärme vom Vortag etwas zurückzugeben. Da der Wüstenboden keine größeren Wasservorräte enthält, welche in feuchteren Zonen die Sonnenwärme speichern, sinkt die Bodentemperatur nachts rasch und kühlt ihrerseits die Luft ab. Das Ergebnis ist eine hochwillkommene nächtliche Kühle, die bereits wenige Augenblicke nach dem Sonnenaufgang der Hitze weicht.

Als an jenem bewußten Herbsttag die Sonne aufging, hatte ich mein mitgebrachtes Frühstück bereits verzehrt. Geschlafen hatte ich auf der offenen Ladefläche des Kleinlasters. Jetzt saß ich auf dem Kabinendach, neben mir standen zwei weitere Kleinlaster des Verteidigungsministeriums, und ich spähte über gut zwei Kilometer mit Gestrüpp bedecktes Gelände hinweg dorthin, wo das Epizentrum liegen würde. Fünf Sekunden vor der Detonation begannen die auf Stativen angebrachten Hochgeschwindigkeits-Filmkameras zu laufen, um sichtbare Bodenbewegungen aufzuzeichnen. Vier Blitzlichter zuckten auf, die auf dem Film den genauen Zeitpunkt der Detonation kennzeichnen sollten. Zuerst konnte man glauben, das sei alles, denn abgesehen von dem Geräusch der Kameras war die Wüste still.

Dann kam es. Ich denke, unsere gemischten Gefühle aus Staunen und Angst ähnelten denen von Menschen, die den Ozean zurückweichen sehen, bevor eine Gezeitenwelle heranrollt. Der Kleinlaster, auf dem ich stand, und die beiden neben mir begannen zu schwanken, als befänden wir uns auf hoher See. Eine Explosion, die zwei Kilometer entfernt und mehrere hundert Meter unter uns stattgefunden hatte, ließ die Hochfläche hüpfen, als sei sie eine Schüssel mit Wackelpudding. Der ganze Hang stürzte auf die im Alluvium angespülte Ebene hinunter, und in diesem Augenblick geschah so viel, wie die Erosion eines Jahrtausends bewirkt hatte. In der Sprache der Relativitätsphysik war das eine Art Zeitverwerfung. Die Zufahrtsstraße, der einzige uns bekannte Weg zurück, war verschwunden. Wir hielten uns an den Bordwänden der Kleinlaster fest.

Ein von einem Kitz begleiteter Rehbock mit kurzem abgebrochenen Geweih stürzte aus dem Gebüsch auf die glatte Felsplatte, die wir als unsere Lichtung beanspruchten. Als er einen kurzen Augenblick lang witternd stehenblieb, fiel mir auf, daß er mit grauem Staub bedeckt war und räudig aussah. Ich erkannte das Entsetzen in den starren Augen der Tiere, während sie an uns vorüberstürmten und im Unterholz verschwanden.

Irgend etwas war bei der Detonation nicht wie geplant verlaufen. Ein schlagartig erfolgter Ausbruch hatte einige Gramm Uran in unvorstellbare Hitze umwandeln sollen. Diese Wärmemenge entsprach dem E in Einsteins berühmter Formel $E = mc^2$. Den Berechnungen nach hätten die Erdmassen unter der Hochebene die dabei freigesetzte Energiemenge ohne weiteres bändigen müssen. Aber offensichtlich waren die Berechnungen fehlerhaft gewesen. Erst hatte die Detonation den Hang vor der Hochebene hinabstürzen lassen, und jetzt befanden wir uns inmitten eines von Menschenhand ausgelösten Erdbebens. Nichts von alldem hatte man vorhergesehen, oder wir waren davon einfach nicht in Kenntnis gesetzt worden.

Die Kettenreaktion einer atomaren Explosion wird ausgelöst,

indem man dafür sorgt, daß in der Bombe befindliche Uran-Atomkerne Neutronen einfangen. Je mehr von ihnen eingefangen und aufgenommen werden, desto gewaltiger ist die Reaktion und desto größer die Menge der freigesetzten Energie. Vorsichtig gesagt drängte sich mir angesichts dessen, was wir eben erlebten, der Eindruck auf, als stecke die Wissenschaft mit ihrer Fähigkeit zur Voraussage der Zahl von Neutronen, die man einfangen konnte, noch in den Kinderschuhen.

Zuerst sagte keiner von uns etwas, dann redeten wir alle zur selben Zeit.

»Die Burschen haben doch behauptet, sie wollten sich ins Epizentrum stellen und den Stoß mit gebeugten Knien abfedern. Das hätte aber 'ne ganze Menge mehr verbogen als ihre Knie.«

»Ich brauch' Messungen nahe am Zeitpunkt Null. Können wir hinfahren?«

»Auf keinen Fall. Erst müssen wir wissen, ob das Gebiet radioaktiv verseucht ist.«

»Aber man hat uns doch garantiert, daß keine Strahlung nach außen dringen würde.«

»Die Vorschriften verlangen die Untersuchung auf Strahlungsfreiheit.«

Zwei Strahlungsspezialisten in weißen Schutzanzügen strebten, jeder einen Geigerzähler in der Hand, auf dem von einer doppelten Fahrspur durchzogenen Weg dem Epizentrum zu. Als sie zwanzig Minuten später wiederkamen, tickten die mit radioaktivem Staub bedeckten Geräte laut – inzwischen unbrauchbar, da sie selbst radioaktiv geworden waren. Der dritte Strahlungsspezialist ging, von einem der beiden begleitet, noch einmal zum Epizentrum. Zehn Minuten später waren auch sie zurück. Die Ergebnisse deckten sich: Obwohl sich kein Luftzug wahrnehmen ließ, kam eine radioaktive Wolke auf uns zu. Die Gewalt der Detonation hatte nicht nur den Hang vor der Hochebene weggebrochen, sondern auch Risse in ihrem Untergrund gebildet, aus denen jetzt radioaktive Gase in die Atmosphäre drangen.

Einen funktionstüchtigen Geigerzähler besaßen wir noch.

Wir steckten ihn in einen Kunststoffbeutel, in dem wir unsere Lebensmittel aufbewahrt hatten. So konnten wir den Beutel, sobald er radioaktiv verseucht war, gegen einen anderen austauschen, und uns blieb ein einsatzfähiges Meßgerät erhalten. Mittlerweile hatten wir vom Epizentrum genug und wollten schnellstens von der Bildfläche verschwinden. Auf einer Karte der Hochfläche, die einer aus unserer Gruppe im Handschuhfach meines Kleinlasters aufgestöbert hatte, ließen sich entgegengesetzt zur Richtung, aus der wir am Vortag gekommen waren, zwei dünne Linien erkennen. Sie zeigten unbefestigte Wege, die von der Hochfläche fortführten. Mit dem Geigerzähler auf dem ersten Wagen zogen wir uns im Konvoi aus dem verstrahlten Bereich zurück.

Wir glauben allzu leichtfertig, der Mensch habe alles in der Hand und wir könnten die Bombe beherrschen. Schon möglich ... aber in jener Situation beherrschte sie uns.

Auf der Rückfahrt nach Las Vegas wies ich meinen Techniker an, keinesfalls mit seiner Frau über die Ereignisse des Tages zu sprechen. Allerdings machte ich mir keine Illusionen, wie gering die Aussicht war, daß er dieses Erlebnis für sich behalten würde.

Zu den von den Motels in Las Vegas gebotenen Annehmlichkeiten gehören die großen Liegeflächen um die Schwimmbecken herum. Angesichts der in den vergangenen fünf Tagen geleisteten Arbeit gönnte ich mir ein paar Augenblicke am Beckenrand, ein Glas Whiskey neben mir. Das zweite Glas war zu zwei Dritteln geleert, als ein Page zu mir trat und mir einen Telefonhörer in die Hand drückte.

»Ein Herr möchte Sie sprechen.«

Es war der für die Koordination zuständige Offizier.

»Na, das war ja ein Ding!«

»Bitte schweigen Sie gegenüber jedermann zu den Ereignissen des heutigen Tages, bis wir allen Beteiligten in einer Sitzung mitgeteilt haben, was davon der Geheimhaltung unterliegt.«

»Ja, Sir.«

»Einen schönen Abend noch.«

Bei diesem kurzen Gespräch mit dem Major kam ich zum

ersten Mal persönlich hautnah mit der Politik des Wettrüstens in Berührung.

Die Abendnachrichten und die Zeitungen des folgenden Tages teilten mit, wie geplant sei bei dem Versuch keine Radioaktivität nach außen gedrungen und es habe zu keinem Zeitpunkt eine Gefahr für die Bevölkerung bestanden. Es sollte ein Jahrzehnt dauern, bis die Aufhebung der Geheimhaltung ans Licht brachte, daß bei allen Atomwaffenversuchen Radioaktivität in die Atmosphäre gelangt war.

Die Bombe ist mächtig. Wie die Menschheit bei mehreren unglücklichen Vorfällen erfahren hat, läßt sie sich mit unseren technischen Mitteln nicht immer beherrschen und bringt nicht zwangsläufig die erwarteten Ergebnisse hervor. Unglücklicherweise sind nicht nur Atomwaffen davon betroffen. Seit Beginn der industriellen Revolution haben wir uns auf der Suche nach Befriedigung unserer Bedürfnisse oft erfolglos an die Wissenschaft gewandt. Sehnsüchtig erhoffen wir einen bedeutenden technischen Fortschritt, der uns von Not befreien und der Erde den Frieden bringen soll.

Die *Titanic* sollte den Gefahren von Seereisen ein Ende bereiten. Aber dieses »unsinkbare« Schiff ging auf seiner Jungfernreise unter, nachdem es einen Eisberg gerammt hatte, der ein wenig von seinem ursprünglichen Weg abgewichen war. Die *Electra* galt als absturzsicher, doch bei klarem Himmel zerriß dieses Flugzeug in Stücke. Man hatte eine übermäßig beanspruchte Stelle übersehen. Noch vor wenigen Jahrzehnten waren wir davon überzeugt, daß der Sieg über den Hunger und die Beseitigung physischer menschlicher Mühsal in Reichweite lägen. Mikrobiologie und Atomkraft sollten diese Aufgaben bewältigen. Elektrizität würde so billig sein, daß sich die Anbringung eines Zählers nicht mehr lohne. Man mußte lediglich noch zur Beherrschung der Materie vorstoßen, und viele von uns, die sich mit Atomphysik beschäftigen, hielten das für machbar mit Hilfe von Kernreaktoren. Die Störfälle von Windscale, Three Mile Island und Tschernobyl haben uns veranlaßt, die Tauglichkeit der Kernenergie zur Beendigung menschlicher Mühsal zu überdenken. Einzellige Proteine auf Mikrobenbasis (SCP), die ihre Masse in einer Stunde dreimal verdoppeln, hätten uns alle ernähren sollen. Für die Menge nährstoffreicher Lebensmittel, die sich mittels dieses Verfahrens herstellen ließen, schien es kaum eine Grenze zu geben. Aber auch diese Sache hatte einen Haken. Genau die Moleküle, welche die Mikroben für ihre rasche Vermehrung benötigen, nämlich die in Fülle vorhandenen Nukleinsäuren, wirken sich so schädlich auf den Stoffwechsel von Mensch und Tier aus, daß der Verzehr von SCP in großen Mengen nicht empfehlenswert ist. Wir waren der Ansicht, Kampfgas und Atomwaffen würden uns wegen ihrer verheerenden Wirkung zwangsläufig den Frieden bringen – ein Trugschluß. Erneut sehen wir uns einem nicht eingelösten Versprechen gegenüber.

Dennoch darf man nicht durchweg von Versagen sprechen, auch wenn es der Technik nicht gelungen ist, uns von materieller Not zu befreien. Die große Zahl der Erfolge hat für den vergleichsweise kleinen Teil der Menschheit, der das Privileg ihrer Errungenschaften genießt, die Lebensqualität deutlich verbessert.

Bedauerlicherweise hat uns die Fülle der materiellen Segnungen, deren wir in der westlichen Welt des 20. Jahrhunderts teilhaftig werden, nicht dem erhofften Seelenfrieden näher gebracht. Der in der heutigen Gesellschaft weitverbreitete Drogen- und Alkoholmißbrauch, der nur allzuhäufig anzutreffende Zynismus wie auch Depressionen verweisen darauf, daß unser erst vor kurzem erlangtes materielles Wohlergehen die Vielgestaltigkeit unserer Bedürfnisse nicht zu befriedigen vermochte. So trivial es klingen mag – wir haben die tiefe Wahrheit des Satzes »Der Mensch lebt nicht vom Brot allein« (5 Mose 8, 3) wiederentdeckt. Wohl haben Wissenschaft und Technik die körperliche Mühsal unseres Lebens vermindert, doch zeigt die rätselhafte Beziehung zwischen der Befriedigung eines physischen Bedürfnisses und dem daraus folgenden Glücksgefühl, daß es einen Aspekt des Lebens gibt, der über alles hinausgeht, was mit dem Intellekt erfaßbar ist. Es hat lange gedauert, bis wir das begriffen haben – endlich erkennen wir, daß es sowohl eine spirituelle Dimension als auch eine materielle Komponente gibt. Das gilt ausnahmslos für uns alle. Sofern sich ein Mensch als harmonisches Ganzes entfalten und den ersehnten Seelenfrieden erlangen soll, muß dem Geist *und* dem Körper Nahrung zugeführt werden.

Etwas zu finden, das uns in spiritueller Hinsicht Anleitung gibt, ist nicht so einfach, wie eine Quelle für die Erfüllung unserer materiellen Ansprüche zu erschließen. Wo es um technischen Fortschritt geht, verdrängt das Neue gewöhnlich das Alte, und die Allgemeinheit zieht Nutzen daraus. Die Fortschritte der Naturwissenschaft überstürzen sich und waren in materieller Hinsicht so eindrucksvoll, daß »neu« in nahezu allen Lebensbereichen die Bedeutung von »besser« angenommen hat. Nirgends zeigt sich das Fehlurteil »neu gleich besser« deutlicher als im Hinblick auf die Verkümmerung kultureller Überlieferungen.

Die naturwissenschaftliche Revolution hat den Beweis erbracht, daß der Mensch – physikalisch gesehen – nicht im Mittelpunkt des Universums steht. Nachdem das bescheidenere heliozentrische Weltbild an die Stelle der alten geozentrischen Lehre getreten war, kristallisierte sich parallel dazu die selbstverständliche Vorstellung heraus, daß wir uns auch spirituell nicht im Zentrum des Universums befinden. Welche Bürde war damit von unseren Schultern genommen! Nicht im Mittelpunkt zu stehen, nicht die geplante Schöpfung eines Schöpfers zu sein, sofern es einen solchen gibt, bedeutete, daß wir von Verpflichtungen jener Schöpfung gegenüber frei waren.

Bedauerlicherweise ist der Zuwachs an Weisheit nicht an den Ablauf der kalendarischen Zeit gekoppelt. Sicher hat neues Gedankengut die geltenden Normen der Überlieferung häufig ersetzt, doch möglicherweise hat dieses Neue weder mehr Wahrheit noch Vorzüge mit sich gebracht. Als Opfer der irrigen Annahme, das Neue bedeute gegenüber dem Alten zwangsläufig einen Fortschritt, haben die meisten von uns die biblische Überlieferung höflich als belanglos beiseite gelegt. Die Schlußfolgerung, bei dieser Überlieferung handle es sich um eine atavistische und auf Aberglauben beruhende Ansammlung von Vorstellungen, heißt eine Informationsquelle herabwürdigen, die über 3400 Jahre der Menschheitsgeschichte hinweg von Bedeutung war. Auf diese Überlieferung geht das gemeinsame Streben aller redlichen Menschen zurück: nach Frieden auf Erden, nach gutem Willen allen gegenüber. Die zentrale Grundforderung der Thora heißt »Du sollst deinen Nächsten lieben wie dich selbst« (3 Mose 19, 18). Angesichts der keineswegs eindrucksvollen Erfolge bei unserem Streben nach einer Welt, in der es weder Not noch Ausbeutung oder Unterdrückung gibt, bleibt noch viel zu lernen, in spiritueller wie in materieller Hinsicht.

Der Talmud liefert uns einen Hinweis darauf, wie wir geistliche Anleitung finden können, sozusagen die Seelennahrung, die uns fehlt. Dort steht, daß im 1. Jahrhundert v. u. Z.[1] ein Zweifler den Rabbi Hillel den Älteren aufforderte, ihn die gesamte Thora, von der sich Hillel auf seinem Lebensweg hatte führen lassen, zu lehren, während er auf einem Bein stehe. Hillel erfüllte die Forderung, indem er sagte: »Was dir zuwider ist, tu deinem Freund nicht an. Das ist die gesamte Thora. Alles andere ist Kommentar. Gehe hin und lerne.«[2]

Bei unserem Bestreben, hinzugehen und die Verbindung zwischen unserem Erbe als Menschen und dem Stoff zu entdecken, aus dem das Universum gemacht ist, werden wir die Weisheit dieser Überlieferung ebenso wie die Kenntnisse der heutigen Naturwissenschaft heranziehen und dabei feststellen, daß die Wirkungsmechanismen des Universums für uns alle von Bedeutung sind. Seine Geschichte ist ein Weg, auf dem zahlreiche gefährliche Hürden genommen wurden und der letztlich zu unserer Entstehung geführt hat. Denn im denkbar wahrsten Sinne des Wortes bestehen wir und alles, was lebt, aus Sternenstaub. Das Verstehen unseres kosmischen Wegs erlaubt uns möglicherweise festzustellen, ob es tatsächlich einen Sinn unseres Daseins gibt, und unter Umständen sogar näher zu erkennen, worin dieser Sinn bestehen könnte.

Wir werden sehen, daß die Synthese aus naturwissenschaftlichen Entdeckungen und biblischer Überlieferung ein Universum enthüllt, das sich aus dem Chaos hin zu einem Zustand entwikkelt hat, der heute als Kosmos leuchtet. Obwohl dieses System aus zahlreichen Teilen besteht, wirkt es harmonisch und geordnet und bildet eine Einheit, der in ganz persönlicher Weise durch das Raum-Zeit-Kontinuum unseres Lebens nachzustreben uns gut zu Gesicht stünde.

Zwei völlig unterschiedliche Gruppen von Forschern bemühen sich um ein Verständnis unserer kosmischen Geschichte. Die einen dringen auf dem Weg über Physik und Kosmologie in die Geheimnisse des Universums ein; die anderen stützen sich auf die Auslegung der Bibel. Dasselbe Ziel vor Augen, nutzen sie dennoch so verschiedenartige Informationsquellen, daß es häufig den Anschein hat, als arbeiteten sie gegeneinander. Ich bin allerdings fest davon überzeugt, daß der Antagonismus dieser beiden Parteien gar nicht nötig ist. Er geht wohl eher auf berufsbedingte Engstirnigkeit zurück, auf eine kurzsichtige Handhabung von Wissen. Aus der Synopse von Physik und biblischer Überlieferung ergibt sich, daß die Anfangskapitel des 1. Buches Mose und die Ergebnisse der neuzeitlichen Kosmologie einander eher bestätigen als sich widersprechen.

Ich mache diese Aussage im vollen Bewußtsein, daß mir Zweifler aus dem naturwissenschaftlichen Lager wie aus dem der Bibelgläubigen über die Schulter blicken. Beide Gruppen wollen nur allzugern das Thema als gänzlich unbeeinflußbar von Ergebnissen der jeweils anderen Seite abschotten. Vermutlich kann ich kaum einen Vertreter der Profanwissenschaften davon überzeugen, daß die Bibel nicht nur kulturgeschichtliche Einblicke liefert, sondern auch eine zuverlässige Quelle für kosmologische Erkenntnisse darstellt. Den Fundamentalisten allerdings dürfte das hier Vorgetragene als Hilfe zum Verständnis der Bibel nur wenig nützen. Sollte es mit diesem Buch gelingen, den Blickwinkel zu erweitern, mit dem jeweils der eine das Wissen des andern betrachtet, habe ich mein Ziel erreicht.

1

Die Suche

Wisse, was du einem Zweifler zu antworten hast.
Talmud[1]

Immer wieder ist es in den letzten Jahren zu heftigen Streitgesprächen mit meinem Sohn Joshua gekommen, der schon als Achtjähriger fünf Jahre Bibellehre hinter sich hatte. Da man ihm beigebracht hatte, die Bibel wörtlich zu nehmen, ist für ihn – wie viele seiner Lehrer – das Alter des Universums gleich dem Ergebnis der Addition der im ersten Buch der Bibel aufgeführten Generationen: etwa 5700 Jahre. In der Schätzung der Kosmologen, die das Alter des Universums auf etwa fünfzehn Milliarden Jahre ansetzen, sehen diese Menschen eine unglaubwürdige Fiktion. Bei buchstabengetreuem Lesen der Bibel finden sie als Zeitraum zwischen dem »Anfang« und dem Auftreten des Menschen sechs Tage angegeben – und keinen mehr. Wie wir sehen werden, war den frühen Verfechtern eben dieser biblischen Überlieferung durchaus klar, daß eine Theologie, die ohne Kenntnis des physikalischen Universums vorgeht, ein Widerspruch in sich ist. Die Ergebnisse der allgemeinen Relativitätstheorie und der Farbverschiebung des von Galaxien ausgehenden Lichtes aufgrund des Doppler-Effekts beim Licht tragen wesentlich zum Verständnis der ersten Kapitel des 1. Buches Mose bei. Wir werden erkennen, daß das von der modernen Naturwissenschaft zur Verfügung gestellte Wissen, das sich jeder Bibellehrer aneignen sollte, eher eine Hilfe als ein Hindernis bei der Annäherung der säkularen und der strenggläubigen Position ist.

Womöglich hätte die Kluft zwischen den 5700 Jahren, die das Universum nach biblischer Darstellung alt ist, und den fünfzehn Milliarden der naturwissenschaftlichen Schätzung nicht zu der Auseinandersetzung in unserer Familie geführt, die mich dazu veranlaßt hat, dieses Buch zu schreiben, wäre nicht ein weiterer Umstand von außen in unser Leben getreten: In der Nähe unseres Wohnorts fand eine archäologische Grabung statt.

Drei Jahre lang lebten wir in Zikron Ja'aqov, einem Dorf in den Bergen des Karmel, von denen aus man die israelische Küstenebene am Ostrand des Mittelmeers sehen kann. Wenige Kilometer von der Küste entfernt treten im Landesinneren die massiven Kalksteinschichten der steil aufragenden Karmel-Berge zutage und begrenzen die Ebene nach Osten. Es ist eine äußerst fruchtbare Gegend. Das gilt insbesondere für das Gebiet zwischen Zikron Ja'aqov und Haifa. Dort stehen am Rand des blaugrünen Wassers der mehrere Hektar großen Fischteiche in langen Reihen dichtbelaubte und mit Früchten schwer behangene Avocado- und Orangenbäume, daneben erstrecken sich weißgefleckte Baumwollfelder. Die Fruchtbarkeit dieser Gegend ist keine Errungenschaft neueren Datums. Archäologische Funde weisen darauf hin, daß dieser Landstrich dem Menschen und seinen Vorfahren über Zehntausende von Jahren hinweg solche Produkte beschert hat.

Einige Kilometer nördlich von unserem Dorf ermöglichen einige schwarze Öffnungen inmitten von Gestrüpp, das bis zur halben Höhe des Karmel emporwächst, den Zutritt zu verschiedenen großen Höhlen. Sie wirken wie Schildwachen, welche die Küste sichern. Zwei- oder dreimal bin ich mit meiner Familie auf den Karmel geklettert, um die archäologischen Ausgrabungen in diesen Höhlen in Augenschein zu nehmen. Sie lieferten den eigentlichen Anlaß meiner ständigen Wortgefechte mit Josh.

Man hat dort Artefakte und Fossilien des prähistorischen Tiers gefunden, das wir als Neandertaler bezeichnen. Für den Theologen, der sich mit einer oberflächlichen Lektüre der Genesis zufriedengibt, mögen diese Fossilien durchaus zum Neandertaler gehören – aber hat das etwas mit uns Menschen zu tun?

Auch dem Paläontologen bereiten diese Fossilien Schwierigkeiten, doch sind diese anderer Art. Die Skelettknochen des Neandertalers sind zu alt, als daß sie sich mit Hilfe der Radiokarbonmethode zeitlich einordnen ließen. Da nach jeweils 5600 Jahren die Hälfte des ursprünglich in den Knochen enthaltenen Kohlenstoffisotops ^{14}C (unter Aussenden radioaktiver Strahlung) zerfällt, würde die Messung der verbliebenen geringen Menge keine aussagekräftigen Ergebnisse liefern. Die Lage der Knochen innerhalb geologisch datierter Schichten läßt auf ein Alter von etwa 60 000 Jahren schließen.[2] Nun liegt aber nach der Ansicht Joshs wie auch vieler anderer Menschen, Juden wie Christen, eine 60 000 Jahre in die Vergangenheit zurückweisende archäologische Datierung um etwa 54 000 Jahre neben der »Wahrheit«, widerspricht sie doch offen einem am Wortlaut orientierten Verständnis der Genesis.

Allerdings ist dieser Widerspruch zwischen Archäologie und Theologie weder zwangsläufig noch begründet. Bei meinen tiefschürfenden Studien biblischer und naturwissenschaftlicher Texte bin ich zu einer für mich erhellenden Schlußfolgerung gelangt, mit der ich nicht gerechnet hatte: Die Art, wie die Bibel über die Schöpfung berichtet, und die Art, wie diese in der Naturwissenschaft erklärt wird, sind zwei miteinander vereinbare Beschreibungen derselben Wirklichkeit. Ein Ziel dieses Buches besteht darin, diese Übereinstimmung Fachleuten und Laien gleichermaßen zu erläutern.

Schlicht gesagt werde ich hier die erste Woche behandeln, wie sie in der Schöpfungserzählung[3] dargestellt wird. Wer bei ihrer Auslegung lediglich dem Wortlaut folgt, bekommt mit diesen ersten sechs Tagen unweigerlich Schwierigkeiten. Denn fossile Funde[4] belegen, daß menschenähnliche Lebewesen deutlich früher als vor 60 000 Jahren auftraten, der Zeit also, aus der die Neandertaler-Funde in den Höhlen am Karmel stammen. Obwohl für die genaue Datierung des Auftretens des sogenannten Peking-Menschen dieselben Schwierigkeiten gelten wie beim

Neandertaler, schätzen die Archäologen, daß dieses menschenähnliche Wesen vor etwa 300 000 Jahren lebte, und zwar in einer Gruppe von Kalksteinhöhlen, ähnlich denen des Karmel-Gebirges, nahe dem heutigen chinesischen Ort Zhou koutian. Da der »Homo erectus«, die Gattung und Art, der auch der Peking-Mensch angehörte, bereits vor etwa 1,5 bis zwei Millionen Jahren auftrat, hat man bisher nur wenige einigermaßen vollständige Skelette gefunden. Eines davon, das eines zwölfjährigen Knaben, der Schätzungen zufolge vor etwa 1,6 Millionen Jahren lebte, stammt aus einem heute unfruchtbaren Dürregebiet in Kenia. Bei näherer Untersuchung dieses fossilen Fundes, den die Fachwelt den »Jungen vom Turkana-See« nennt, zeigt sich: Diese frühen Hominiden waren dem heutigen Menschen, von der niedrigen Stirn einmal abgesehen, so ähnlich, daß sie über eine belebte Stadtstraße gehen könnten, ohne aufzufallen.

Aber reicht die Geschichte der Menschheit tatsächlich eine Million oder auch nur einige zehntausend Jahre zurück? Jemand, der die Bibel beim Wort nimmt, müßte darauf mit einem Nein antworten. Für ihn hat es den prähistorischen Menschen nie gegeben, für ihn gilt Adam als der erste Mensch: Adam wurde vor rund 5700 Jahren aus dem Staub der Erde geformt (1 Mose 2, 7).

Zum Teil wurzelt der Widerspruch zwischen den archäologischen Zeugnissen und der biblischen Überlieferung in der Verwendung des Wortes »Mensch«. Archäologen benutzen diesen Begriff, wenn sie prähistorische Tiere beschreiben, die einzelne – wenn auch nicht unbedingt alle – Merkmale des heutigen Menschen aufwiesen. Biblisch gesprochen läßt sich der Begriff »Mensch« ausschließlich auf Adam und dessen Nachkommen anwenden. Doch ist es kein Geheimnis, daß die Differenzen in den Standpunkten von Naturwissenschaft und biblischer Überlieferung grundlegender Natur sind und sich nicht in unterschiedlichen Begriffsdefinitionen erschöpfen. Die Mehrheit der Bibelkommentatoren gibt ohne weiteres zu, daß Wörter, die in der Bibel verwendet werden, im Kontext verstanden werden müssen. Das gilt insbesondere für die Genesis. Die

Bedeutung der Begriffe »Wasser«, »Finsternis«, »Wind«, »Himmel« und »Erde« unterscheidet sich in den ersten zehn Versen des 1. Buches Mose deutlich von der an späteren Bibelstellen. Die eigentliche Diskrepanz, die sich weit schwieriger als terminologische Unterschiede erklären läßt, geht auf den zeitlichen Ablauf der Ereignisse im frühen Universum zurück.

Anhand des Kalium-Argon-Verhältnisses der Vulkanasche, unter der ganze Herden Nashörner fossilisierten, während die Kälber saugend zwischen den Beinen der Muttertiere standen, hat man das Alter der Tiere auf zehn Millionen Jahre angesetzt. Dinosaurier sollen – so jedenfalls wollen es die Paläontologen zweifelsfrei ermittelt haben – mehr als hundert Millionen Jahre lang über die Erde gestreift und vor etwa fünfundsechzig Millionen Jahren ausgestorben sein. Die einfachsten Lebensformen, die frühen Prokaryonten (Bakterien ohne Zellkern), zu denen unter anderem die blaugrünen Algen gehören, wurden als drei bis vier Milliarden Jahre alte Fossilien in den frühesten Sedimentgesteinen gefunden. Die frühesten Felsen sind lediglich rund sechshundert Millionen Jahre älter – das älteste Erstarrungsgestein, das es auf der Erde gibt.

Die im Zusammenhang mit diesen Zeugnissen genannten Zeiträume scheinen im Widerspruch zur vergleichsweise kurzen Entstehungszeit zu stehen, von der die Bibel spricht. Allerdings decken diese Funde lediglich einen Bruchteil des Alters ab, das unser Universum nach Angaben heutiger kosmologischer Forschungsergebnisse aufweist. Wie passen die paläontologischen und astronomischen Daten, denen zufolge die Erde rund 4,5 Milliarden Jahre in die Vergangenheit zurückreicht, zu den Angaben der Bibel? Auf den ersten Blick scheint es, als stünden die Befunde der Paläontologie in einem hoffnungslosen Gegensatz zur Bibel, die der gesamten Entwicklung des Kosmos von der Schöpfung (»Im Anfang...«, 1 Mose 1, 1) bis zu Adams Auftreten gerade gut fünf Tage zubilligt.

Jemand, der die Bibel wörtlich nimmt, könnte vorbringen, der Schöpfer habe bei der Schöpfung selbst in die Gesteinsschichten gelegt, was die Paläontologen später gefunden haben. Diese

Funde dienten der Befriedigung des menschlichen Bedürfnisses, mittels Vernunft das Wesen der Welt zu ergründen, oder auch dazu, die Glaubensfestigkeit des Menschen an die Wahrheit der biblischen Schöpfungserzählung zu prüfen. Zwar läßt sich gegen eine derartige Argumentation nur schwer angehen, doch ist sie in einer Welt voll brisanter und nicht negierbarer Entdeckungen so schwach wie ein »Schilfrohr« (Jesaja 36, 6).

Manche Theologen behaupten, die auf Messungen des radioaktiven Zerfalls (vgl. Tabelle 1) gestützten Verfahren der paläontologischen Datierung seien fehlerhaft, da die Zerfallsgeschwindigkeit heute nicht dieselbe sei wie in prähistorischen Zeiten. In diesem Fall ließe sich das Alter von Fossilien oder Felsen mit Hilfe gegenwärtiger Messungen der Radioaktivität in der Tat nicht einmal annähernd bestimmen.

Die Behauptung, das Muster radioaktiven Zerfalls habe sich in den letzten Jahrtausenden verändert, läßt sich zwar nicht widerlegen, doch widerspricht der bloße Gedanke, die Naturgesetze ließen eine Unbeständigkeit zu, allen Erkenntnissen der heutigen Naturwissenschaft. Unserer Erfahrung nach sind all diese Gesetze (einschließlich der für die Radioaktivität geltenden) unveränderlich. In unserem Leben ginge es wie im Tollhaus zu, müßten wir jedesmal aufs neue die Zuverlässigkeit der Schwerkraft prüfen, wenn wir ein Glas auf einen Tisch stellen, oder hätten immer dann, wenn wir eine Verabredung einzuhalten haben, den Ablauf der Zeit in unserem Newtonschen System neu zu ermitteln. Die Beständigkeit der Naturgesetze ist unabdingbarer Teil des Lebens, und wir gründen all unser Tun auf ihre Vorhersagbarkeit.

Aber wir haben es gar nicht nötig, die biblische Überlieferung und die Ergebnisse der Naturwissenschaft mit fragwürdigen Methoden in Einklang zu bringen. Man kann den Glauben an die Bibel bewahren und es zugleich als gegeben hinnehmen, daß in den Gesteinsschichten unter der Höhle des Karmel-Gebirges sechzigtausend Jahre Geschichte fossilisierten und daß diese Höhle dem prähistorischen Geschöpf, das wir Neandertaler nennen, als Behausung diente.

Tabelle 1: Wie man Fossilien mit Hilfe des Zerfalls von radioaktivem Kohlenstoff datiert

	Atome		Atome		Atome
^{14}C	0000 0000 0000	die ersten 5 600 Jahre	00 00 00	die zweiten 5 600 Jahre	0 0 0
^{12}C	0000 0000 0000	die ersten 5 600 Jahre	0000 0000 0000	die zweiten 5 600 Jahre	0000 0000 0000

Zwei der Kohlenstoffisotope, die sich in allen Lebewesen finden, sind das ^{12}C und das ^{14}C. Bezogen auf die chemischen Reaktionen von Organismen, wirken beide in derselben Weise, doch ist ^{14}C im Unterschied zu ^{12}C radioaktiv. Da die Hälfte der ^{14}C-Isotope im Verlauf von jeweils 5600 Jahren zerfällt, nimmt das Verhältnis zwischen der Menge von ^{14}C und ^{12}C vom Augenblick des Todes einer Pflanze oder eines Tieres an beständig ab. Während der ersten 5600 Jahre halbiert sich das Verhältnis, weil in diesem Zeitraum die Hälfte der ^{14}C-Isotope zerfällt (Halbwertszeit). Da sich dieses Verhältnis im Verlauf der folgenden 5600 Jahre erneuert halbiert, beträgt es nunmehr ein Viertel des ursprünglichen. Diese fortwährende Verminderung geht so lange weiter, wie der abgestorbene Organismus ^{14}C enthält. Indem man bei einem Fossil das Verhältnis von ^{14}C zu ^{12}C mißt, kann man schätzen, wieviel Zeit seit dem Tod des jeweiligen Lebewesens verstrichen ist. Um die Radioaktivität zur Datierung heranziehen zu können, müssen zwei Bedingungen erfüllt sein: Die Zerfallsgeschwindigkeit muß stets dieselbe gewesen sein wie heute, und man muß wissen, wie das Verhältnis von ^{12}C zu ^{14}C (oder einem anderen radioaktiven Element, das verwendet wird) zum Zeitpunkt des Todes aussah. Wir nehmen an, daß es bei Pflanzen und Tieren zu allen Zeiten in etwa dem heutigen entspricht.

Naturwissenschaft wie Religion sind Denksysteme, die nach der Wahrheit streben. Religionen gründen ihren Wahrheitsanspruch auf göttliche Offenbarung. Die Naturwissenschaft sucht dieselbe Wahrheit, indem sie Wechselwirkungen in unserer physikalisch wahrnehmbaren Welt untersucht und verifiziert. Häufig merkt man nicht, daß der Versuch, zu einem genauen Verständnis der Bibel zu gelangen, ebenso mühevoll sein kann wie naturwissenschaftliche Forschung. Trotz seiner Knappheit spricht der biblische Text voller Überzeugungskraft in der Sprache des Menschen zu uns.[5] In den auf den ersten Blick schlichten Erzählungen über die Erschaffung des Menschen und die Begegnung mit dem Schöpfer findet Gedankengut seinen Niederschlag, das, wie wir nachträglich erkennen, der westlichen Welt über mehr als dreitausend Jahre hinweg den Weg wies und eine ganze Reihe Zivilisationen inspiriert hat – angefangen von einem Volk kurz zuvor befreiter Sklaven, die durch eine Wüste zogen, »da man nicht sät« (Jeremias 2, 2), bis zum heutigen Menschen, der in einer Raumkapsel den Erdball umrundet.

Zwar gibt es Antworten auf die Fragen, welche die Naturwissenschaft an die biblische Überlieferung stellt, doch zunächst müssen wir ihr Verhältnis zueinander erhellen und dabei den Mut haben, über den buchstäblich verstandenen Text der Bibel hinauszugehen.

Die Erkenntnis, daß Bibelstudium und naturwissenschaftliche Forschung einander ergänzen, ist nicht neu – aber sie ist nach wie vor von Bedeutung. »Studiere Astronomie und Physik, wenn du begreifen willst, welche Beziehung zwischen der Welt und der Art besteht, wie Gott sie handhabt.« Diesen von tiefem Verständnis für Wissensquellen zeugenden Ausspruch tat Moses Maimonides im Jahr 1190. Mehrere hundert Jahre zuvor mahnte der »Prediger«: »Wenn ein Eisen stumpf ist und ungeschliffen bleibt, so muß man um so mehr Kraft anwenden; aber die Weisheit ist ein bedeutender Vorteil« (Kohelet 10, 10). Auch stimmt, was der Psalmist sagt: »Die Himmel erzählen die Ehre

Gottes, und die Feste verkündigt seiner Hände Werk« (Psalm 19, 2), doch ist ebenfalls richtig, daß die von diesen Himmeln erzählte Geschichte nicht ohne weiteres zu verstehen ist.

Um die Wechselwirkung, die innige Beziehung zwischen dem Göttlichen und dem Natürlichen zu begreifen, brauchen wir mehr als die Liebe zur Bibel, nämlich naturwissenschaftliche Kenntnisse. Maimonides verglich Menschen, die für das Ineinandergreifen des Natürlichen und des Göttlichen aufgeschlossen sind, mit königlichen Untertanen, die sich im Thronsaal des hohen Herrschers aufhalten, während er in solchen, die die Bibel ohne Berücksichtigung der naturwissenschaftlichen Seite zu begreifen suchen, Untertanen sah, die erfolglos auf der Suche nach dem äußersten Tor des Palastes ihres Herrschers umhertappen.[6]

Demjenigen, der der Natur verständnislos gegenübersteht, erscheint die Erde als Nabel des Universums. Es sieht so aus, als sei der Mensch imstande, alle materiellen Schwierigkeiten zu bewältigen und immer detailliertes Wissen zu erwerben. Die Ergebnisse seines Tuns werden zu Götzen. Mit dem ersten Wahn hat Galilei aufgeräumt, als er den Weltraum mit Hilfe des Teleskops erkundete, und mit dem zweiten Heisenberg durch seine Unschärferelation. Bedauerlicherweise sind wir gelegentlich noch im dritten Irrtum befangen, nämlich wenn wir die Ergebnisse unseres Tuns zu Götzen stilisieren.

Wenn wir uns dem »Thronsaal« nähern wollen, den Maimonides beschrieb, müssen wir zumindest einen Teil der Physik und Chemie unbelebter und belebter Formen der Materie verstehen und uns mit exotisch klingenden Begriffen wie »Entropie« und »allgemeine Relativitätstheorie« beschäftigen. Um sicherzugehen, daß wir lediglich allgemein anerkannte Ergebnisse der Naturwissenschaft einbeziehen, habe ich hier für die Inanspruchnahme von Informationsquellen Grenzen festgelegt: Bezug genommen wird ausschließlich auf Veröffentlichungen von auf ihrem Gebiet führenden Wissenschaftlern, darunter Physikern bzw. Kosmologen wie Albert Einstein, Steven Weinberg, Stephen Hawking, Edwin Taylor, John Archibald Wheeler und Alan Guth; Geophysikern wie A. G. W. Cameron, Frank

Press und Raymond Siever; sowie von Biologen und Molekulargenetikern wie George Wald und Francis Crick.

Wer Bibeltexte zu verstehen sucht, sieht sich mit der verkürzten Darstellung von Ereignissen konfrontiert. Wegen der verknappten Form ist eine interpretierende Erläuterung des Textes unverzichtbarer Bestandteil biblischer Exegese. In Jeremias 23, 29 lesen wir: »Ist mein Wort nicht wie ein Feuer, spricht der Herr, und wie ein Hammer, der Felsen zerschmettert?« Gestützt auf Parallelen dieses Satzes lehrt der Talmud: »So, wie ein Hammer einen Felsen in zahlreiche Stücke zerbricht, kann eine einzige Bibelstelle viele Bedeutungen haben.«[7] Daraus resultiert, daß es zu jeder Bibelstelle eine Fülle Interpretationen gibt.

In diesem Buch beschäftige ich mich nahezu ausschließlich mit Textstellen aus den Pentateuch genannten fünf Büchern des Mose, die im Hebräischen »Thora« heißen. Juden wie Christen erkennen die Gültigkeit und Bedeutung dieser fünf Bücher wie des gesamten Alten Testaments an. Wegen dieses gemeinsamen religiösen Offenbarungsgutes war es mir möglich, auf Kommentare zurückzugreifen, die im wesentlichen jedes Fanatismus entbehren, da sie in der jüdisch-christlichen Überlieferung allgemein anerkannte Glaubensvorstellungen umfassen.

Nur wenige Bibelkommentare haben die Zeiten unbeschadet überdauert. Vier ihrer Verfasser finden für die Deutung der Schöpfungserzählung bei Juden wie Christen gleichermaßen Anerkennung. Auf sie stütze ich mich. Dabei handelt es sich um *Onkelos* (etwa 150 u. Z.), *Raschi* (Salomo ben Isaak, 1040 bis 1105 u. Z.), der in Frankreich lebte, *Maimonides* (Mose ben Maimon, 1135 bis 1204 u. Z.)[8], sowie *Nachmanides* (Mose ben Nahman, 1194 bis 1270 u. Z.)[9]. Da ihre Kommentare lange vor den Anfängen der modernen Physik entstanden, versagen wir uns die Torheit, der Überlieferung Deutungen unterzuschieben, die möglicherweise von neueren wissenschaftlichen Entdeckungen beeinflußt wurden.

Onkelos hat den Pentateuch ins Aramäische übersetzt, die Verkehrssprache des Mittleren Osten in den letzten Jahrhunderten vor und im 1. Jahrhundert nach Beginn unserer Zeitrechnung. Sie wurde häufig von Juden aus der Zeit verwendet, auf welche die im Talmud enthaltenen Streitgespräche zurückgehen. Das galt auch für die Zeit, in der Jesus von Nazareth lebte. Das zur semitischen Sprachenfamilie gehörige Aramäisch ähnelt dem Hebräischen hinlänglich, um für linguistische Querverweise herangezogen werden zu können. Mit seiner Übertragung aus dem Hebräischen ins Aramäische lieferte Onkelos Definitionen für Wörter, deren Bedeutung inzwischen verdunkelt war. Diese Quelle wird nach wie vor so regelmäßig herangezogen, daß wir sie hier einfach als »die Übersetzung« bezeichnen.

Raschis bahnbrechender Kommentar zur Bibel machte all denen, die sich um ein tieferes Verständnis bemühten, die Interpretationen biblischer Begriffe und Aussagen zugänglich, was bis dahin ausschließlich den Schülern führender Gelehrter möglich war.

Maimonides behandelte in seinem 1190 verfaßten Werk *Führer der Unschlüssigen* »dunkle Stellen« der Bibel, die Gelehrte wie Laien verwirrten, wie aus dem – häufig auch als »Rat für Ratlose« übersetzten – Titel hervorgeht. Die für unsere Untersuchung bedeutsamen Abschnitte dieses Werks beschäftigen sich mit dem Schöpfungsakt und den Schöpfungstagen.

Nachmanides, der ein Jahrhundert später als Raschi und Maimonides lehrte, hatte den Vorteil, daß er sich – neben seiner eigenen Ausbildung als Rabbiner bewandert in der Mystik – auf die Gelehrsamkeit jener beiden stützen konnte. Er war davon überzeugt, daß die Bibel, die Mose empfing, ein vollständiges Verständnis der Ursprünge des Universums beinhalte. Die Angaben seien entweder ausdrücklich formuliert oder Hinweisen zu entnehmen, die sich in einigen Fällen der bloßen Form des geschriebenen Textes entnehmen ließen.

»Höre auf Rat und nimm Zucht an, daß du hernach weise seiest«

(Sprüche 19, 20).

In neuerer Zeit hat der Umgang mit der Bibel bei vielen Menschen, die auf ihre praktische Verwertbarkeit für den Alltag bedacht sind, merkwürdige Formen angenommen. Da gibt es die irrige Annahme, es falle einem das Verständnis biblischer Texte natürlicherweise zu – eine quasi genetisch kodierte »Information« wie der Reflex zu atmen oder die Fähigkeit, vernünftig zu argumentieren. Manche halten die plattesten Deutungen für ausreichend und betrachten jede Beschäftigung mit Kommentaren zur Bibel als überflüssig. In der Art und Weise, wie sie Informationen auswerten, zeigt sich eine bemerkenswerte Inkonsequenz. Doch das gilt auch für andere.

Die Paläontologie weist nach, daß untersuchte Knochen des »Brontosaurus« ein Alter von achtzig Millionen Jahren haben, und wertet sie – wie auch andere Fossilien – entsprechend der Evolutionstheorie als Beweis für die Richtigkeit ebendieser Evolutionstheorie. Der »Fossilbericht« liefert aber keine Beweise, die für Darwin sprechen. Weder die Fossilien noch die Vielgestaltigkeit des Lebens um uns herum liefert irgendeinen Beweis dafür, daß aus einer Tier- oder Pflanzenart eine andere entsteht oder daß sich komplexe Lebensformen aus ihnen vorausgehenden einfacheren Formen entwickeln. Nach einer Analyse und Auswertung der unvollständigen Angaben kommen wir zu dem Schluß, daß das Leben tatsächlich mit einigen einfachen Bauplänen begann und sich über Jahrtausende hinweg zu der allem Anschein nach unendlichen Vielfalt der heute lebenden Formen hin entwickelte.

Ähnlich wertet der Kosmologe Spektren von Sternenlicht, um zu beweisen, daß das Universum zehn bis zwanzig Milliarden Jahre alt ist und sich im Zustand rascher Ausdehnung befindet. Ein Blick durch das Teleskop sagt aus, daß sich Sonne, Mond und Planeten bewegen und alle anderen Himmelskörper feste und unveränderliche Positionen einnehmen. Im Verlauf von tausend Jahren kommt es vielleicht drei- oder viermal vor, daß einer dieser winzigen Lichtflecken, die wir Sterne nennen, heller wird, wieder verblaßt und dann der Vergessenheit anheimfällt. Insgesamt ist der Himmel jedoch vorwiegend stumm. Er gibt sich den Anschein eines Steady-State-Systems[10], das sich nicht verändert, nicht aber eines solchen, das sich ausdehnt, wie aus Auswertungen kosmologischer Daten hervorgeht.

Auf der Grundlage buchstäblichen Lesens (Verständnisses) der physikalischen Welt könnten wir alles abtun, was Wissenschaftler uns zur Frage eines tiefergehenden Verständnisses unseres Universums vortragen. Doch begnügt sich kein Naturwissenschaftler je mit dieser vordergründigen Sicht des Himmels oder biologischer Befunde. Die Auswertung, die Deutung, die Interpretation sind unablösbarer, ja sogar wesentlicher Bestandteil wissenschaftlicher Forschung.

Diese Beziehung zwischen dem, was man sieht, und dem, was wirklich ist, gilt auch für den Umgang mit biblischen Texten. Ihr buchstäbliches Lesen enthüllt lediglich einen Teil des in ihnen enthaltenen Reichtums an Wissen. Jede bedeutendere theologische Abhandlung, welche die Zeiten überdauert hat, hebt die Notwendigkeit hervor, biblische Texte auf eine Art und Weise zu verstehen, die *sowohl* mit dem buchstäblichen Sinn *als auch* mit der sich aus der Interpretation ergebenden Bedeutung vereinbar ist.

Die Gesetze der Physik, vor allem jene, die den Ablauf der Zeit und den Fluß der Materie beschreiben, entziehen sich häufig der Vorstellungskraft. Man kann sie jedoch mit Beweisen einfangen. Was man als Gesetze der »Wissenschaft von Gott« bezeichnen könnte, das heißt in diesem Fall die Gültigkeit von Bibelinterpretationen, tut man sich mit ihrer Beweisbarkeit wesentlich schwerer. Tatsächlich werden sie gewöhnlich als »Glaubenssache« angenommen (oder zurückgewiesen).

Sofern wir kein brüchiges Argumentationsgebäude zimmern wollen, müssen wir uns mit einigen grundsätzlichen Gesichtspunkten der Theologie beschäftigen. Diese lassen sich noch schwieriger in unser Denken integrieren als die der Physik und der Kosmologie. Jeder von uns hat auf ganz persönliche Weise mit Religion zu tun (oder nicht). Im Hinblick auf unsere Darstellung müssen wir uns zunächst mit der Erkenntnis vertraut machen, daß die Bibel eine beträchtliche Bandbreite von Wissen enthält, das nur zum Teil unmittelbar aus dem Text erkennbar wird. Um diese Informationen aufnehmen zu können, ist ein interpretierendes Verstehen des Textes erforderlich – natürlich möglichst frei von Vorurteilen.

Analog zu einer solchen Interpretation könnte man sich einen Laien vorstellen, der sich mit einem in naturwissenschaftlicher Darstellungsweise verfaßten Text beschäftigt. Beispielsweise könnte jemand die Zahl 10^3 als Druckfehler für 103 ansehen. Der ausgebildete Naturwissenschaftler aber weiß, daß 10^3 als 1000 zu lesen ist. Die im biblischen Text enthaltenen Angaben, die über die buchstäbliche Bedeutung der Wörter hinausgehen, waren den in der Bibelexegese Bewanderten ebenso bekannt, wie jeder, der sich in der wissenschaftlichen Darstellungsweise auskennt, weiß, daß 10^3 1000 und nicht 103 bedeutet.

Mit seiner Zusammenfassung des Gesetzes (5 Mose 31) fordert Mose förmlich zu einer Interpretation des Textes auf, indem er die gesamte Thora als Lied bezeichnet. Da dieser Text offenkundig nicht die Form eines lyrischen Werks hat, kann sich dieser Hinweis nicht auf dessen äußere Gestalt beziehen, sondern lediglich auf seinen Gehalt. Der Sinn von Dichtungen geht deutlich über den als Wortlaut erfaßbaren Text hinaus und bezieht auch schwer deutbare Feinheiten der Wörter oder der Textgestalt mit ein. Mit Bezug auf Sprüche 25, 11 lehrte Maimonides: »Wie goldene Äpfel in silbernen Schalen ist ein Wort, geredet zur rechten Zeit – die Schale [der dem Wortlaut nach erfaßte Sinn des Textes] ist schön und wertvoll, aber die in ihr enthaltenen goldenen Äpfel [der eigentliche Sinn des Textes] sind noch schöner und wertvoller.«

Nachmanides lehrte, daß die in der Thora aufzuspürenden, schwer deutbaren Feinheiten sogar noch in der Gestalt der einzelnen Buchstaben zu finden sind. In der Einleitung seines *Kommentars zur Schöpfungsgeschichte* erklärte er, alles Mose

Übergebene sei in der Thora explizit oder implizit in Worten geschrieben, die im numerischen Wert der Buchstaben als besondere Schreibweisen der Buchstaben oder deren »Krönchen« aufträten.[11] Das gehe aus nachstehendem Vers des Hohen Liedes (1, 4) hervor: »Der König führte mich in seine Kammern.« Damit ist gemeint, daß in der Bibel der König, also Gott, den Menschen das Wissen von Gottes Wegen im Universum, sozusagen Gottes Kammern, gegeben habe. Wir müßten also lediglich wissen, auf welche Weise die Bibel zu interpretieren sei.

Wegen der Wichtigkeit, die nicht nur dem Inhalt der Bibel, sondern auch ihrer Gestalt zukommt, in die er gefaßt ist, entwertet bis auf den heutigen Tag die Hinzufügung oder Wegnahme eines einzigen Buchstabens oder auch nur die Veränderung der Gestalt eines Buchstabens eine ganze Thorarolle. Bedenkt man, daß es sich dabei um einen Text von 304 805 Buchstaben handelt, war und ist das eine ungewöhnliche Anforderung an die Genauigkeit der Textweitergabe. Thorarollen werden nach wie vor ausschließlich von eigens dafür ausgebildeten »soferim« (das bedeutet »Schreiber des Buches«) geschrieben. Das für eine Thorarolle verwendete Pergament und sogar die Tinte müssen speziell zubereitet sein.

Mit der Gründung des Staates Israel sind Rollen der fünf Bücher des Mose aus Glaubensgemeinschaften zusammengekommen, die zeitlich seit der Vertreibung der Juden aus Jerusalem und räumlich über Tausende von Kilometern von der Arabischen Halbinsel bis nach Westeuropa getrennt waren. Besonders eindrucksvoll war in diesem Zusammenhang die Rückkehr der jüdischen Gemeinde des Jemen nach Israel. Sie hatte seit der Zerstörung des 1. Tempels im Jahr 586 v. u. Z. in Arabien gelebt.

Texte und Aussehen der Schriftrollen von der Arabischen Halbinsel unterschieden sich lediglich in einer Hinsicht von den vor der Judenverfolgung in Europa geretteten. Das Futteral einer arabischen Rolle ist starr, und daher hält man sie senkrecht, wenn man sie zum Vorlesen oder Studieren öffnet. Europäische Schriftrollen hingegen sind mit weichem Tuch umhüllt, das keinen Halt bietet, und so legt man sie nach dem Öffnen flach auf einen Tisch. In Inhalt und Schriftgestalt aber unterscheiden sie sich nicht. Falls die auf dem Sinai geoffenbarte Thora wirklich versteckte Angaben enthielt, hat die Getreulichkeit, mit der die »soferim« über die Generationen hinweg den Text überlieferten, dafür gesorgt, daß diese Angaben nach wie vor potentiell greifbar sind.

Leider stehen uns die Fähigkeiten nicht mehr zu Gebote, alle in der Bibel enthaltenen Hinweise aufzuspüren. Doch sind wir im Besitz der Lehre jener Bibelkundigen, die aus diesen Angaben geschöpft haben. Ihre »Themen« reichen von der Säuberung eines Tontopfes bis zur Erschaffung des Universums. Wie wir sehen werden, stellen sie zusammengenommen ein in die Tiefe der Zeit reichendes Gedankengebäude über unsere kosmischen Wurzeln dar, das in seinen Schlußfolgerungen den Ergebnissen der gegenwärtigen Kosmologie und Paläontologie bemerkenswert ähnlich ist.

Parallel zur Enthüllung tieferer Bedeutungen von Bibeltexten haben die von der naturwissenschaftlichen Forschung in den letzten fünfzig Jahren gemachten Fortschritte zu größeren Veränderungen im Verständnis unseres Universums, seines Alters, Ursprungs und seiner Entwicklung geführt. Bis weit ins 20. Jahrhundert hinein vertraten Astronomen wie Physiker die Ansicht, das Alter der Erde sei nicht nach Milliarden, sondern nach Millionen Jahren zu messen. Ozeanographen erklärten den Ursprung des Wassers der Ozeane als Kondensat einer Urwolke, die eine einst flüssige Erde umgeben habe. Biologen führten die Quelle des Lebens auf eine willkürliche Zusammenfügung von Molekülen wie Ammoniak und Methan zurück, aus denen schließlich durch »Ausprobieren« erst die Aminosäuren entstanden seien, die Bausteine des Lebens, und schließlich das Leben selbst. Räumliche Entfernung und der Ablauf der Zeit galten als absolute, fest umrissene, mathematisch genaue Größen. Als die exakten Wissenschaften Physik, Chemie und Mathematik in Fachbereiche vordrangen, die einst die Domäne deskriptiver Wissenschaften wie Astronomie, Geologie und Biologie gewesen waren, zeigte sich, daß man das Alter der Sonne in Milliarden und nicht in Millionen Jahren angeben muß; es erwies sich, daß die in einer Wolke um eine flüssige Erde enthaltene Wassermenge nur einen winzigen Bruchteil des Wassers ausmachen konnte, das sich in den Weltmeeren befindet. Dafür, daß sich – auch optimal geeignete – organische Moleküle (beispielsweise Aminosäuren) zufällig zusammenschlossen, wodurch das einfachste Bakterium erst entstehen konnte, wäre ein Zeitraum nötig gewesen, der dem gesamten Alter des Universums – nicht einfach dem der Erde oder des Sonnensystems – entsprach, wenn nicht ein noch längerer. Die überraschendste Erkenntnis aber war, daß der Ablauf der Zeit und die Entfernungen von Gegenständen im Raum keinesfalls festliegen, sondern beträchtlich schwanken, und zwar abhängig von der Beziehung zwischen Beobachter und Beobachtetem.

Diese neuen naturwissenschaftlichen Erkenntnisse mögen Vertretern der traditionellen Wissenschaft Unbehagen bereitet haben, bedeuteten sie doch einen radikalen Bruch mit den zu jener Zeit vorherrschenden Vorstellungen. Umgekehrt hat für Gelehrte, welche die biblische Überlieferung zu verstehen suchen, jeder Fortschritt zur Vereinbarkeit von Naturwissenschaft und Theologie beigetragen.

Über mehr als dreitausend Jahre nach der Offenbarung Gottes auf dem Sinai hinweg hatte die westliche Welt ihre Vorstellung vom Ursprung der Erde an den Anfangskapiteln des 1. Buches Mose ausgerichtet. Das brachte kaum intellektuelle Schwierigkeiten mit sich, weil es keine Herausforderung durch eine andere glaubwürdige Instanz gab, die in gleicher Weise irgendwelche – womöglich abweichende – Grundwahrheiten vertrat. Es war eine Zeit, in der ein Stammbaum, auf dem einige Generationen aufgeführt waren, ausreichte, um fraglos seinen Platz in der Gesellschaft und in der Welt einzunehmen. Auf darüber hinausgehende Fragen gab die Religion Antwort, hübsch verpackt in Gebetbüchern und wortgewaltig untermauert durch die Predigt des Pfaffen. Dann kam die Aufklärung, und

Physik und Astrologie reklamierten neue Grundwahrheiten über unser Dasein für sich. Kosmologen berechneten das Alter des Universums auf zehn bis zwanzig Milliarden Jahre statt der annähernd 5700 Jahre, die sich aus den Angaben in der Bibel ergeben. Paläontologen entdeckten Beweise für eine allmähliche Entwicklung der Formen, in denen das Leben auftrat. Diese Entwicklung, hieß es, habe sich über Jahrmilliarden erstreckt und nicht nur über einige wenige Tage. Der Mensch sei nur das jüngste Glied in einer langen Kette von Organismen. Schließlich kam der entscheidende Schlag: Es erwies sich, daß alles Leben auf einen einzigen und ungewöhnlich komplexen genetischen Kode zurückgeht – ein klarer Hinweis darauf, daß der Mensch am Ende einer Entwicklung steht, die mit den Bakterien begonnen hat.

Nachdem im späten 19. und frühen 20. Jahrhundert die Naturwissenschaften, insbesondere aufgrund der Entdeckungen Einsteins, Bohrs und Plancks, gewaltige Fortschritte gemacht hatten, gewannen die Fragen im Zusammenhang mit dem Ursprung des Universums entscheidende Bedeutung für unser Verständnis des Menschen und seiner Stellung auf der Erde, vom Wesen des Kosmos und vom Sinn der Schöpfung.

Für den durchschnittlichen Laien, ob Jude oder Christ, muß es zwangsläufig zu einem Konflikt zwischen Naturwissenschaft und biblischer Überlieferung kommen. Ist die Schöpfungserzählung letztlich metaphorisch zu verstehen? Muß man sie als buchstäblich wahr ansehen? Wie können wir die Befunde der Paläontologie und die im Labor erbrachten Beweise für Einsteins Gleichung mit dem eigentlichen Wesenskern des jüdisch-christlichen Glaubens in Einklang bringen, konkret: mit der biblischen Schöpfungserzählung über die ersten sechs Tage?

Bedeuten diese allem Anschein nach unumstößlichen naturwissenschaftlichen Erkenntnisse das Todesurteil für unsere religiöse Überlieferung? Schließen die Welten von Naturwissenschaft und Religion einander aus?

Das Gegenteil ist wahr. Das neugewonnene Wissen vom Universum liefert vielmehr den Nährboden für eine Entfaltung des biblischen Verständnisses.

Man muß sich vergegenwärtigen, daß die Naturwissenschaft zu den beiden Kernfragen, dem Wodurch der Entstehung unseres Universums und dem Wie des Lebens ganz allgemein, bisher *keine* befriedigenden Erklärungen geliefert hat! Beim Versuch, die Bedingungen an jener entscheidenden Schnittstelle zwischen absolutem Nichts und dem Beginn unseres Universums zu beschreiben, sehen wir uns einem Zeitpunkt gegenüber, an dem eine unendlich hohe Dichte und unendlich geringe Abmessungen gegeben waren. Ein solcher Punkt heißt in der Sprache der Physik »Singularität«. Derartige Singularitäten lassen sich mathematisch nicht mittels der uns erfahrbaren Dimensionen Länge, Breite und Höhe von Gegenständen und Ablauf der Zeit handhaben. Der Übergang auf imaginäre zeitliche Maße gestattet eine mathematische Handhabung, das trägt aber nichts zur Beseitigung des Faktums bei, daß zur Zeit des Urknalls eine ungreifbare Singularität bestand.

Wir könnten dieser Schwierigkeit ausweichen, indem wir die Hypothese aufstellen, es habe keinen Anfang gegeben, das Universum sei schon immer dagewesen. Aber auch das nützt nichts. Dafür wäre eine unendliche Zahl von Zyklen erforderlich, in denen sich das Universum ausgedehnt und zusammengezogen hat und erneut explodiert ist, um vom Urknall an einen neuen Zyklus zu beginnen. Doch ist das, wie wir sehen werden, nach den Gesetzen der Thermodynamik nicht möglich. Es kann keine unendliche Zahl von Zyklen oder auch nur einen gegeben haben, wenn die materielle Welt – so, wie wir sie heute vorfinden – Bestand haben sollte. Irgendwann in der endlichen Vergangenheit muß es einen Anfang gegeben haben. Als Naturwissenschaftler können wir darüber aber nichts Näheres sagen.

Auch die Erklärungen der Naturwissenschaft für den Ursprung des Lebens befriedigen keineswegs. Seit dem Mammutkongreß zur »Makroevolution« in Chikago 1980 ist es zu einer vollständig neuen Bewertung von Ursprung und Entwicklung des Lebens gekommen. Unter Hinweis auf Darwins Evolutionstheorie erklärte der weltberühmte Paläontologe des Amerikanischen Naturkundemuseums Dr. Niles Eldrigde unumwunden:

»Das Muster, das zu finden man uns seit hundertzwanzig Jahren auffordert, gibt es nicht.«[12] Inzwischen liegen erdrückende statistische und paläontologische Nachweise vor, daß das Leben auf der Erde *nicht* als Ergebnis einer Reihe zufällig ablaufender chemischer Reaktionen entstanden ist. Nach den zuverlässigsten neueren mathematischen Schätzungen hat die verfügbare Zeit einfach nicht ausgereicht, um das Leben so rasch über Zufallsreaktionen in Gang zu setzen, wie das geschehen ist. Diesen Prozeß können wir anhand des »Fossilberichts« nachvollziehen. Entweder, heißt es, habe eine bislang unbekannte physikalische Kraft oder eine metaphysische Instanz die Reaktionen gesteuert, oder das Leben sei von anderswo gekommen. Doch legt man mit dieser Erklärung, die auf ein »Anderswo« zurückgreift, dem Anfang des Lebens lediglich eine noch unwahrscheinlichere zeitliche Zwangsjacke an.

Jahrzehntelang hat eine große Zahl von Naturwissenschaftlern den irrigen Standpunkt vertreten, es gebe rationale Erklärungen für den Ursprung von Universum, Leben und Mensch. Um Verwirrung zu vermeiden, kehrte man die Mängel dieser gängigen Theorien einfach unter den Teppich. Zur Klarstellung, daß die Naturwissenschaftler über rationale Erklärungen *nicht* verfügen, hat sich jetzt die Einsicht gesellt, daß die Fossilienfunde keineswegs Darwins Theorie von der schrittweisen Evolution des Lebens (oder irgendeine andere) bestätigen. Dies hat bei vielen Naturwissenschaftlern und Laien zu der ernüchternden Erkenntnis geführt, daß die mit unserer geschichtlichen Herkunft verbundenen Schwierigkeiten (welche die meisten von uns lieber durch Fachleute gelöst sehen möchten) in Wirklichkeit *keineswegs gelöst* und in absehbarer Zeit wohl auch nicht lösbar sind – jedenfalls nicht mit Hilfe rein naturwissenschaftlicher Verfahrensweisen, deren man sich bisher bedient hat.

Im Verlauf der drei Jahrzehnte, in denen ich als Wissenschaftler auf dem Gebiet der angewandten Atomphysik und Ozeanographie tätig war, und nach fünfundzwanzigjährigem gründlichen Studium der biblischen Überlieferung habe ich die Überzeugung gewonnen, daß es *doch* Antworten auf die Fragen gibt, die mein Sohn Joshua gestellt hat. Die aufregendste Entdeckung für mich war bei dieser Suche, daß die Jahrmilliarden, die den Kosmologen zufolge auf den Urknall gefolgt sind, und die Ereignisse, die in diesem Zeitraum stattgefunden haben, mit den ersten sechs Tagen der biblischen Schöpfungserzählung und dem darin Berichteten deckungsgleich sind. *Es handelt sich dabei um identische Wirklichkeiten, die auf eine gänzlich voneinander abweichende Art beschrieben werden.*

Die naturwissenschaftlichen und theologischen Quellen, die mich zu dieser Erkenntnis geführt haben, sind keineswegs den Facheliten vorbehalten, sondern stehen als Vermächtnis allen zur Verfügung, die auf der Suche sind. Mit ihrer Hilfe können wir zu unseren Wurzeln im Kosmos vordringen. Das Ergebnis kann, ob für Zweifelnde oder Glaubende, für Juden oder Christen, ein neues Verständnis der Schlüsselereignisse im Universum sowie des Ursprungs menschlichen Lebens sein.

2

Die sich dehnende Zeit

Konflikte zwischen Naturwissenschaft und Religion gehen auf Fehldeutungen der Bibel zurück.

Maimonides

Die absolute und mathematisch genaue Zeit strömt von selbst und ihrem Wesen nach gleichmäßig, ohne von äußeren Einflüssen bestimmt zu werden.

Sir Isaac Newton

Relative Zeit $(T_2 - T_1) = (t_2 - t_1)\,[1 - (v/c)^2]^{0,5}$

Albert Einstein

Der Himmel und die Erde samt ihren Geschöpfen wurden in sechs Tagen erschaffen. Dieser Aussage sehen wir uns gegenüber, wenn wir die Bibel aufschlagen. Sie steht so vollständig im Widerspruch zu allen anerkannten naturwissenschaftlichen Schätzungen vom Alter des Universums, daß die meisten von uns versucht sind, gar nicht erst weiterzulesen. Entweder sind wir mehr oder weniger gezwungen, im biblischen Modell – bestenfalls – die allegorische Darstellung einer vergangenen Wirklichkeit zu sehen oder – wahrscheinlicher noch – eine mythologische Schöpfungserzählung: einen Versuch, etwas zu erklären, was man nicht wissen kann. Es gibt aber auch Menschen, welche die im 1. Buch Mose beschriebenen Ereignisse im buchstäblichen Sinne verstehen – als eine wahre und genaue

Beschreibung der Geschichte des Universums. In ihren Augen stellen die Forschungen von Archäologie und Kosmologie Versuche dar, Fragen auf den Grund zu gehen, die man am besten Gott überläßt.

Auch wenn die Ansichten von Naturwissenschaft und Theologie in vielen Fragen, die unser Dasein betreffen, kraß voneinander abweichen, ist der Dissens in der Frage nach dem Alter des Universums besonders unangenehm. Immerhin handelt es sich bei diesem Alter um eine nachgewiesene Größe, die man unter Verwendung zahlreicher voneinander unabhängiger technischer Datierungsverfahren ermittelt hat. In diesen Kontext gehören die Radioaktivität, die Farbverschiebung des von fernen Galaxien ausgesandten Lichtes aufgrund des Doppler-Effekts und die – auch als 3-K-Strahlung bezeichnete – kosmische Hintergrundstrahlung. Die anhand dieser unterschiedlichen Verfahren gewonnenen gleichen Daten liefern ein eindrucksvolles und wissenschaftlich unanfechtbares Zeugnis für ein sehr hohes Alter der Erde und ein noch höheres des Weltalls.

In scharfem Gegensatz dazu steht der Glaube, der die kurze Erzählung annimmt, den die Bibel unserer Schöpfung widmet.

Mit der Sintflut ist es noch relativ einfach, denn jeder »Beweis« *für* oder *gegen* das Auftreten der Sintflut zu Zeiten Noahs steht auf schwachen Füßen. Im 1. Buch Mose heißt es, die Regenfälle hätten lediglich vierzig Tage gedauert und die daraus entstandene Sintflut bloße hundertfünfzig Tage. Ablagerungen aus einem so kurzen Zeitraum wären höchstwahrscheinlich nicht besonders umfangreich, und daher werden sich handfeste archäologische Beweise wohl nie finden lassen.

Aber was ist mit Eva? Wurde ihr »Material« wirklich vor 5700 Jahren aus Adams Körper genommen, wie es in 1. Mose 2, 21 heißt? (»Rippe« ist eine Fehlübersetzung aus dem Hebräischen. Das wird beim Vergleich mit 2 Mose 26, 20 deutlich, denn dort findet sich für die »Seite« der Stiftshütte dasselbe hebräische Wort.) Ob »Rippe« oder »Seite« – es dürfte kaum möglich sein, den Vorgang durch greifbare Belege aus archäologischen Funden nachzuweisen.

Und die Sache mit den sechs Tagen! Dabei handelt es sich um eine klare und eindeutige Aussage, und sie bezieht sich auf Phänomene, die ohne weiteres mit Hilfe des archäologischen, paläontologischen und kosmologischen Instrumentariums der Neuzeit meßbar sind. Es sieht ganz so aus, als sei der Bibel das erste Kapitel mit voller Absicht vorangestellt worden, um Menschen, welche glaubenswillig sind, Schwierigkeiten zu bereiten. Raschi erklärt in seinem Kommentar zu 1 Mose 1, 1, es sei gar nicht unbedingt erforderlich gewesen, die Thora mit der Schöpfungserzählung beginnen zu lassen. Sie hätte ohne weiteres mit den im 2. Buch Mose berichteten Ereignissen einsetzen können.[1] Die Beschreibung unserer Entstehung hätte man ohne weiteres auslassen oder sie zumindest als kurzen, »dunklen« Verweis auf die Geschichte einem späteren Buch zuweisen können. Aber nein, da steht sie, ganz vorn, und fordert uns genau mit der Dimension heraus, die unser Leben zu beherrschen scheint: dem Ablauf der Zeit. Niemand ist vor den Auswirkungen ihres unerbittlichen Hinströmens zur Zukunft gefeit. Der eine oder andere mag fragen – wie Einstein und zweihundert Jahre vor ihm Newton –, ob sich dies Strömen verlangsamen oder zum Stillstand bringen läßt, aber keinem von uns bleibt die Erfahrung erspart, wie kurz bemessen sechs Tage sind.

Es gibt einfach keine Möglichkeit, der Frage auszuweichen. Die Bibel gibt Gott sechs Tage, aus dem bei der Schöpfung »gesetzten« Material den Menschen zu formen. Die heutige Kosmologie sagt – und beweist –, daß die Natur für dasselbe Ergebnis etwa fünfzehn Milliarden Jahre brauchte.

Wer hat also recht?

Beide. Buchstäblich, und zwar ohne daß man für die Erklärung diese beiden gleichzeitig verlaufenden, aber dennoch unterschiedlichen Zeiträume allegorische Modifikationen bemühen müßte.

Es gibt nichts zu deuteln. Zwischen dem »Anfang«, jenem eng umgrenzten Zeitpunkt beim Urknall, und dem Auftreten des Menschen verstrichen sechs Tage zu jeweils vierundzwanzig Stunden, und *zugleich* hat es rund fünfzehn Milliarden Jahre zu jeweils 365 Tagen gedauert, um vom »Anfang« – oder Urknall, wie ihn die Astrophysiker nennen – zur Entstehung des Menschen zu gelangen. Es geht hier nicht um vereinfachende Erklärungen wie die, daß man jeden Tag der Schöpfungserzählung als drei Milliarden Jahre ansehen müsse, so daß dabei drei mal sechs gleich achtzehn Milliarden Jahre kosmologischer Geschichte herauskommen. Ebensowenig suchen wir nach Veränderungen physikalischer Gesetzmäßigkeiten. Beispiele für solche Veränderungen könnten früher aufgetretene Abweichungen bei der Zerfallsgeschwindigkeit radioaktiver Elemente sein, die wir zur Altersbestimmung von Fossilien verwenden.

Gäbe es eine solche Unbeständigkeit, wären die von Paläontologie und Archäologie ermittelten Resultate hinfällig, und damit verlören auch die Altersangaben, die diese Wissenschaften den prähistorischen Lebensformen zuordnen, ihren Wert. Bis heute aber ist es nicht gelungen, die Zerfallsgeschwindigkeit radioaktiver Materie zu verändern. Überdies sind die für eine Veränderung atomarer Prozesse – zu denen der Zerfall radioaktiver Materie gehört – erforderlichen Temperaturen oder Druckwerte so extrem, daß sie die Fossilien zerstört hätten, wäre derlei eingetreten. Es gäbe also keine fossilen Zeugnisse! Die Halbwertszeit für den Zerfall von radioaktivem ^{14}C lag im frühen Universum ebenso wie heute bei 5600 Jahren.

Theologische Argumentationen, die sich entweder auf ein unrichtiges Verständnis der Naturwissenschaft oder der Bibel stützen, laufen daher gleichermaßen dem Streben nach der Wahrheit zuwider, vor allem in einer Zeit wie der heutigen, die so wissenschaftsgläubig ist.

Um Naturwissenschaft und Theologie in Einklang zu bringen, ist es auch keineswegs erforderlich, »fälschlich eingeordnete Fossilien« und »Veränderungen bei der Radioaktivität« apologetisch heranzuziehen; denn die Abfolge von Ereignissen, welche den Zeitraum vom »Anfang« bis zum Auftreten der Menschen umfaßt, dauerte sechs Tage *und* fünfzehn Milliarden Jahre – gleichzeitig –, wobei beide Zeiträume im selben Augenblick begannen und im selben Augenblick endeten.

Die Physik hat diese Aussage als vollständig richtig nachgewiesen.

Nachstehend wollen wir dieser unlogisch anmutenden Wirklichkeit auf die Spur kommen und zu logischen Schlußfolgerungen gelangen.

Der biblische Kalender

Die Zeitangaben des Alten Testaments stehen keineswegs im Widerspruch zu Befunden der Archäologie. Im Rahmen des biblischen Kalenders stoßen wir auf keinen Widerspruch zwischen seiner Chronologie und naturwissenschaftlich gesicherten Daten für die gesamte Zeit *nach* dem Auftreten Adams, das heißt die seither verstrichenen 57 Jahrhunderte. Sofern das Ergebnis ist, daß ein Kalender, der sich auf eine Reihe von Ereignissen bezieht, für einen Teil dieser Reihe stimmt, darf man vernünftigerweise annehmen, daß er auch für die übrigen in ihm verzeichneten Ereignisse stimmt. Vergleichen wir die im Alten Testament für Ereignisse nach Adams Auftreten angegebenen Daten mit denen, zu welchen die Archäologie hinsichtlich ebendieser Ereignisse kommt, ergeben sich keine Widersprüche; sie passen unter Berücksichtigung der üblicherweise bei archäologischen Daten angenommenen Fehlergrenzen zueinander. Lediglich der erste Teil des biblischen Kalenders, der sich auf die sechs Tage *vor* dem Auftreten Adams bezieht, erscheint mit den Erkenntnissen moderner naturwissenschaftlicher Forschung unvereinbar.

Eine ganze Anzahl von Beispielen belegt die Glaubwürdigkeit des biblischen Kalenders für die Zeit nach dem Auftreten Adams. Nachstehend werden davon mehrere – vom Standpunkt der Bibel aus gesehen frühe und späte – aufgeführt.

Eines der frühesten in der Bibel berichteten Ereignisse nach dem Auftreten Adams, von denen sich in archäologischen Funden Spuren finden, ist die Erfindung geschmiedeten Werkzeugs aus Bronze (1 Mose 4, 22). (Das frühe Hebräisch, in dem die

Bibel abgefaßt ist, verwendet für »Kupfer« und »Bronze« dasselbe Wort »nehošet«.) Die Bibel schreibt diese Entwicklung der Schmiedekunst Tuval-Kain zu, einem Sohn des gleichfalls in der Bibel auftretenden Lamech. Ein Archäologe würde die Zeit, in der Tuval-Kain lebte, als frühe Bronzezeit klassifizieren.

Um die frühe Bronzezeit mit Hilfe der Bibel zu datieren, müssen wir berechnen, wieviel Zeit seit Tuval-Kains Geburt bis zur Gegenwart verstrichen ist. Die genealogische Linie, die in die Gegenwart führt, überlebte mit Noah und dessen Nachkommen die Sintflut. Sie kam über Seth (1 Mose 5, 3–32) von Adam. Dieser dritte Sohn wurde ihm und Eva geboren, nachdem Kain seinen Bruder Abel erschlagen hatte (1 Mose 4, 8). Welches Alter Seths Nachkommen jeweils erreichten, listet die Bibel auf, und so läßt sich ermitteln, in welcher historischen Zeit sie lebten. Auf diese Daten gestützt, setzen wir das Alter der Erde den Angaben der Bibel entsprechend mit den schon erwähnten 57 Jahrhunderten an.

Tuval-Kain war nicht Seths Sohn, sondern ein Abkömmling Kains. Vielleicht wird das jeweilige Alter von Kains Nachkommen (1 Mose 4, 17–22) in der Bibel deshalb nicht aufgeführt, weil Kains Linie mit der Sintflut erlosch (1 Mose 7). Um festzustellen, zu welchen Zeiten Kains Nachkommen lebten, vergleichen wir deren Daten mit den parallel dazu verlaufenden von Seths Nachkommen. Sie finden sich in Tabelle 2. Für diesen Vergleich liefert die Bibel zwei feste Bezugspunkte: Kains Alter bei Seths Geburt und Noahs Alter bei Eintreten der Sintflut, die Kains Nachkommenschaft vernichtete. Im Jahr 1990 u. Z. beläuft sich das Gesamtalter aller nach Adam aufgetretenen Menschengenerationen auf 5750 Jahre. Zu diesem in der Bibel genannten Datum für den Beginn der aufgezeichneten Geschichte passen archäologische Funde aus den beiden letzten Jahrhunderten recht gut. Wir können von der Zahl 5750 die Zeit abziehen, die zwischen Adam und Tuval-Kain liegt. (Das ist die aus der Bibel zu ermittelnde Zahl der Jahre, die zwischen Adams Auftreten und der Erfindung des Schmiedens von Bronze verstrich.) Das liefert uns die biblische Datierung der frühen Bronzezeit.

Tabelle 2: Genealogie vor der Sintflut

Genealogische Linie des Seth	Alter bei der Geburt des Sohnes (Jahre)	Quelle im 1. Buch Mose	Genealogische Linie des Kain	Quelle im 1. Buch Mose
Adam	130	5,3	Adam	4,1
Seth	105	5,6	Kain	4,1
Enosch	90	5,9	Henoch	4,17
Kenan	70	5,12	Irad	4,18
Mahalalel	65	5,15	Mahujael	4,18
Jared	162	5,18	Methusael	4,18
Henoch	65	5,21	Lamech	4,18
Methusalah	187	5,25	Jabal	4,20
Lamech	182	5,28	Jubal	4,21
Noah	600 zur Zeit der Sintflut	7,6	Tuval-Kain (Bronzewerkzeug)	4,22
Gesamt	1656			

Laut biblischem Kalender war Adam 130 Jahre alt, als ihm und Eva Seth geboren wurde. Seth war 105 Jahre alt, als er Enosch zeugte; dann folgt der Stammbaum bis Noah. In Tabelle 2 erkennen wir, daß Tuval-Kain der letzte Abkömmling Kains war, der vor der Sintflut zur Welt kam. Daher muß die Zeit seines Lebens mehr oder weniger mit der Noahs zusammenfallen. Wenn wir Noahs Lebensmitte für die Zeit ansetzen, da Tuval-Kain die Herstellung von Werkzeug aus Bronze erfand, können wir die frühe Bronzezeit auf etwa 1350 Jahre nach Adams Auftreten oder 4400 Jahre (nämlich 5750 minus 1350) vor unserer Gegenwart ansetzen.

Die archäologische Abteilung des Israel-Museums besitzt einige Fundstücke frühen Bronzewerkzeugs. Die ältesten davon werden auf etwa 2400 v. u. Z. datiert, das heißt auf einen

Zeitraum, der – von heute aus – schätzungsweise 4400 Jahre zurückliegt. Von großer Bedeutung für die hier behandelten Fragen ist das Ergebnis von Archäologen während der vergangenen hundert Jahre: Die frühe Bronzezeit deckt sich mit der Zeit, in der Tuval-Kain lebte, dem in der Bibel die Erfindung des Bronzewerkzeugs zugeschrieben wird.

Den meisten Menschen fällt es schwer, die Langlebigkeit der Generationen vor der Sintflut mit der heutigen siebzig- bis achtzigjährigen Dauer des Menschenlebens zu vereinbaren. Moderne Exegeten behaupten, diese lange Lebensdauer beziehe sich nicht auf einzelne Menschen, sondern man habe mehrere Menschenleben zu einem zusammengefaßt, um den Bericht der Bibel zu vereinfachen und zu verkürzen. Nachmanides vertritt eine andere Ansicht.[2] Er erklärt, die vor der Sintflut auf der Erde vorherrschenden Bedingungen hätten ein langes Leben begünstigt und mit der Sintflut einhergehende tiefgreifende Veränderungen Klima und Atmosphäre so verschlechtert, daß die Lebenserwartung der Menschen schrittweise gesunken sei. Wie dem auch sei – die im Alten Testament für die Zeit nach Adams Auftreten und vor der Sintflut gemachten Zeitangaben entsprechen den Datierungen der jeweiligen archäologischen Funde.

Beispiele für die Genauigkeit des biblischen Kalenders lassen sich für den gesamten vom Alten Testament erfaßten Zeitraum anführen. So erfahren wir in Josua 11, 11–13, daß Josua bei der Eroberung des Landes Kanaan die Stadt Hazor zerstörte und niederbrannte. »Doch die Städte, die auf ihren Hügeln standen, verbrannte Israel nicht; sondern Hazor allein verbrannte Josua.« Später teilt uns das 1. Buch der Könige mit, daß Salomo die Städte Hazor, Megiddo und Geser wieder aufbauen ließ und sie als Standorte für die große Zahl seiner Streitwagen verwendete (1 Könige 9, 15). Nach dem Zeitablauf der Bibel fällt das ins 10. Jahrhundert v. u. Z., das heißt, dreihundert Jahre nachdem Josua das früher an derselben Stelle gelegene Hazor zerstört hatte. In einem als »Tell« (nach dem hebräischen »tel«) bekannten Ruinenhügel, der dadurch entstand, daß sich über verfallenden Bauten allmählich Schutt und Erdreich anlagerten, fand man die verkohlten Reste der von Josua niedergebrannten Stadt Hazor. Darüber, immer noch innerhalb des Tell, lag die von Salomo errichtete Stadt. Man kann den deutlichen Umriß der Stallungen erkennen, in denen die Pferde für Salomos Streitwagen untergebracht waren, ebenso die für Salomos Städte kennzeichnende Form des Stadttors. Stallungen und Tor sehen in allen drei im 1. Buch der Könige 9, 14 genannten Städten gleich aus. Möglicherweise hat Salomo bei allen drei Städten denselben Baumeister eingesetzt.

Wissenschaftlich erhärtet haben die Datierung »13. Jahrhundert v. u. Z.« für die Eroberung des nördlichen Kanaan durch Josua die archäologischen Funde, die zwischen 1955 und 1968 bei Ausgrabungen an der Stelle des früheren Hazor gemacht wurden. Interessanterweise hatte der berühmte britische Archäologe John Garstang, von 1919 bis 1926 Leiter der britischen Ausbildungsstätte für Archäologie in Jerusalem, diese biblische Datierung in seinem 1931 erschienenen Buch *Joshua, Judges* (Die Bücher Josua und Richter) nachdrücklich in Frage gestellt. Seiner Ansicht nach war die Datierung »13. Jahrhundert v. u. Z.« zu spät angesetzt und ließ sich mit seinen Schätzungen nicht in Einklang bringen. Die eben genannten archäologischen Funde haben den wissenschaftlichen Standpunkt revidiert; auch er schließt sich inzwischen der überlieferten biblischen Datierung an[3] – ein weiteres Beispiel für die Wahrheit, die buchstäblich aus der Erde hervorkommt (Psalm 85, 12).

Daß die Daten der Bibel und die der Archäologen für den Beginn der Bronzezeit übereinstimmen, ist vor allem deshalb beachtenswert, weil sie zwischen dem Auftreten Adams und der Sintflut liegen. Dies ermahnt uns, Naturwissenschaft *und* Bibel gleichermaßen zu berücksichtigen. Die übereinstimmende Datierung der Bronzezeit bekräftigt nicht nur die Angaben des biblischen Kalenders, sondern macht auch das Argument zunichte, die Sintflut habe den »Fossilbericht« verändert. Wäre das der Fall, müßten alle vor der Sintflut liegenden Ereignisse falsch datiert sein. Wir haben aber gesehen, daß der Zeitabschnitt, der in der Bibel der frühen Bronzezeit zuzuordnen ist und *nach* Adam, aber *vor* der Sintflut liegt, ausgezeichnet in den Rahmen paßt, den die Archäologie für dieses Ereignis ermittelt hat. Die archäologische Datierung *wie auch* die biblische sind richtig.

Demnach stellt der biblische Kalender für die Archäologie hinsichtlich der Zeit *nach* Adam kein Problem dar. Was aber ist mit der biblischen Chronologie für die Zeit *vor* Adam? Können wir die im Alten Testament gemachten Angaben mit den Daten der Kosmologie und Paläontologie für den Zeitraum vom »Anfang« bis zum Auftreten Adams in Einklang bringen? Ja, aber nur, wenn wir uns einer Übung in Logik unterziehen, die wir als »Zeitdehnung« bezeichnen wollen. Das ist der eigentliche Kernpunkt der Sache.

Wie aber sollen wir sechs Tage so dehnen, daß sie fünfzehn Milliarden Jahre umfassen? Oder umgekehrt gefragt: Wie quetschen wir fünfzehn Milliarden Jahre in sechs Tage? Der Gedanke ist nicht so widersinnig, wie er auf den ersten Blick erscheinen mag. In den Psalmen 90,4 lesen wir: »Denn tausend Jahre sind vor dir wie der Tag, der gestern vergangen ist...« Damit wird auf die Möglichkeit verwiesen, daß sich die Art, wie Gott Zeit wahrnimmt, deutlich von der Wahrnehmung der Zeit durch den Menschen unterscheidet. Aber die eigentliche Bedeutung des Verses ist eine tiefere: Die Zeit *scheint* nur verschiedenen an einem Ereignis Beteiligten unterschiedlich schnell zu verstreichen, ohne daß sie das in Wirklichkeit tut!

Dieser Vers aus den Psalmen erinnert an die Zeitdehnung in den revolutionären Denkspielen Einsteins: Einstein hat nachgewiesen, daß tausend oder gar eine Milliarde Jahre, wenn man ein einzelnes Ereignis in einem Bezugssystem beobachtet, in einem anderen Bezugssystem als Tage erscheinen können.

Die Grundlage, die wir suchen, um den Kalender der Bibel mit dem der Kosmologen in Einklang zu bringen, liefert uns zum Teil tatsächlich Einsteins Relativitätstheorie. Doch handelt es sich dabei nicht um bloße Theorie, sondern um eine empirisch beobachtete Wirklichkeit. Aus Einsteins *Gesetz* der Relativität ergibt sich, daß weder Dimensionen im Raum noch der Ablauf der Zeit absolut sind. Ihr jeweiliger Wert steht in enger Abhängigkeit von der Beziehung zwischen Beobachter und Beobachtetem. Zwar scheint es uns unfaßlich, daß sich der in unserem täglichen Leben so gleichmäßige Ablauf der Zeit verändern kann – aber es ist möglich.

Spezielle und allgemeine Relativitätstheorie

Zu den bedeutendsten Aspekten der modernen Physik, die theologisch relevant sind, gehört alles, was mit Zeit zu tun hat: ihr Ursprung, wie auch das Phänomen, daß es für ihren Ablauf kein ausschließliches, konstantes und unveränderliches Maß gibt. Wegen der großen Bedeutung von Zeit für die Bibelauslegung müssen wir die Erkenntnisse der Relativitätstheorie für unsere Wahrnehmung des Alters und der Wirkungsmechanismen des Universums berücksichtigen.

Wenige Theorien haben sich so tiefgreifend auf das Verständnis des Menschen von Welt und Schöpfung ausgewirkt wie die spezielle und die allgemeine Relativitätstheorie. Vorher hatte man die Zeit stets für absolut gehalten und angenommen, daß ein in der Vergangenheit liegendes Ereignis unabhängig vom Beobachter stets gleich weit zurücklag. Vor etwa dreihundert Jahren verlieh Newton dieser Überzeugung beredten Ausdruck: Absolute und mathematisch genaue Zeit strömt von selbst und ihrem Wesen nach gleichmäßig, ohne von äußeren Einflüssen bestimmt zu werden.[4] Überdies sah man keinen Zusammenhang zwischen Zeit und Raum – sie beeinflußten einander nicht. Welche Beziehung konnte es schließlich zwischen dem Abstand von einem Punkt zum anderen und dem Ablauf der Zeit geben außer der Tatsache, daß man mehr Zeit braucht, um eine größere Entfernung zu überwinden als eine geringere? Dahinter steht eine einfache und leicht nachvollziehbare Logik.

Die von Einstein in seiner speziellen (1905) und danach in der allgemeinen Relativitätstheorie (1916) vorgetragenen Gedanken revidierten das traditionelle Verständnis von Zeit und Raum so umfassend, wie das aufflammende Licht einer Lampe unsere Wahrnehmung eines zuvor im Dunkeln liegenden Raumes verändert.

Der lange Weg zu Einsteins Erkenntnissen begann, als Johannes Kepler im Jahr 1628 ein eigentümliches Phänomen beobachtete.[5] Kometenschweife, fiel ihm auf, sind stets in der Richtung von der Sonne abgewandt. Der Schweif eines Kometen, der über den Himmel zieht, fächert sich stets an seinem hinteren Ende auf, solange er sich der Sonne nähert. Sobald er aber an ihr vorbeigezogen ist und seinen Weg zurück in die ferneren Bereiche des Sonnensystems antritt, ändern sich die Dinge grundlegend. Nunmehr liegt der Schweif vor dem Kopf des Kometen und weist voraus – etwas, das der Vorstellung von einem Schweif deutlich widerspricht! Kepler stellte nun die Behauptung auf, die Lage eines Kometenschweifs im Verhältnis zum Kopf bestimme ein vom Licht der Sonne auf ihn ausgeübter Druck. Da dieser Schweif von geringerer Dichte sei als der Kopf des Kometen, reagiere er auf den Druck der Sonnenstrahlung stärker als jener. Tatsächlich »bläst« die Sonnenstrahlung gegen den Schweif, so daß er stets von der Sonne fortgedrückt wird. Ohne die von der Schwerkraft des Kometenkopfes ausgeübte Anziehung würden die winzigen Bestandteile des Schweifs vollständig zerstreut. Keplers Beobachtung war der erste Hinweis darauf, daß Strahlungsenergie – wie beispielsweise das Licht – auch eine mechanische Kraft – in diesem Fall also Druck – ausüben kann. Aus dieser höchst bedeutsamen Beobachtung ergab sich, daß das Licht, das man stets für substanzlos gehalten hatte, auch über eine Masse oder ein Gewicht verfügen kann. Gemessen wurde der Druck der Strahlungsenergie zum ersten Mal zweihundertdreiundsiebzig Jahre später, als E. F. Nichols und G. F. Hull im Jahr 1901 eine starke Lichtquelle auf einen im Vakuum aufgehängten Spiegel richteten und eine vom Druck des Lichts hervorgerufene Ablenkung des Spiegels maßen. Dabei handelte es sich um einen im Labor nachgestellten analogen Druck, den der »Sonnenwind« auf den Kometenschweif ausübt.

Im Jahr 1864 stellte James Clerk Maxwell die Behauptung auf, Licht pflanze sich – wie jede andere elektromagnetische Strahlung – mit ein und derselben festgelegten Geschwindigkeit wellenförmig durch den Raum fort. Zu diesem Ergebnis war er auf der Grundlage von Entdeckungen gelangt, die Michael Faraday auf dem Gebiet der Elektrizität und des Magnetismus gemacht hatte.[6] Ob es sich um die Wellen des Mikrowellenherdes in der Küche handelt oder das Licht, in dessen Schein wir lesen, oder die Röntgenstrahlen, die es einem Arzt ermöglichen, einen gebrochenen Knochen zu sehen, oder die bei einer Atomexplosion auftretenden Gammastrahlen: Alles fällt unter den Begriff »elektromagnetische Strahlung«. Unterschiedlich sind lediglich Länge und Frequenz der Wellen: Je höher die Strahlungsenergie, desto kürzer ist die Wellenlänge und desto höher die Schwingungszahl dieser Wellen. In jeder anderen Hinsicht sind sie einander gleich.

Max Planck legte im Jahr 1900 eine Beschreibung jener elektromagnetischen Strahlung vor, die sich grundlegend von allen früheren Theorien unterschied. Bis dahin war man der Ansicht gewesen, die von einem erwärmten Gegenstand, beispielsweise einem rotglühenden Eisen, abgestrahlte Energie werde in einem gleichmäßigen und fortlaufenden Prozeß freigesetzt, bis die Hitze verströmt sei und der Gegenstand seinen ursprünglichen Zustand wieder erreicht habe. Was die Abkühlung eines heißen Eisens auf Zimmertemperatur anlangt, schien das durchaus zu stimmen. Planck aber kam zu einem gegenteiligen Ergebnis: Die Energie wird nicht in einem gleichmäßigen, fortlaufenden Strom abgegeben, sondern in gesonderten Einheiten. Man kann sich das so vorstellen, als gäbe ein glühendes Eisen seine Wärme ab, indem es rasend schnell winzige heiße Kügelchen herausschießt.

Planck kam zum Ergebnis, daß es sich bei diesen »Kügelchen« um die eigentliche Strahlungsenergie handelt, und er nannte sie »Quanten«. Damit war die Quantenmechanik geboren. Da sich jede Strahlung mit der gleichen Geschwindigkeit – nämlich der des Lichtes – fortpflanzt, mußte das auch für die Quanten gelten. Tatsächlich zeigte sich, daß alle die gleiche Geschwindigkeit hatten, aber sie mußten deshalb nicht alle die gleiche Energiemenge aufweisen. Die Energie eines einzelnen Quanten, erklärte Planck, sei proportional zur Schwingungsfrequenz, die er auf seinem Weg durch den Raum habe, vergleichbar mit einem winzigen Gummiball, der sich auf seiner Flugbahn ständig zusammenzieht und ausdehnt. Im Bereich des Sichtbaren können wir mit unseren Augen wahrnehmen, mit welcher Frequenz die Quanten schwingen. Wir nennen das die Farbe des Lichts. Diese Freisetzung von Energie in Form von Quanten sorgt dafür, daß ein Gegenstand, den man vorsichtig erhitzt, erst rot wird und mit zunehmender Temperatur wegen der dabei ansteigenden Energie und Schwingungsfrequenz das gesamte Spektrum der Regenbogenfarben durchläuft, wobei sich schließlich sämtliche Frequenzen vermischen, was wir dann als Weißglut wahrnehmen.

Hierin liegt ein Paradox: Eben die Theorie, in der es heißt, das Licht bestehe aus als Quanten bezeichneten Teilchen, beschreibt gerade diese Energie als Frequenzen (vgl. Abb. 1). Frequenzen aber hängen mit Wellen – und nicht mit Teilchen – zusammen. Da überdies die Annahme gelten muß, daß die Lichtgeschwindigkeit stets konstant ist, stellt sich die Frage: Was geschieht, wenn sich nicht nur der Gegenstand bewegt, der das Licht aussendet, sondern auch der Mensch, der es beobachtet? Der Logik nach müßte die Geschwindigkeit dieser Bewegung, je nach ihrer Richtung, der des Lichtes hinzugeschlagen oder von ihr abgezogen werden. Allerdings wäre in dem Fall die Lichtgeschwindigkeit nicht mehr konstant! Der Druck, den das Licht auf einen Kometenschweif oder – im Versuch von Nichols und Hull – auf den Spiegel ausübt, legt die Vermutung nahe, daß es in dem Augenblick eine Veränderung seines Impulses erfährt, da es beim Aufprall auf eine Fläche zum Stillstand gelangt. So etwas übt auf jeden beweglichen Gegenstand Druck aus. Der Wasserstrahl, der aus dem Schlauch kommt, treibt einen Ball über den Boden, weil das Wasser eine Masse besitzt. Diese Masse hat eine Geschwindigkeit, die beim Auftreffen des Wassers auf den Ball abgebremst wird. Damit überträgt das Wasser seinen Bewegungsimpuls auf den Ball, und dieser rollt fort. Die bloße Definition des Begriffs »Bewegungsimpuls« – gleich der Masse (m) eines Objekts multipliziert mit seiner Geschwindigkeit (v), also $m \times v$ – verlangt, daß auch das sich bewegende Licht Masse besitzt. Auch wenn man keine äußeren Spuren auf einer Oberfläche sieht, auf die das Licht fällt, muß irgendwie eine Masse mit diesen wellenähnlichen Lichtteilchen verbunden sein. Bis auf den heutigen Tag ist man auf der Suche nach einer schlüssigen Theorie zur vollständigen Erklärung für diese Phänomene des Lichts und jeder Strahlungsenergie.

Parallel zur Suche nach dem Wesen der Strahlungsenergie liefen Forschungsarbeiten zur Frage, wie sich das Licht ausbreitet. Da Licht und andere elektromagnetische Strahlung in gewissem Sinn Wellen sind, mußte man zu dem Schluß kommen, daß sie ein Medium brauchen, in dem sie sich wellenförmig ausbreiten können, denn im Vakuum ist keine Ausbreitung möglich. So, wie Schall auf ein materielles Medium wie beispielsweise Luft angewiesen ist, die seine Energiewellen überträgt, brauche auch das Licht zur Übertragung eine eigene besondere Substanz. So setzte man als Übertragungsmedium von Licht und Wärme durch den Raum – wie etwa von Licht und Wärme der Sonne, welche die Erde erreichen – einen unsichtbaren, nicht wahrnehmbaren Träger an, den man bis zum Anfang unseres Jahrhunderts als »Äther« oder »Lichtäther« bezeichnete. Er finde sich, so vermutete man, sogar im freien Weltraum.

Mit dieser Annahme, daß sich das Licht innerhalb des Äthers ausbreite, schien das Problem der konstanten Geschwindigkeit des Lichts gelöst. Es breite sich, vermutete man, mit konstanter Geschwindigkeit im Verhältnis zu diesem allgegenwärtigen Äther aus, und zwar weder in Abhängigkeit von der Geschwindigkeit der Lichtquelle noch von der eines Beobachters. Sich innerhalb dieses Äthers bewegende Beobachter des Lichts könnten sehen, wie es sich schneller oder langsamer bewege, je nachdem, in welchem Verhältnis ihre Bewegungsrichtung zu der des Lichts stehe, doch die Geschwindigkeit des Lichts im Verhältnis

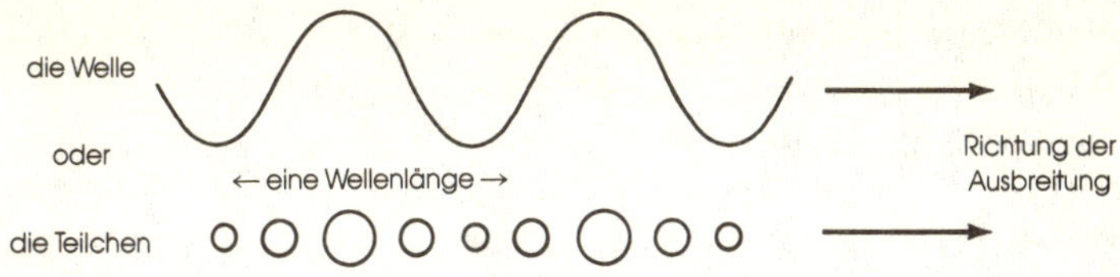

Abb. 1: Licht als Welle und als Teilchen

Die Doppelnatur des Lichts ist einerseits so beschaffen, daß es sich wie eine Ozeanwelle verhält, die durch eine enge Öffnung zum Hafen geht, wenn wir es beim Durchgang durch eine schmale Öffnung messen. Licht- und Ozeanwellen breiten sich nach dem Durchgang durch die Öffnung halbkreisförmig aus. Wenn wir das Licht andererseits bei seinem Auftreffen auf ein bestimmtes Metall messen, verhält es sich wie ein Strom winziger Teilchen, die auf das Metall aufschlagen. Eines nach dem anderen löst das Licht Elektronen aus dem Metall. Das sieht etwa so aus, als würden winzige Kügelchen, die man auf ein Blatt Papier schießt, beim Aufschlag jeweils Stückchen aus ihm herausdrücken. Wellenlänge und Frequenz des Lichts bestimmen die Energie der Lichtwelle; die Energie dieser Licht-»Kügelchen« aber, also der Photonen, wird nicht von ihrer Geschwindigkeit bestimmt, sondern von der Frequenz, mit der sie pulsieren, während sie mit Lichtgeschwindigkeit dahinrasen.

zur festen Größe des Äthers sei konstant. Genauso verhält es sich mit der Ausbreitung des Schalls. In unbewegter Luft pflanzt er sich auf Meereshöhe mit gleichbleibender Geschwindigkeit (etwa dreihundert Meter pro Sekunde oder rund 1000 km/h) fort, und zwar unabhängig davon, ob sich der den Schall erzeugende Gegenstand bewegt oder nicht. Der Überschallärm eines Flugzeugs, das mit mehr als dreihundert Metern pro Sekunde fliegt, entsteht dadurch, daß es seine eigenen Schallwellen erst ein- und dann überholt. In der Alltagssprache sagen wir: »Es durchbricht die Schallmauer.« Hier bewegt sich die Schallquelle, also das Flugzeug, schneller als der von ihr verursachte Schall.

Auch wenn bei den Auseinandersetzungen der Wissenschaftler über die Beschaffenheit des bis dahin noch nicht erforschten Äthers niemandem der Gedanke kam, das Strömen der Zeit könne eine Beziehung zu dem des Lichts haben, wurde diese Erkenntnis dem Menschen bald zuteil.

Im Jahr 1887 veröffentlichten Albert Michelson und Edward Morley die Ergebnisse eines Versuchs, die Auswirkungen dieses hypothetisch angenommenen Äthers zu messen.[7] Sie verglichen, wie lange es dauerte, bis das Licht lotrecht und parallel zur Bewegung der Erde auf ihrer Umlaufbahn um die Sonne eine bestimmte Entfernung zweimal zurücklegte – hin und zurück. Da die Umlaufgeschwindigkeit der Erde um die Sonne etwa dreißig Kilometer pro Sekunde beträgt, müssen wir uns mit dieser Geschwindigkeit durch den Äther bewegen. Sofern Strahlungsenergie denselben Gesetzen gehorchte wie alle anderen Wellen, mußte das eine Veränderung des Zeitraums mit sich bringen, den das in ihrem Experiment verwendete Licht für seinen Weg benötigte. Daß sich die Erde durch den Äther bewegte, durfte sich nicht anders auswirken als ein kräftiger Wind, der den Schall weiterleitet.

Zum Erstaunen aller, die das Experiment verfolgten, stellten Michelson und Morley keinerlei Auswirkung dieser Geschwindigkeit von dreißig Kilometern pro Sekunde fest. Ihr Experiment und spätere – unter technisch verbesserten Bedingungen durchgeführte – Wiederholungen brachten etwas äußerst Ungewöhnliches zum Vorschein: Die Geschwindigkeit, mit der sich die Erde um die Sonne dreht, wirkt sich auf die des Lichts nicht aus.

Das war äußerst verwirrend. Wir haben es mit einer Lichtgeschwindigkeit (*c*) zu tun, deren Wert konstant 299 792,5 Kilometer pro Sekunde beträgt, ganz gleich, ob sich die Quelle oder der Beobachter des Lichts bewegt oder nicht. Die Verwirrung steigerte sich noch, weil sich zeigte, daß sich ein und derselbe Lichtstrahl bei Anwendung eines Meßverfahrens wie eine Welle und bei Anwendung eines anderen Verfahrens wie ein Teilchen fortbewegt. Das ist so, als sähen wir von einer Mole aus zu, wie Wellen vom Ozean heranrollen, und von einem Augenblick auf den andern entstände aus den Wellenkämmen und Wellentälern ein Strom einzelner Wasserkügelchen, die unmittelbar oberhalb des Meeresspiegels schwingend durch die Luft ziehen. Und im nächsten Augenblick wären die Wellen wieder da und die Kügelchen verschwunden.

Auf dem Höhepunkt dieser Verwirrung trat 1905 Albert Einstein auf den Plan und entwickelte aus dem Prinzip der Relativität die Relativitätstheorie. In jenem Jahr veröffentlichte er eine Reihe von Aufsätzen, die unser Verständnis vom Universum buchstäblich umkrempelten. Die fünf Jahre zuvor von Max Planck für das Licht formulierte Quantentheorie versetzte Einstein in die Lage, ein interessantes Phänomen zu erklären: Licht, das auf bestimmte Metalle trifft, löst Elektronen heraus und schafft damit ein Potential für das Fließen elektrischen Stroms.[8] Diese »photoelektrische« Wirkung erklärte Einstein damit, daß Lichtquanten (Photonen) Elektronen aus ihren Atomschalen buchstäblich heraussprengten. Wie sich zeigt, besitzt ein Photon Masse, während es sich – mit der Lichtgeschwindigkeit (c) – bewegt, nicht aber im Ruhezustand (Ruhemasse Null). Es verfügt also sowohl über die Eigenschaft einer Welle (seine Schwingungsfrequenz ist proportional zu seiner Energie) wie auch zugleich die eines Teilchens. Da es Raum beansprucht und während der Bewegung über eine bestimmte Masse verfügt, kann es in der Tat – wie Kepler vermutete – Dingen, etwa einem Kometenschweif, Anstöße geben. Im Photon schienen Materie und Energie eng miteinander verknüpft zu sein. Einstein entdeckte diese Beziehung und faßte sie in seine inzwischen berühmte Formel $E = mc^2$. Die Energie eines Photons E ist gleich seiner Masse m (in Bewegung), multipliziert mit der Lichtgeschwindigkeit zum Quadrat, c^2. Einstein erkannte, daß diese Beziehung auf alle Massen und alle Energieformen anwendbar ist. Sie bildet die Grundlage der speziellen Relativitätstheorie.

Diese Gedankengänge nachzuvollziehen ist nicht einfach. Nehmen wir einen bestimmten Gegenstand. Die Masse, die er im Ruhezustand hat, nennt man Ruhemasse. Geben wir ihm jetzt einen kräftigen Stoß, erhält er eine Geschwindigkeit und damit eine zu dieser Geschwindigkeit proportionale kinetische Energie (Bewegungsenergie). Da das E der Formel $E = mc^2$ für alle Energieformen gilt, beläuft sich die Gesamtenergie des Gegenstandes auf die Summe aus seiner Ruhemasse und seiner kinetischen Energie. Die von Einstein erkannte Beziehung verlangt, daß die Masse eines Gegenstandes zunimmt, wenn seine Geschwindigkeit zunimmt.

Die Relativität besagt also, daß sich mit der Geschwindigkeitsänderung eines Gegenstandes auch dessen Masse verändert. Bei niedrigen Geschwindigkeiten entspricht die Masse eines Gegenstandes in etwa der ursprünglichen Ruhemasse. Daher haben bei alltäglichen Vorgängen Newtons Beschreibungen der Naturgesetze durchaus Gültigkeit. Bei durch den Weltraum ziehenden Galaxien oder bei subatomaren Teilchen, die in einem Beschleuniger umherschwirren, sieht die Sache gänzlich anders aus. In beiden Fällen kann die relative Geschwindigkeit einen beträchtlichen Teil der Lichtgeschwindigkeit ausmachen, und außerdem läßt sich die Zunahme der Masse lediglich von jemandem beobachten, der sich im Verhältnis zum bewegten Objekt im Ruhezustand befindet. Ein Beobachter, der sich mit dem Gegenstand bewegt, hat keine Möglichkeit, diese Veränderung der Masse wahrzunehmen.

Wie wir später sehen werden, behandelt Steven Weinberg in seinem Buch *Die ersten drei Minuten* diese Wechselwirkung zwischen Energie und Masse ausführlich. Ähnlich verfährt Nachmanides in seinem *Kommentar zur Schöpfungsgeschichte*.

Die spezielle Relativitätstheorie gründet sich auf zweierlei: das Prinzip der Relativität und der konstanten Lichtgeschwindigkeit. Einstein hat das von Galileo Galilei dreihundert Jahre zuvor postulierte Prinzip der Relativität auf den neuesten Stand gebracht. Es besagt, daß die Gesetze der Physik – die letzten Endes nichts anderes sind als die Naturgesetze – in allen nichtbeschleunigten Systemen, das heißt in Systemen mit geringer und gleichförmiger Bewegung, gleich sind. Der Physiker nennt ein solches System »Inertialsystem«, was soviel wie »träges System« bedeutet.

Ein Bezugssystem ist beispielsweise die Art, wie wir uns selbst in Beziehung zur Welt sehen. Bisweilen handelt es sich dabei nicht um ein Inertialsystem, z. B. wenn wir aus einem hin und her schwingenden Schaukelstuhl einen unbewegten Gegenstand betrachten. Der Grundsatz der Relativität besagt, daß wir die Bewegung eines Inertialsystems nicht mit Hilfe der Gesetze der Physik bestimmen können, solange wir uns innerhalb desselben befinden, da diese sich auf keine der Dimensionen auswirkt, die wir im Innern dieses Systems messen. Das ist auch der Grund dafür, daß wir kein Gespür für Bewegung haben, solange wir bei ruhigem Wetter mit gleichbleibender Geschwindigkeit fliegen. Wegen der sich ständig ändernden Bewegung des Schaukelstuhls hingegen ist unser System nicht inertial, weshalb wir auch unsere Bewegung wahrnehmen.

Jeder von uns hat schon einmal erlebt, daß wir absolute Geschwindigkeiten (im Gegensatz zu relativen) nicht wahrnehmen können. An einer roten Ampel sehen wir, wie der Wagen neben uns langsam rückwärts rollt – oder rollen wir vorwärts? Zunächst läßt sich das schwer ausmachen. Der Zug, in dem wir sitzen, fährt an. Wir haben gedöst, fahren hoch und haben den Eindruck, daß der Zug auf dem Nebengleis in die Gegenrichtung fährt. Was sich bewegt und was sich im Ruhezustand befindet, erkennen wir erst, wenn unser Bezugssystem – also unser Auto oder Zug – beschleunigt wird und damit seine »Trägheit« verliert.

Einsteins Lehrsatz, die Masse eines Gegenstandes ist eine Funktion seiner Geschwindigkeit, scheint im Widerspruch zu unserer Behauptung zu stehen, wir könnten unsere Bewegung nicht dadurch feststellen, daß wir die Veränderung der Masse messen. Aber hier liegt ein feiner Unterschied. Innerhalb des Inertialsystems bleiben alle Werte gleich. Über Systemgrenzen hinweg gemessen, das heißt von einem System aus, das sich im Verhältnis zu einem anderen in Bewegung befindet, verändern sich die Werte von Größe und Masse. Befänden sich alle Teile des Universums in gleicher und gleichförmiger Bewegung, hätte die Relativität für uns nur wenig Bedeutung. Doch für unsere weitere Beschäftigung mit dem Schöpfungsmodell der Bibel ist genau das Wissen von entscheidender Bedeutung, daß man Ereignisse über Systemgrenzen hinweg beobachten kann.

Das zweite Prinzip der speziellen Relativitätstheorie läßt sich weniger leicht nachvollziehen. Offen gestanden ist es ungeheuerlich. Es besagt, daß die Lichtgeschwindigkeit *c* (*c* = 2,997925 x 10^8 m pro Sekunde im Vakuum – und zwar unter allen Bedingungen) sowohl innerhalb aller Bezugssysteme als auch *über alle Systemgrenzen hinweg* konstant ist. Dies implizierten schon die Ergebnisse des Experiments von Michelson und Morley. Doch erst Einstein hatte den Mut zu behaupten, unabhängig von der Geschwindigkeit, mit der sich ein Beobachter auf eine Lichtquelle zu oder von ihr fortbewege, behalte die Lichtgeschwindigkeit den Wert *c*. Keine andere Form der Bewegung – z.B. Schallwellen – besitzt diese Eigenschaft. Dies spricht aller Logik Hohn.

Wirft beim Baseball der Werfer dem Fänger den Ball mit einer Geschwindigkeit von 140 km/h zu, sieht ihn jener mit 140 km/h auf sich zukommen. Liefe er aber – regelwidrig – mit 30 km/h auf den Werfer zu, hätte der auf den Fänger zufliegende Ball die Geschwindigkeit von 170 km/h (140 + 30), während sie für den Werfer 140 km/h bliebe. Stellen wir uns jetzt vor, der Werfer schleudere dem Fänger keinen Ball zu, sondern lasse das Bild eines Balles zu ihm aufblitzen. Das Licht bewegt sich aus der Hand des Werfers mit Lichtgeschwindigkeit (1,0 *c*) oder etwa 300 Millionen Metern pro Sekunde. Der schnelle Fänger läuft in unserer Projektion mit einem Zehntel der Lichtgeschwindigkeit (oder 30 Millionen Metern pro Sekunde) auf den Werfer zu. Und was sieht er? Etwa Licht, das sich ihm mit einer Geschwindigkeit von 330 Millionen Metern pro Sekunde (1,1 x *c*) nähert? Nein! Der Fänger sieht das Licht exakt mit Lichtgeschwindigkeit auf sich zukommen – also 300 Millionen Metern pro Sekunde –, obwohl er ihm entgegenläuft und so seine Geschwindigkeit zu der des Lichtes addiert. Und mit welcher Geschwindigkeit nimmt der still stehende Werfer das Licht wahr, das sich von ihm entfernt? Auch mit 1,0 *c*! Das ist das Paradoxe des Lichts: Licht wird, unabhängig davon, welche Geschwindigkeit der Beobachter im Verhältnis zum Licht hat, stets mit der Geschwindigkeit *c* wahrgenommen – ohne Ausnahme. Aber wie ist das möglich?

Beide Personen sehen das Licht mit derselben Geschwindigkeit, weil die relativistische Mechanik wie auch die Gesetze des Universums, denen wir alle unterliegen, auf der unverständlich erscheinenden Tatsache gründen, daß Masse, Raum und Zeit sich dehnen. Diese Dehnung ist gerade hinreichend, um zu bewirken, daß sich innerhalb eines gegebenen Bezugssystems nichts Widersinniges zu ereignen scheint. Sie läßt sich nicht wahrnehmen, solange man nicht von außen in ein System hineinsieht. Beim Blick in ein Bezugssystem, das sich an uns vorüberbewegt, würden wir feststellen, daß die Dimensionen eines Objekts in Bewegungsrichtung im Verhältnis zu dessen Dimensionen im Ruhezustand verkleinert sind. Außerdem geht die vorher genaue Uhr im Ruhezustand jetzt im Verhältnis zu einer in unserem Bezugssystem »in Ruhe« befindlichen Uhr nach.

Faßt man die Prinzipien der Relativität und der konstanten Lichtgeschwindigkeit zusammen, kommt man unausweichlich zum Phänomen der Zeitdehnung. Verdeutlichen läßt sie sich mit einem Gedankenexperiment, das Einstein verwendete, um den begrifflichen Rahmen für seine Arbeit mit der Relativität zu entwickeln. Taylor und Wheeler führen in ihrem Standardwerk *Spacetime Physics* die folgende Spielart dieser Art Gedankenexperiment vor.

Man stelle sich zwei Bezugssysteme vor, eines, das sich im Ruhezustand, und eines, das sich in Bewegung befindet. Ersteres ist ein gewöhnliches physikalisches Labor, letzteres eine vollständig durchsichtige und durchlässige Rakete, die durchsichtige und durchlässige Wissenschaftler an Bord hat und durch unser Labor fliegen kann, ohne darin etwas zu beschädigen oder durcheinanderzubringen. Im Labor schalten wir eine Lampe ein, deren Licht den Punkt A verläßt und diagonal auf einen Spiegel (S in Abb. 2) fällt, von wo es diagonal zum Punkt B reflektiert

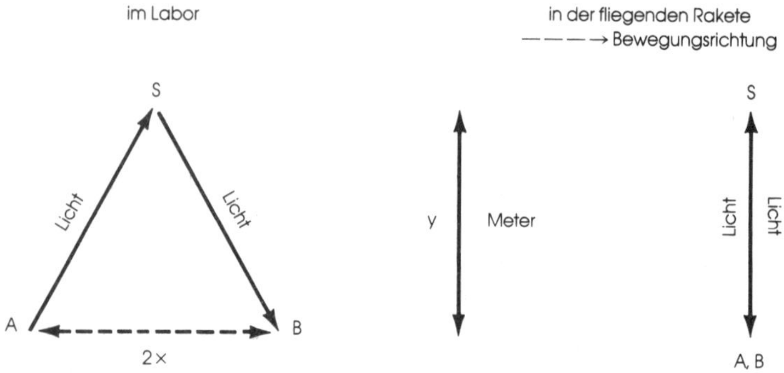

Abb. 2: Ein gleichzeitig in einem stationären Labor und einer fliegenden Rakete wahrgenommener Lichtblitz

wird. Bei unserer Versuchsanordnung trifft die Rakete so im Labor ein, daß sich Punkt A im Labor in dem Augenblick, da das Licht aufleuchtet, mit Punkt A in der Rakete deckt. Die Geschwindigkeit der Rakete richten wir so ein, daß ihr Punkt A genau in dem Augenblick durch Punkt B des Labors geht, in dem der Lichtblitz diesen erreicht. Von der Rakete aus sieht es so aus, als habe das Licht seinen Ausgang vom Punkt A der Rakete genommen, sei zu ihrem Punkt S gegangen und direkt zum Punkt A der Rakete zurückgekehrt. Da deren Geschwindigkeit konstant ist – sie befindet sich also im Inertialzustand –, ist den Menschen in der Rakete nicht bewußt, daß sie sich bewegen.

Der vom Licht zurückgelegte Weg ging von der Rakete aus gesehen auf und ab und betrug $2y$ Meter. Vom Labor aus gesehen legte das Licht die Entfernung über die Eckpunkte des Dreiecks von *A* über *S* nach *B* zurück. Dieser Dreiecksweg im Labor muß länger sein als der unmittelbare Weg innerhalb der Rakete. Wir können das feststellen, wenn wir die in der Abbildung gezeigten Wege des Lichts vergleichen. Der Unterschied der Entfernung läßt sich mit dem Satz des Pythagoras genau errechnen. In der Rakete ist der vom Licht zurückgelegte Weg kürzer als sein im Labor registrierter Weg, der über die Eckpunkte des Dreiecks verläuft.

Vergegenwärtigen wir uns, daß die Lichtgeschwindigkeit – gemäß des Relativitätstheorie – in beiden Systemen gleich ist. In allen Fällen gilt, daß die für eine Ortsveränderung aufgewendete Zeit der zurückgelegten Entfernung dividiert durch die Reisegeschwindigkeit entspricht. Wer mit fünfzig Kilometern pro Stunde hundert Kilometer zurücklegt, braucht dafür zwei Stunden. Da die Lichtgeschwindigkeit für die Wissenschaftler im Labor wie auch für die in der Rakete gleich ist, nämlich *c*, und das Licht im Labor eine größere Entfernung zurückgelegt hat als in der Rakete, muß also die Zeit, die im Labor zwischen dem Augenblick verstrichen ist, in dem der Lichtblitz *A* verließ, und dem, da er an *B* empfangen wurde, *länger gewesen sein* als in der Rakete.

Es handelt sich hier um ein und dasselbe Ereignis. Es hat nur *einen* Lichtblitz und *einen* Durchlauf des Lichts gegeben, der von beiden Bezugssystemen aus beobachtet wurde. Dennoch war dieses Ereignis von unterschiedlicher Dauer, wenn man sie in den beiden voneinander getrennten Zeitsystemen maß.

Die Differenz in der wahrgenommenen Zeit bezeichnet man als »relative Zeitdehnung«, und mit Hilfe dieser Dehnung lassen sich die ersten sechs Tage der Schöpfungserzählung ohne weiteres mit den fünfzehn Milliarden Jahren der Naturwissenschaft in Einklang bringen.

Die mit Einsteins allgemeiner Relativitätstheorie verbundenen Begriffe gehen auf die seiner speziellen Relativitätstheorie zurück, sind aber komplexer. Während sich die spezielle Relativitätstheorie ausschließlich mit Inertialsystemen beschäftigt, gilt die allgemeine Relativitätstheorie gleichermaßen für inertiale und für nichtinertiale – also beschleunigte – Systeme. Dazu gehört auch die Auswirkung der Anziehungs- oder Schwerkraft auf die Bewegung von Objekten. Der für unsere Untersuchung bedeutsame Aspekt der Schwerkraft ist die außergewöhnliche

Tatsache, daß sie – ebenso wie die Geschwindigkeit – eine Zeitdehnung hervorruft. Eine Uhr auf dem Mond geht im Vergleich zur selben Uhr auf der Erde vor, weil die Schwerkraft des Mondes geringer ist als die der Erde. Wie sich noch zeigen wird, ist diese Schwerkraft ein Schlüsselfaktor, wenn es darum geht, die Schöpfungsgeschichte mit dem Urknall in Einklang zu bringen.

Wir empfinden die Schwerkraft in gleicher Weise wie Beschleunigungskräfte, beispielsweise die Kraft in einem hochfahrenden Aufzug: Wir spüren einen Druck des Fußbodens gegen unsere Füße. Dabei wirkt letztlich die gleiche Kraft, die man in einem stehenden Fahrstuhl empfinden würde, der mit einem Mal einer zunehmenden von unten wirkenden Schwerkraft ausgesetzt wäre. Wie Einstein erklärt hat, muß die Schwerkraft, da sie die gleiche spürbare Wirkung hervorruft wie eine andere Kraft, welche Bewegung verursacht, die gleiche Wirkung wie diese haben. Weil Beschleunigungskräfte Bewegung und Zeitdehnung verursachen, müssen also Veränderungen der Schwerkraft ebenfalls eine Zeitdehnung hervorrufen.

Zeitdehnung

Weil der auf die Zeitdehnung bezogene Aspekt der Relativitätstheorie von wesentlicher Bedeutung für die Zusammenführung des kosmologischen und biblischen Kalenders ist – wonach wir ja forschen –, ist der Nachweis unerläßlich, daß tatsächlich eine Zeitdehnung eintritt. Die auf die Relativitätstheorie bezogenen Veränderungen werden natürlich nur dann relevant, wenn sich relative Geschwindigkeiten der Lichtgeschwindigkeit annähern. Noch bei einem Zehntel der Lichtgeschwindigkeit, also dreißig Millionen Metern pro Sekunde, macht die Zeitdehnung weniger als ein Prozent aus.

Annähernde Lichtgeschwindigkeiten kommen im täglichen Leben selten vor, doch sind sie in Hochenergielabors der Physiker an der Tagesordnung. Die Tatsache, daß wir tatsächlich imstande sind, die Zeitdehnung zu messen, erleichtert uns keineswegs ihre verstandesmäßige Bewältigung. Allerdings wird sie damit aus dem Schatten bloßer Theorie ins Licht des empirisch Nachgewiesenen gerückt. Beweise für die Zeitdehnung kommen aus den verschiedensten Bereichen, aus den Hochenergielabors der Physiker wie aus der Luftfahrt.

Eines der zahlreichen in den Labors der Physiker erzeugten instabilen Elementarteilchen ist das – bisweilen nicht ganz richtig als μ-Meson bezeichnete – Myon, dessen Halbwertszeit 1,5 Mikrosekunden beträgt. Myonen entstehen nicht nur bei Experimenten in Hochenergielabors, sondern auch am äußeren Rand der Erdatmosphäre, und zwar immer dann, wenn kosmische Strahlung die Atomkerne atmosphärischer Gase beschießt. Dort ist die Energie der einfallenden kosmischen Strahlung so stark, daß die Myonen bei ihrer Entstehung nahezu Lichtgeschwindigkeit haben. Dabei unterliegen sie einer meßbaren Zeitdehnung. Obwohl sich Myonen nahezu mit Lichtgeschwindigkeit bewegen, brauchen sie für die 60 Kilometer aus der Höhe, wo sie auftreten, an die 200 Mikrosekunden bis zur Erdoberfläche. Infolge ihrer Halbwertszeit von 1,5 Mikrosekunden zerfallen sie während dieser 200 Mikrosekunden 133mal. Da die Halbwertszeit angibt, in welcher Zeit die Hälfte der Atomkerne zerfällt, ist die Zahl der Myonen, die auf der Erdoberfläche ankommen, nachdem dieser Zerfallsprozeß 133mal stattgefunden hat, das Ergebnis einer 133fachen Multiplikation von 0,5 x 0,5 – oder weniger als ein millionstel millionstel milliardstel milliardstel Milliardstel der ursprünglichen Myonen in der Atmosphäre. Dieser Wert ist so verschwindend gering, daß die meisten Myonen auf dem Weg gänzlich zerfallen müßten und kaum je welche zur Erde gelangen dürften. Doch beim Vergleich der Zahl der in der Atmosphäre entstandenen Myonen mit der Zahl derer, die an der Erdoberfläche eintreffen, stellen wir zu unserer Überraschung fest, daß es sich dabei immerhin um ein Achtel handelt.[9]

Das aber bedeutet, daß es auf dem 60 Kilometer langen Weg nur dreimal zu einem Zerfall gekommen ist. Die Multiplikation

0,5 x 0,5 x 0,5 ergibt nämlich 0,125, also ein Achtel. Für die sich nahezu mit Lichtgeschwindigkeit bewegenden Myonen entspricht die verstrichene (relativistische) Zeit lediglich drei Zerfallszyklen: 4,5 Mikrosekunden (3 x 1,5 Mikrosekunden). Für den Beobachter auf der Erde sind mindestens 200 Mikrosekunden vergangen, weil das der kürzestmögliche Zeitraum ist, der für den Weg aus den oberen Schichten der Atmosphäre zur Erde benötigt wird – schließlich muß eine Strecke von 60 Kilometern zurückgelegt werden. Für *ein und dasselbe Ereignis* sind zwei deutlich voneinander abweichende Zeitspannen verstrichen: 4,5 Mikrosekunden im Zeitsystem des dahinrasenden Myons und 200 Mikrosekunden im Zeitsystem des Beobachters auf der Erde – wegen der relativen Bewegung zwischen dem Beobachter und dem beobachteten Gegenstand. Beide Werte sind völlig korrekt!

Aber Myonen sind exotische Teilchen, und ein Zweifler könnte belustigt den Kopf schütteln. Schließlich hat niemand die Myonen begleitet und beobachtet. Wir sind auf die »Uhr« angewiesen, die gemeinsam mit ihnen den Weg zurückgelegt hat: die Halbwertszeit.

Aber wie sähe es aus, wenn man eine richtige Uhr verwendete und lebende Menschen die Myonen als Beobachter begleiteten, um die Auswirkungen der Zeitdehnung unmittelbar zu messen? Das müßte doch überzeugen. Über ein derartiges Experiment berichten in der angesehenen Zeitschrift *Science* die Naturwissenschaftler Hafele und Keating von der Universität Washington und dem Marine-Observatorium der Vereinigten Staaten.[10] Sie gaben Langstrecken-Linienmaschinen der TWA und der Pan Am vom Typ Boeing 707 und Concorde bei Rundflügen um die Welt vier Cäsiumuhren mit, die extrem genau gehen.

Die Erde dreht sich von Westen nach Osten. Wenn wir sie über dem Nordpol aus dem Weltraum beobachten, sehen wir, daß sich die Geschwindigkeit des Flugzeugs auf dem Flug nach Osten zur Geschwindigkeit der Erde addiert. Wie von der Relativitätstheorie vorausgesagt, gingen die Uhren an Bord der Flugzeuge im Verhältnis zu Cäsiumuhren nach, die sich im amerikanischen Marine-Observatorium in Washington befanden (von dorther kamen alle bei diesem Experiment verwendeten Uhren). Auf dem Flug nach Westen lief die Erdrotation der Geschwindigkeit des Flugzeugs entgegen, und die Uhren an Bord gingen folgerichtig vor. Keating und Hafele resümierten: »Für die Naturwissenschaft sind sachbezogene, im Experiment gewonnene Fakten wichtiger als theoretische Gedankenspiele. Diese Ergebnisse liefern eine eindeutige empirische Lösung des berühmten Uhrenparadoxes.«[11]

Nicht nur das Empfinden der Zeit, sondern auch ihr tatsächlicher Ablauf verändert sich entsprechend der relativen Bewegung von Beobachtern. Innerhalb des jeweiligen Bezugssystems gibt es keine Differenzen. Führt man aber die Bezugssysteme zusammen und vergleicht die Uhren, zeigt sich, daß der Ablauf der Zeit – und der Vorgang des Alterns – unterschiedlich war.

Besonders spektakulär an diesem von Hafele und Keating vorgenommenen Experiment zur Zeitdehnung ist, daß damit sowohl die spezielle wie auch die allgemeine Relativitätstheorie überprüft werden konnten. Letztere verlangt, daß sich unterschiedliche Schwerkraft auf Dimensionen ebenso auswirkt wie Unterschiede in der relativen Geschwindigkeit bei der speziellen Relativitätstheorie. Die von einem Gravitationsfeld auf ein beliebtes Objekt ausgeübte Kraft (Anziehungs- oder Schwerkraft) ist umgekehrt proportional zum Quadrat der Entfernung zwischen den Objekten. Wenn wir den Abstand verdoppeln, verringert sich die Schwerkraft um das Vierfache. Je weiter entfernt von der Erde sich jemand befindet, desto weniger spürt er ihre Anziehungskraft. Da sich die Flugzeuge hoch über der Erdoberfläche befanden – die Flughöhe der Maschinen vom Typ 707 betrug zehn- und die der Concorde zwanzigtausend Meter –, waren sie einer geringeren Anziehungskraft der Erde ausgesetzt als die Uhren, die sich im Marine-Observatorium befanden. Die Abweichungen zwischen den von den Uhren angezeigten Zeiten stimmten mit den Hypothesen der allgemeinen Relativitätstheorie überein (welche die Auswirkungen von Bewegung plus Anziehungskraft einschließt).

Dieses Experiment hat – wie alle ähnlichen – bewiesen, daß Einsteins spezielle und allgemeine Relativitätstheorie die Wirklichkeit unseres Universums richtig beschreiben. Es handelt sich dabei nicht mehr um bloße Theorie, sondern um etwas durch empirische Beobachtung Verifiziertes: Aus der Relativitätstheorie wurde das Relativitätsgesetz.

Vor diesem Hintergrund des Relativitätsgesetzes, das zu den wissenschaftlichen Grunderkenntnissen über unser Universum gehört, wollen wir unsere Erörterung der ersten sechs Tage fortsetzen, wie sie in der Schöpfungserzählung beschrieben werden – des Zeitraums also, zu dem Naturwissenschaft und Theologie auf den ersten Blick unvereinbare Standpunkte zu vertreten scheinen.

Die Zeit wird gedehnt

Wir wollen uns jetzt mit den Veränderungen befassen, zu denen es seit dem »Anfang« gekommen ist, Veränderungen in den Beziehungen zwischen Schöpfer, Universum und Mensch. Dabei müssen wir im Auge behalten, daß wir Unterschiede im Ablauf der Zeit nur dann wahrzunehmen vermögen, wenn wir Vorgänge über die Grenzen *zweier Bezugssysteme hinweg* vergleichen. Das ist freilich nur in solchen Fällen möglich, in denen sich die Anziehungskräfte zweier Bezugssysteme deutlich voneinander unterscheiden, oder in Fällen, in denen sich die relativen Geschwindigkeiten zwischen den beiden Bezugssystemen dem Wert von dreihundert Millionen Metern pro Sekunde – also der Lichtgeschwindigkeit – annähern. *Innerhalb* eines Bezugssystems scheint sich alles unabhängig von seiner relativen Geschwindigkeit oder Anziehungskraft nach den Newtonschen Gesetzen zu verhalten, also völlig »normal« und logisch – so, wie wir es auch in diesem Augenblick empfinden, obwohl wir mit ungeheurer Geschwindigkeit durch den Weltraum dahinrasen.

Der Schöpfer nahm und nimmt Anteil am Universum. Das

dürfen wir aus dessen Existenz schließen. Zwar ist uns verborgen, wie diese Anteilnahme aussieht, doch können wir den Wechselbeziehungen, zu denen es zwischen Schöpfer und Universum gekommen ist, verschiedene Hinweise entnehmen. Die traditionelle Theologie behauptet, der Schöpfer wäre imstande gewesen, das ganze Universum von einem Augenblick auf den nächsten, sozusagen auf einen Schlag, zu schaffen, sofern er diesen Wunsch gehabt hätte. Aus der biblischen Erzählung ergibt sich, daß der Schöpfer offensichtlich nicht die Absicht hatte, mit einem Paukenschlag ein fertiges Universum hinzustellen, sondern sich aus irgendwelchen Gründen für einen stufenweisen Aufbau entschied. Das geht aus den beiden ersten Kapiteln des 1. Buches Mose hervor. Seinen eigenen Regeln zufolge – das sind die physikalischen Gesetze, wie wir sie heute kennen – war die schrittweise Entwicklung des Universums aus dem Material des Urknalls erforderlich, um das Auftreten des Menschen zu ermöglichen. Doch ist die Erde samt allem, was auf ihr lebt, nicht *unmittelbar* aus dem Urknall hervorgegangen. Uns wird ausdrücklich mitgeteilt, die Erde sei im Anfang wüst und leer gewesen. Die hebräischen Wörter dafür heißen: »tohu« und »bohu«. Führende Teilchenphysiker sprechen von »T« und »B« (»tohu« und »bohu«), wenn sie die beiden Hauptbausteine *aller* Materie meinen. Ihrer Ansicht nach haben die Kräfte des Urknalls buchstäblich dies »T« und »B« zu Wasserstoff und Helium zusammengepreßt – andere Elemente entstanden zu jener Zeit so gut wie nicht. Es bedurfte der Alchemie des Kosmos, diese Urelemente Wasserstoff und Helium in die übrigen Elemente umzuwandeln.

Erde und Sonnensystem bestehen aus einem Gemisch von Materie, das nach ungezählten Zyklen der Überkompression im Inneren von Sternen auf uns gekommen ist. Dabei wurden Wasserstoff und Helium so fest zusammengepreßt, daß ihre Atomkerne verschmolzen und sich zusammenschlossen, um die schwereren Elemente wie Kohlenstoff – im wahrsten Sinne der atomare Staub des Lebens –, Eisen, Uran und die anderen neunundachtzig Elemente zu bilden, aus denen das Universum besteht. Diese Sterne explodierten schließlich und verstreuten ihre neu gebildeten Elemente in ein Universum, das nur darauf wartete, aus ihnen erneut Sterne zu bilden. Geburt und Tod von Sternen waren nötig, um die in den ersten Augenblicken nach dem Urknall entstandenen Elemente Wasserstoff und Helium in jene umzuwandeln, die für das Leben, wie wir es kennen, erforderlich sind. Kommentatoren der Bibel wie Maimonides und Raschi verweisen auf Überlieferungen, denen zufolge Gott im Verlauf des Prozesses, der das Leben auf die Erde brachte, viele Welten schuf und zerstörte. Ich stütze mich hier nicht auf Maimonides, sondern auf die Astrophysiker Woosley und Phillips.[12]

Wenn vor Adams Auftreten lediglich sechs Tage lagen, wie bringen wir dann in dieser Zeit all die Entstehungs- und Zerstörungszyklen von Welten unter? Die von mir herangezogenen Bibelkommentare betonen ausdrücklich, daß die ersten sechs Tage der Schöpfung jeweils vierundzwanzig Stunden umfaßten. Das bedeutet: Wer immer diese Ereignisse aufgezeichnet hat, er hat den Ablauf der Zeit als vierundzwanzig Stunden pro Tag wahrgenommen. Wer aber sollte das sein? Bis am sechsten Tag Adam auftrat, sah ausschließlich Gott auf die Uhr. *Und da liegt der Schlüssel.*

Während sich unser Universum entwickelte – bevor der Mensch auf den Plan trat –, hatte Gott noch keine enge Beziehung zur Erde hergestellt. An den ersten ein oder zwei der sechs Schöpfungstage existierte sie nicht einmal! Obwohl es in 1 Mose 1, 1 heißt: »Im Anfang schuf Gott Himmel und Erde«, findet sich bereits im nächsten Vers die Aussage, die Erde sei wüst und leer gewesen. Der erste Vers der Schöpfungserzählung ist eine summarische Aussage, die soviel bedeutet, daß zu Beginn eine Ursubstanz und aus dieser im Verlauf der folgenden sechs Tage Himmel und Erde geschaffen wurden. So heißt es ausdrücklich später im 2. Buch Mose 31, 17: »Denn in sechs Tagen hat der Herr den Himmel und die Erde *gemacht.*« Woraus? Aus der Substanz, die »im Anfang« jener sechs Tage geschaffen worden war, denn im frühen Universum gab es weder eine Erde noch die

Möglichkeit einer engen Verbindung der Bezugssysteme. Es gab keinen gemeinsamen Kalender für Gott und die Erde.

Aus der Relativitätstheorie ergibt sich, daß Gott nicht einmal die Möglichkeit hatte, einen Kalender zu wählen, der schließlich mit *allen* verschiedenen Teilen des Universums oder auch nur mit der eingeschränkten Zahl von Bestandteilen vereinbar gewesen wäre, die später zur Entstehung des Menschen geführt haben. Das Relativitätsgesetz, ein dem Universum durch seine Erschaffung immanentes Merkmal, schließt aus, daß zwischen dem Schöpfer und Teilen der Materie, aus der schließlich der Mensch und die Erde hervorgingen, auf der wir uns befinden, ein gemeinsames Bezugssystem bestand.

Anhand von Einsteins Relativitätsgesetz wissen wir, daß es in einem sich ausdehnenden Universum *unmöglich* ist, die während eines Ablaufs von Ereignissen in einem Teil dieses Universums verflossene Zeit auf eine Art zu beschreiben, die der für dieselben Ereignisse verstrichenen Zeit gleich ist, sofern sie aus einem anderen Teil des Universums wahrgenommen werden. Die Unterschiede in der Bewegung und der Anziehungskraft zwischen den verschiedenen Galaxien – oder auch nur zwischen den Sternen einer einzigen Galaxie – machen den Ablauf der Zeit zu einer örtlich begrenzten Angelegenheit. Die Zeit ist von einem Ort zum anderen unterschiedlich.

Die Bibel ist ein Wegweiser für den Menschen auf seinem Gang durch das Leben und durch die Zeit. Um ihm Ehrfurcht für die physikalischen Wunder des Universums einzuflößen, enthält dieser Führer eine Beschreibung der Entwicklung, durch welche aus einem wüsten und leeren Universum eine für den Aufenthalt des Menschen geeignete Stätte wurde. Doch ist es nahezu unmöglich, zur Darstellung jener Entwicklungsspanne einen alles umfassenden Zeitrahmen zu wählen, weil auf die Geschwindigkeit, mit der die Zeit vergeht, so viele Faktoren einwirken. Dazu gehören die Anziehungskraft innerhalb der Vielzahl der Sterne, die aus dem Ur-Wasserstoff und dem Ur-Helium die Elemente des Lebens bildeten, die Bewegungen der intergalaktischen Gase, die sich zu Nebeln und dann zu Sternen verdichteten, die

Explosionen der Supernovae, welche den Tod und letztlich die Wiedergeburt der Sterne kennzeichneten, aus denen die Milchstraße entstand, und die Masse der Erde. Den Fluß der Zeit haben wir bis Einstein fälschlicherweise für konstant gehalten und gemeint, eine einzige Uhr könne alle Zeitalter der gesamten kosmischen Materie erfassen, aus der wir bestehen.

Die Odyssee, die das Material des Urknalls auf dem Weg zur heutigen Materie zurückgelegt hat, war zu sehr den verschiedensten Einflüssen ausgesetzt, als daß eine einzige Uhr sie hätte erfassen können. Wer kann sagen, wie viele Galaxien oder welche Supernovae zu den Elementen beigetragen haben, aus denen unser Körper aufgebaut ist? Wir Menschen bestehen wie alles andere im Sonnensystem, einschließlich Sonne und Planeten, aus den Trümmern einstiger Sterne. Wir sind im wahrsten Sinne des Wortes aus Sternenstaub entstanden. Auf welche Kohlenstoff-, Stickstoff- oder Sauerstoffatome würde sich die Zeit beziehen? Auf diejenigen, die einen Fleck auf unserer Haut bilden, oder diejenigen, die sich in einem Tropfen unseres Blutes finden? Womöglich ist jedes von ihnen im Inneren eines anderen Sterns entstanden – dann besäße es sein ureigenes Alter. Bis die Erde geschaffen wurde, wurde das kosmische Material, aus dem wir zusammengefügt sind, in einer Unzahl von Sternen verarbeitet, gleichzeitig und nacheinander. Jeder Stern und jede Supernova besaßen ihre eigene Schwerkraft, ihre eigene Geschwindigkeit und damit ihr eigenes Raum-Zeit-Bezugssystem.

Eine Milliarde kosmischer Uhren tickte – und tickt noch immer –, jede mit ihrer eigenen und an ihrem Ort »richtigen« Geschwindigkeit. Vom Universum aus betrachtet, begannen sie alle im Augenblick des Urknalls zu laufen und erreichten gleichzeitig den Augenblick, in dem Adam auftrat. Doch die absolute Ortszeit, die vom Urbeginn bis zum Augenblick des jeweiligen Beitrags der Materie zur Menschheit verstrich, unterschied sich in erkennbarer Weise je nach Stern. Obwohl die Verarbeitung der Materie zur selben Zeit begann und endete, verweist uns Einsteins Vermächtnis darauf, daß sich das Alter jeder noch so geringen Menge Materie deutlich vom Alter anderer Mengen unterschied, mit denen sie sich letztlich vermischten, um das Sonnensystem und dann den Menschen zu bilden. Die hier vorgetragene Argumentation ist nicht mehr und nicht weniger schwer nachvollziehbar als das Phänomen, daß wir die 200 Mikrosekunden in den 4,5 Mikrosekunden wiederfinden, die vergehen, bis die durch kosmische Strahlung in den oberen Schichten unserer Atmosphäre entstandenen Myonen die Erdoberfläche erreichen. In 4,5 Mikrosekunden verstreichen tatsächlich 200 Mikrosekunden. Und wenn wir von einer Milliarde Jahren sprechen, wollen wir damit nicht sagen, daß es nur so *aussah*, als wäre es eine Milliarde Jahre gewesen. Es *war* eine Milliarde Jahre! Hätte man in jenen ersten sechs Tagen in dem Teil des Universums, den jetzt die Erde einnimmt, eine Uhr aufgehängt, hätte sie nicht zwangsläufig fünfzehn Milliarden Jahre registrieren müssen, denn im frühen Universum unterschied sich die Krümmung von Raum und Zeit dort wahrscheinlich drastisch von den heutigen Werten.

Ein Kompromiß war also zu finden, damit sich die schrittweise Entwicklung des Universums beschreiben ließ. Er bestand schließlich darin, daß man für die Zeit vor Adams Auftreten das dem Schöpfer eigene Bezugssystem wählte, der das gesamte Universum als zusammengehörige Einheit sah.

Die Erschaffung Adams unterschied sich qualitativ von allen anderen Ereignissen, die nach der Schöpfung des Universums geschehen waren. Die Erschaffung Adams signalisiert eine gewaltige Veränderung in Gottes Beziehung zum Universum. Inzwischen wissen wir, daß alle Wesenheiten des Universums, ob belebt oder unbelebt, aus Materie bestehen, deren Ursprung sich auf die Schöpfung zurückverfolgen läßt. Ausdrücklich wird uns mitgeteilt, daß unser materieller Ursprung im »Staub der Erde« liegt. Alle Tiere (1 Mose 1, 30) bekamen »Leben« (auf hebräisch »nefeš«[13]) eingehaucht. Allein Adam empfing etwas Neues, qualitativ Höherwertiges, im Universum Einzigartiges – Gottes »Odem des Lebens« (1 Mose 2, 7).

Erst in diesem Augenblick, in dem Gott Adam seinen »Odem«, eine »Seele« (auf hebräisch »nešamah«[14]) mitgibt, gehen Geschöpf und Schöpfer eine unauflösbare Verbindung ein. An diesem entscheidenden Punkt wurde aus Milliarden möglicher Uhren unwiderruflich eine als diejenige ausgewählt, die alles künftige Geschehen messen sollte.

In der Sprache der auf dem Relativitätsgesetz basierenden Physik: Im Augenblick von Adams Auftreten begann der Teil des Universums, den der Mensch bewohnt, im selben Bezugssystem von Raum und Zeit wirksam zu werden wie sein Schöpfer. An dieser Stelle verschmolz die Chronologie der Bibel mit dem Ablauf der Zeit auf der Erde – jetzt war die gemeinsame Raum-Zeit-Beziehung zwischen Gott und dem Menschen festgelegt.

Die biblischen Texte belegen dies. Es gibt Übereinstimmungen zwischen den Zeitangaben, die das Alte Testament für bestimmte Ereignisse *nach* Adams Auftreten macht, und den diese Ereignisse betreffenden archäologischen Datierungen, wie wir am Beispiel der Bronzezeit und anderen dargelegt haben. Hätten wir dagegen den Ablauf der Ereignisse auf der Erde *nach* Adams Auftreten ohne Kenntnis des Relativitätsgesetzes von einem anderen Bezugssystem im Universum aus gemessen, würden wir uns verwundert fragen, wieso sich unsere Wahrnehmung der vergangenen Zeit so deutlich von der unterscheidet, welche die Uhren auf der Erde verzeichnet haben.

In den ersten sechs Tagen der Existenz unseres Universums sah die »ewige Uhr« 144 Stunden verstreichen. Diese Zeitspanne braucht keinerlei Übereinstimmung mit Zeitabläufen aufzuweisen, die in einem anderen Teil des Universums gemessen werden. Als Bewohner innerhalb des Universums ermitteln wir den Ablauf der Zeit mit Uhren im Rahmen unseres eigenen, örtlich begrenzten Bezugssystems: Uhren, die radioaktiven Zerfall, geologische Schichtungen, Geschwindigkeiten und Entfernungen in einem sich ausdehnenden Universum messen. Mit diesen Uhren reist die Menschheit.

Wenn die Bibel die Entwicklung unseres Universums an den sechs Tagen nach dem ursprünglichen Schöpfungsakt Tag für Tag im einzelnen beschreibt, meint sie *tatsächlich* sechs Tage zu jeweils vierundzwanzig Stunden. Das Bezugssystem aber, mit dessen Hilfe diese Tage gemessen wurden, enthielt das gesamte Universum. Diese erste Woche der Genesis ist nicht irgendeine Erzählung, mit der man neugierige Kinder abspeisen kann und die man als »aufgeklärter« Erwachsener beiseite schiebt. Ganz im Gegenteil: Sie enthält Hinweise auf Ereignisse, welche der Mensch erst jetzt ansatzweise zu verstehen beginnt.

Bibelkundler weisen schon lange auf die unterschiedliche »Qualität« von Zeit vor und nach Adam hin. Sie machen ihre Erkenntnis am Gebot der Sabbatruhe fest. Bei einem Vergleich des Textes von 2 Mose 20, 11 mit Sacharja 5, 11 und 2 Samuel 21, 10 finden wir dasselbe Wort für »ruhen«. Seine Verwendung an diesen Stellen intendiert nicht ein »Ausruhen« Gottes am Sabbat, sondern meint eher, daß der Schöpfer eine Pause eingelegt hat, um das im Verlauf der ersten sechs Tage geschaffene Universum ganz zu umfassen. Laut Maimonides[15] sollten die Naturgesetze einschließlich des Ablaufs der Zeit mit dieser ersten Sabbatruhe beginnend für alle Zukunft in Kraft gesetzt werden. Im Gegensatz dazu erscheine der Ablauf der Ereignisse *während* der sechs Tage unlogisch, als wäre gegen die Gesetze der Zeit und Natur verstoßen worden.

Die erste Sabbatruhe markiert den Beginn des Kalenders für die Zeit nach Adams Auftreten. Hier beginnt der Teil des biblischen Kalenders, der mit unseren logisch nachvollziehbaren Wahrnehmungen der Wirklichkeit übereinstimmt. Die ungewöhnliche *Tatsache* der Relativität der Zeit, Einsteins Gesetz von der allgemeinen Relativität, hat die Gültigkeit des biblischen Kalenders in diese ersten sechs Tage zurückverlängert. Dadurch müssen Fossilien nicht mehr damit erklärt werden, Gott habe sie in Gesteinsschichten gelegt, um unseren Glauben an die Schöpfungserzählung auf die Probe zu stellen oder um unsere Neugierde zu befriedigen. Der radioaktive Zerfall in Felsen, Meteoriten und Fossilien erfolgt im Rahmen unseres an die Erde gebundenen zeitlichen Bezugssystems. Andere Uhren in anderen Bezugssystemen verzeichnen im Verhältnis zur Erde die Ereignisse mit gänzlich anderen, aber gleichermaßen richtigen

Zeitangaben. Das wird immer so sein, solange sich das Universum nach den Naturgesetzen richtet.

Wir können nur vermuten, wie ein Mensch, dem der Vorzug eingeräumt worden wäre, die Ereignisse im frühen Universum aus dem ewigen Bezugssystem unseres Schöpfers zu beobachten, den Ablauf der Zeit darin wahrgenommen hätte. Ich denke, einen Hinweis darauf liefert uns 1 Mose 1, 31: »Und Gott sah alles an, was er gemacht hatte, und siehe, es war sehr gut. Und es ward Abend und ward Morgen, der sechste Tag.«

3

Eine dunkle Ahnung vom Ausmaß der Expansion: Der Urknall im Senfkorn

... sei nicht zu weise und nicht zu gerecht, auf daß du nicht verderbest.[1]

Kohelet 7, 17

Wir haben in den sechs Tagen der Schöpfungserzählung den Zeitraum gefunden, der die Milliarden Jahre der Kosmologie umfaßt. Der Kalender, nach dem wir Zeit wahrnehmen und berechnen, beginnt erst mit dem Auftreten des Menschen. Für die Zeit davor hat es sich als erforderlich erwiesen, unser auf Newtons Erkenntnisse gestütztes Weltbild aufzugeben und uns dem Universum mit Einsteins Relativitätstheorien zu nähern. Damit wollen wir uns dem eigentlichen Anfang der Zeit wieder zuwenden und die ersten Tage der Schöpfung – oder fünfzehn Milliarden Jahre, falls man dieses Bezugssystem vorzieht – Schritt für Schritt erhellen. Im Licht von 1 Mose 1, 1 können wir die Geschichte unseres Universums besser verstehen.

»Im Anfang...« »... בראשית ברא"

Der erste Satz der Bibel ist uns allen vertraut. Er beginnt mit dem Anfang des Universums. Aber was war *vor* dem Anfang? Können wir untersuchen, sei es mit theologischen oder naturwissenschaftlichen Mitteln, was es vor diesem Anfang gab, sofern es etwas gab? Der Bibelexegese zufolge entzieht sich uns, was diesem Anfang vorausging. Diese Erkenntnis gründet auf dem ersten Buchstaben des ersten Wortes der Bibel. Bei der Bibelauslegung sind alle Aspekte der Bibel von Bedeutung, bis hin zur *Gestalt der Buchstaben*. Das erste Wort der Bibel beginnt mit dem hebräischen Buchstaben »bēth«. Dieser ist auf drei Seiten geschlossen und ähnlich einem spiegelverkehrten C nur nach der linken Seite geöffnet (weil das Hebräische von rechts nach links geschrieben wird). Die Bibelkundigen sahen in der Schriftform dieses Anfangsbuchstabens, des »bēth«, einen Hinweis für die Erforschung des Universums: Da die Bibel mit einem Buchstaben beginnt, der – außer nach vorn – rundum geschlossen ist, seien dem menschlichen Erkenntnisvermögen ausschließlich Ereignisse zugänglich, die nach dem »Anfang« auftreten. Umgekehrt sei das, was dem Anfang, das heißt der Schöpfung, vorausging, der Erforschung durch den Menschen entzogen.

Dieser Gedanke ist altes jüdisch-christliches Traditionsgut. Auch Nachmanides hat ihn vor mehreren Jahrhunderten in der Einführung zu seinem *Kommentar zur Schöpfungsgeschichte* geäußert, und 1981 hat ihn der Vatikan auf einem Kongreß von Naturwissenschaftlern und Theologen zum Thema »frühes Universum« wieder aufgegriffen. Offenkundig will die katholische Kirche Fehler wie im Fall Galilei nicht wiederholen.[2]

Das Alte Testament bedient sich der »Laiensprache«, während die Kosmologie ihre Aussagen in wissenschaftlichen Fachtermini formuliert. Doch auch sie räumt ein, daß sie über die Zeit vor dem Urknall keine verbindlichen Angaben machen kann. Ereignisse, die vor dem Auftreten von Materie und Raum liegen, lassen sich nicht fassen. Im frühesten Augenblick, über den wir theoretische Erwägungen anstellen können, lagen die Temperaturen höher als 10^{32} °C, das heißt, es war zehn Millionen Milliarden Milliarden Male heißer als im Inneren der Sonne. Niemand weiß genau, was in jenem Augenblick der Explosion geschah. Materie und Raum waren so dicht, daß die heftigen Zusammenstöße zwischen den Materieteilchen und jenen Energiequanten, die wir Photonen nennen, einander ständig neu entstehen ließen und vernichteten. Energie und Materie befanden sich in einem fließenden Zustand gegenseitigen Austausches, so wie es Einstein in seiner grundlegenden Aussage zur Relativität formuliert hat: $E = mc^2$ (und umgekehrt $mc^2 = E$). Zu diesem frühen Zeitpunkt wurde das E – das heißt die Energie – der Photonen in das m – die Masse – von mc^2 umgewandelt, und ebenso rasch wurde gerade dies m von mc^2 wieder zurück in E verwandelt.

Dieses Durcheinander von zufällig und unter Einwirkung hoher Energie stattfindenden Zusammenstößen schloß jede Möglichkeit einer Ordnung der existierenden Energie oder Teilchen aus, die nähere Auskunft über jenen Augenblick hätte geben können. Ohne Ordnung – noch dazu über eine zeitliche Schnittstelle, die das »Vorher« vom »Nachher« trennt, hinweg – kann keine Information auf uns kommen. Von den verschiedenen Ausgangspunkten der biblischen Überlieferung und der Kosmologie gelangt man zur selben Einsicht: Was die Zeit der »Vor-Schöpfung« betrifft, tappen wir völlig im dunkeln.

Im 13. Jahrhundert zitierte Nachmanides einen Kommentar zur Schöpfungsgeschichte, der sechshundert Jahre zuvor verfaßt worden war und in dem es heißt, es habe vor der Existenz des Universums keine Zeit gegeben.[3] Er bezog sich auf den Wortlaut von 1 Mose 1, 5: »Und es ward Abend und ward Morgen, Tag eins.« Im hebräischen Original heißt es nicht wie in unseren Übersetzungen »der erste Tag«, denn das Wort »erster« würde implizieren, daß bereits ein zeitliches Kontinuum existierte, während »Tag eins« die Zeit erst setzt. Dieser Tag ließ sich zu nichts in Beziehung bringen. Er stand als »Tag eins« für sich. Für alle anderen Tage jener Woche werden die Ordnungszahlen (zweiter, dritter usw.) verwendet – was logisch ist –, denn ab dem Tag zwei gab es einen gegliederten Ablauf von Tagen. Kurzum: Die Erschaffung des physikalischen Universums führte zugleich zur Erschaffung der Zeit.

In ihren Kommentaren zum ersten Kapitel des 1. Buchs Mose

gelangten Maimonides und Nachmanides zu einer ähnlich weitreichenden Schlußfolgerung: Vor der Erschaffung des Universums existierte der Raum nicht.[4] Die Erschaffung des Universums – oder naturwissenschaftlich ausgedrückt: der Energie und Materie des Universums – setzte nicht nur die Zeit, innerhalb deren es existiert, sondern auch den Raum, in den es sich erstreckt.

Man beachte die unterschiedlichen Aussagen über die Ursprünge unseres Kosmos in der biblischen Schöpfungserzählung und in der Vielzahl heidnischer Schöpfungsmythen. Hier ist keine Rede von klaffender Leere oder einer Ur-Materie, welche einer Gottheit Grenzen auferlegt. Nicht einmal Plato und Aristoteles waren im Rahmen ihrer geistig hochentwickelten Philosophie imstande, die biblische Vorstellung der Schöpfung zu begreifen. Zwar glaubten beide an die Existenz einer oder mehrerer Gottheiten, die Macht über das Universum ausübten, doch waren diese in den Augen der Griechen nicht imstande, Materie zu erschaffen. Ihre Götter waren an die Materie des Universums gefesselt.

Wenn aber weder Raum noch Zeit existierte – wie kam es dann zur Entstehung des Universums? Vor rund fünfhundert Jahren stellten die Kabbalisten die Theorie auf, Gott, der die gesamte Ewigkeit ausfüllte, habe sich im Augenblick der Schöpfung zusammengezogen. Mit dieser Kontraktion habe sich das Universum ausgedehnt. Um das Universum zu formen, habe Gott aus dem unendlichen Reich des Göttlichen zehn Dimensionen gewählt und ihnen innerhalb des Universums Gültigkeit verliehen. Ein Hinweis darauf findet sich in der zehnfachen Wiederholung der Aussage »Und Gott sprach ...« im Anfangskapitel des 1. Buchs Mose. Den Kabbalisten zufolge sind in der jetzigen Welt lediglich vier der zehn Dimensionen physikalisch meßbar, die anderen sechs hingegen hätten sich im Verlauf der sechs Schöpfungstage zu submikroskopischen Dimensionen zusammengezogen. Mit Hilfe dieser vier meßbaren Dimensionen – Länge, Breite, Höhe und Zeit – beschreiben wir unsere physikalische Wirklichkeit.

Um uns einen Begriff von der Zusammenziehung von Dimensionen zu machen, stellen wir uns einen gewöhnlichen Bleistift vor. Aus der Nähe betrachtet, erkennen wir Länge, Breite, Höhe, gegebenenfalls auch noch Farbe und eventuell eine rauhe Oberfläche als Merkmale. Je weiter wir uns von ihm entfernen, desto mehr verschwimmen diese Dimensionen, bis zu guter Letzt nur noch eine schmale, farblose Linie sichtbar ist. Wir haben die ursprünglichen fünf Merkmale (Dimensionen) des Bleistifts zu einem einzigen »zusammengezogen«.

Eine erstaunliche Parallele zu diesem Anschauungsmodell bildet die String-Theorie (Faden-Theorie) der Teilchenphysiker, die mit Hilfe von zehn zwischen den Materieteilchen wirkenden Dimensionen eine vereinheitlichte Beschreibung der Grundkräfte unseres Universums liefert.[5] Den Physikern zufolge gibt es sechs weitere Dimensionen außer den vier uns bekannten Länge, Breite, Höhe und Zeit. Allerdings, heißt es, seien jene auf eine so geringe Größe zusammengezogen, daß man sie auch mit den besten Mikroskopen nicht beobachten kann. Dennoch lasse ihre Existenz unsere gegenwärtig gültige Vorstellung von der Grundstruktur des Universums als zusammenhängendes Ganzes erscheinen.

Wir wollen im folgenden vergleichen, was Naturwissenschaft und Theologie über die Zeit *nach* dem Urknall sagen. In den Erläuterungen zu der amerikanischen Fernsehserie *Cosmos*, die sich mit Fragen der Naturwissenschaft beschäftigt, heißt es: »Ohne diese Fortschritte [auf dem Gebiet der Astronomie, die gezeigt haben, daß die meisten Galaxien voreinander zurückweichen] kämen wir nicht auf den Gedanken, daß sich das Universum ausdehnt, und wir hätten keine Vorstellung davon, daß es sich wahrscheinlich aus einem Urzustand hoher Dichte entwickelt hat.« Mit dem »Urzustand hoher Dichte« ist jener winzige Fleck gemeint, auf den einst die Gesamtheit von Energie und Materie des Universums konzentriert war und aus dem durch Ausdehnung das Energie-Materie-Kontinuum hervorging, welches zum Entstehen des heutigen Universums geführt hat.

Eine ähnliche Aussage findet sich in Steven Weinbergs Buch *Die ersten drei Minuten*: »Was wir von der Ausdehnung oder Expansion des Universums wissen, beruht ausschließlich auf der Tatsache, daß die Astronomen die Bewegung eines leuchtenden Objekts längs der Sehlinie sehr viel genauer messen können als seine Bewegung quer zur Sehlinie.«[6] Aus dieser Bewegungsmessung wissen wir, daß sich nahezu alle leuchtenden Objekte, die wir als Galaxien bezeichnen, von unserer Galaxie fortbewegen. Weder bestätigt noch widerlegt diese Bewegung, daß sich unsere Galaxie, die Milchstraße, im Mittelpunkt des Universums befindet. Man stelle sich einen Klumpen Teig vor, in dem überall Rosinen verteilt sind. Während er unter Einwirkung der Hefe aufgeht, entfernt sich jede Rosine weiter von den anderen. Angenommen, man stünde im Inneren des Teigklumpens auf einer beliebigen Rosine, dann würde man nicht merken, daß die Rosine sich bewegt, da die Ausdehnungsbewegung nach den Gesetzen des Inertialsystems (gleichmäßig oder gleichförmig) vor sich geht. Jede andere Rosine aber scheint sich von uns zu entfernen. Wenn wir jetzt unseren Standort zu einer anderen Rosine wechseln, machen wir die gleiche Erfahrung: Entsprechend dem Grundsatz der Relativitätstheorie scheint sich der neue Aufenthaltsort im Ruhezustand zu befinden, während sich die anderen Rosinen bewegen. Kurz gefaßt: Anhand unserer Beobachtung, wie sich die anderen Rosinen bewegen, erkennen wir, daß sich unser Teigklumpen (unser Universum) ausdehnt. Nicht erkannt haben wir, an welcher Stelle in ihm wir uns befinden oder wohin wir uns bewegen.

Ähnlich geht aus einer Beobachtung der Bewegungen von Galaxien im ganzen Universum nicht hervor, wo in ihm sich die Milchstraße befindet oder mit welcher Geschwindigkeit sie sich bewegt. Was die Astronomen messen können, ist die relative Bewegung der Galaxien, und darauf stützt die Naturwissenschaft, wie Sagan und Weinberg erläutern, ihre Überzeugung, daß sich unser Universum ausdehnt. Sofern die Urknall-Theorie stimmt, muß die Theologie dieses Phänomen der Expansion in ihr Erklärungsmodell einbeziehen.

Doch was die Quelle dieses Wissen betrifft, stimmen Weinbergs und Sagans Aussagen nicht ganz. Schön, das Universum dehnt sich aus. Aber so neu, wie uns Weinberg und Sagan weismachen wollen, ist das Wissen des Menschen von der Ausdehnung nicht. Hätten sich die beiden Autoren mit der Geschichte des kosmologischen Denkens beschäftigt, würden sie vielleicht ihre Aussage, »daß man nicht einmal eine dunkle Ahnung« hatte, vielleicht folgendermaßen modifizieren: »Ohne die neueren Fortschritte der Astronomie oder das in Nachmanides' *Kommentar zur Schöpfungsgeschichte* enthaltene Wissen kämen wir nicht auf den Gedanken, daß sich unser Universum beständig ausdehnt.« Bei näherer Betrachtung verblüfft die Ähnlichkeit der Begriffe, mit denen Radioastronomen und Bibelgelehrte die Ereignisse beim Urknall zu fassen versuchen. Aus welchen Quellen heutige Kosmologen ihr Wissen schöpfen, wissen wir, was – oder wer – aber die der Bibelkundigen war, darüber können wir nur spekulieren.

Sowohl die von heutigen Astrophysikern vorgelegten Theorien über den frühen Ursprung des Universums wie die Kommentare der Bibelkundigen beschäftigen sich mit den Bedingungen, die zu dem Zeitpunkt herrschten, als alles so dicht komprimiert war, daß Materie, wie wir sie heute kennen, unmöglich existieren konnte. Ich werde mich in zwei Schritten mit dem Anbeginn auseinandersetzen: dem ganz zu Anfang vorhandenen »Material« und dann mit den Ereignissen in dieser frühesten Periode unserer Vorfahren.

»Im Anfang schuf...« (1 Mose 1, 1).

Im Talmud[7] heißt es, die Bibel enthalte zwei Stellen von solcher Tiefe, daß es keinem Lehrer gestattet sei, diese mehr als einem oder zwei ausgewählten Schülern näher auszulegen. Selbst dann dürfe er diese Schüler lediglich sozusagen mit der Spitze des Eisbergs vertraut machen. Diese beiden Stellen sind der Bericht vom Urbeginn (1 Mose 1) sowie Hesekiels Vision des Himmelswagens (Hesekiel 1). Diese Aussage des Talmud bezieht sich auf eine Zeit, da noch das gesamte dem Mose auf dem Sinai enthüllte Wissen im Gedächtnis der Menschen lebendig war. Inzwischen ist ein großer Teil dieses Wissens untergegangen. Spätere Bibelkundige konnten Hinweise darauf nur in den schwer deutbaren Aussagen des biblischen Textes finden. Darauf gestützt entwickelten sie die Vorstellung eines für das ganze Universum gültigen Raum-Zeit-Kontinuums.

Nachmanides und Maimonides lehren uns, daß Zeit und Raum im Augenblick der Schöpfung entstanden. Vor jenem Augenblick gab es keine Dimensionen Länge, Breite, Höhe oder Zeit. Ein solcher Zustand erscheint uns nahezu unmöglich; wir können uns eine vollständige Raumzeitlosigkeit nicht vorstellen.

Mit der Erschaffung des Universums dehnten sich Raum und Zeit aus, das Universum verschob deren Grenzen durch seine bloße Existenz. Raum, wie wir ihn kennen, endet am Rande des Universums. Es gibt kein »Außerhalb« unseres Universums. Wenn wir die Tür zu einem Zimmer schließen, wissen wir, daß der Raum auf der anderen Seite der Tür weiterhin existiert – wir sind ausschließlich mit der Art von Grenzen vertraut, jenseits deren es etwas gibt.

Entsprechendes gilt für die Zeit. Gemessen wird die Ausdehnung dieser vierten Dimension vom Augenblick der Schöpfung an, und sie erstreckt sich lediglich bis in unsere Gegenwart. Während der gesamten Dauer des Universums hat sich die Zeit gedehnt, um dessen Existenz zu umfassen. Zwar können wir das Wort »morgen« auf einen Kalender schreiben, doch wird »morgen« erst dann Wirklichkeit, wenn das Universum in der zeitlichen Dimension zu »morgen« hinströmt.

Welch enge Beziehung zwischen Raum, Zeit und materieller Existenz unseres Universums besteht, blieb Gegenstand der Spekulation, bis Einstein sie in seiner Relativitätstheorie quantifizierte. Die Art und Weise, wie diese Theorie die ihrer Herkunft nach unterschiedlich gehandhabten Größen Raum, Zeit und Masse vereinheitlicht, ist zugleich beklemmend und beruhigend.

Die Erschaffung von Himmel und Erde aus dem absoluten

Nichts (»creatio ex nihilo«) ist grundlegend für den biblischen Glauben. »Wer daran nicht glaubt und meint, Himmel und Erde hätten schon immer bestanden, leugnet das wesentliche und grundlegende Fundament [auf die Bibel gestützter] Religion«[8], konstatiert Maimonides. Das von ihm dabei verwendete hebräische Wort für Schöpfung, »bara«, ist das einzige Wort dieser Sprache, das soviel bedeutet wie »Entstehung von etwas aus nichts«[9]. Im Zusammenhang mit der Bibel, deren zweites Wort es ist, findet es ausschließlich Anwendung auf das Wirken Gottes.

Auch beim Versuch, die allerersten Anfänge des Universums zu beschreiben – sprich 10^{-43} Sekunden nach der Schöpfung –, sah sich die theoretische Physik einem völlig materielosen Universums gegenüber. Die Theorien über das frühe Universum beschreiben einen Zustand, in dem die gesamte Materie in einen Raum mit der Dimension Null und von unendlicher Dichte komprimiert ist. Da sich Unendlichkeit nicht quantifizieren läßt, sind auch Kosmologen außerstande, mit wirklichkeitsgetreuen Begriffen zu beschreiben, welche Bedingungen beim Urbeginn herrschten. Lediglich mit Hilfe einer Dimension, die man als »imaginäre Zeit« bezeichnet – ein Denkmodell, das sich nicht auf Dimensionen der Welt, in der wir leben, übertragen läßt –, kann man den genauen Augenblick des Anfangs mathematisch beschreiben. Doch sobald wir uns den Dimensionen unserer physischen Welt zuwenden, entzieht sich dieser Nullpunkt der Zeit, der Anfang, dem Zugriff von Mathematik und Physik.

Die biblische Überlieferung sieht das frühe Universum nicht als etwas, das aus einem unendlich kleinen Punkt strömt. Sie beschreibt den Anfang des Universums als etwas, das in einem winzigen, genau umgrenzten Fleck des Raums, etwa von der Größe eines Senfkorns, auftritt.

Was die Bedingungen angeht, die unmittelbar nach der Sekunde Null herrschten, stimmen Naturwissenschaft und Theologie überein. Beide sagen, daß Materie, sofern sie vorhanden war, im Verhältnis zur vorhandenen Menge an Energie in winziger Menge aufgetreten ist. Alan Guth vom M. I. T. hat den Anfang des Universums als im wesentlichen masselos bezeichnet und erklärt, es handle sich dabei möglicherweise um einen Vorgang, bei dem »in höchster Vollendung etwas aus nichts entsteht«[10].

Diese Einmütigkeit sollte man nicht als unerheblich abtun. Gründete sich das theologische Verständnis des Universums auf bloße Beobachtung der Natur, die den Gedanken der »creatio ex nihilo« nicht impliziert, gäbe es diese Einmütigkeit nicht. Plato und Aristoteles meinten daher, die Materie, aus der das Universum besteht, müsse ewig sein.[11] Ein mächtiger Baum kann aus einem kleinen Samenkorn entstehen und ein Mensch aus einer winzigen Eizelle, aber dem Samenkorn wie der Eizelle müssen ständig Nährstoffe zugeführt werden. Analog mußte, so die griechischen Philosophen, zuerst eine Ursubstanz dasein, aus der das Universum gebildet werden konnte. Nur in der jüdisch-christlichen Theologie findet sich der kühne Gedanke der »creatio ex nihilo« als hinreichende Erklärung für den Urbeginn unseres Universums.

Zum Teil hängt die Frage, ob es zu diesem sehr frühen Zeitpunkt Materie gegeben hat oder nicht, eng mit der Suche nach den Grundbausteinen der Materie zusammen. Die Elementarteilchen unseres Universums sind viel zu klein, als daß man sie unter einem noch so hoch auflösenden Mikroskop beobachten könnte. Um über die Eigenschaften von Elementarteilchen etwas zu erfahren, müssen wir uns ihrer Wechselwirkung mit Materie zuwenden. Das erinnert an das Vorgehen der Theologen bei der Suche nach den Eigenschaften Gottes, denen man nur auf die Spur kommt, wenn man die Wechselwirkungen zwischen Gott und Universum auslotet.

Den Urbeginn des Universums im Sinne der biblischen Überlieferung erläutert Nachmanides in seinem *Kommentar zur Schöpfungsgeschichte*. Seine verblüffend scharfsichtige Darstellung der ersten Augenblicke des Universums liefert ein Bild, das jenseits menschlicher Erfahrungen liegt. Bedenkt man, welche naturwissenschaftlichen Erkenntnisse es zu Nachmanides' Zeit noch nicht gab, muß er entweder ein ungewöhnliches Maß an Mut oder einen unerschütterlichen Glauben besessen haben, um solche Vorstellungen lehren zu können. Schließlich sagt er in der Einleitung zu seinem Bibelkommentar ausdrücklich, seine Darstellung werde Lesern, denen keine »verborgene Weisheit zuteil« wurde, unverständlich bleiben: »Ich rate allen gut, die dieses Buch zur Hand nehmen, nicht erklären zu wollen, was ich über verborgene Dinge in der Thora schreibe. Ich versichere, daß der Leser den Sinn meiner Worte mit Hilfe der Vernunft nicht erfassen wird.«

Diese Warnung gründet er auf den Vers in Kohelet 9, 11: »Wiederum sah ich unter der Sonne, daß nicht den Schnellen der Preis zufällt, und nicht den Helden der Sieg, nicht den Weisen das Brot, noch den Verständigen Reichtum, noch den Einsichtigen Gunst; sondern alle trifft Zeit und Zufall.«

Man beachte die Formulierung »noch den Einsichtigen Gunst«. Eine Zwangsläufigkeit von Einsicht und Gunst scheint es nicht zu geben. Im Hebräischen besteht das Wort für »Gunst« aus zwei Buchstaben, nämlich »hn«, den Anfangsbuchstaben des hebräischen Begriffs »hokmah nistarah«, der wörtlich mit »verborgene Weisheit« zu übersetzen ist. Wer alle verborgenen Wahrheiten der Bibel erkennen will, schafft das durch gründliche Beschäftigung mit dem Text allein nicht; er ist auf eine Offenbarung angewiesen. Allein nur einen Teil dieser Wahrheiten zu ergründen, ohne dabei von »Gunst« unterstützt zu werden, erfordert nach Nachmanides eine profunde Kenntnis der natürlichen Wirkungsmechanismen.

Nachmanides' Darstellung der ersten Sekunden des Universums liest sich wie folgt: In einem denkbar kurzen Augenblick nach dem Schöpfungsakt war die gesamte Materie des Universums in winziger Gestalt konzentriert, nicht größer als ein Senfkorn, so fein, so wenig greifbar, daß sie über keine wirkliche Substanz verfügte. Jedoch besaß sie das Potential, Substanz und Form zu gewinnen und sich in greifbare Materie zu verwandeln. Aus der anfänglichen konzentrierten Form dehnte sie sich aus und mit ihr das gesamte Universum. Dabei gewann die anfangs feine und nichtkörperliche »Substanz« die greifbaren Dimensionen der Materie, wie wir sie kennen. Aus dem uranfänglichen »Äther« wurde und wird alles gebildet, das je existiert hat oder je existieren wird.[12]

Nachmanides' Bild vom Senfkorn entspricht der herkömmlichen Art, die kleinste vorstellbare Dimension des Raums »in der Sprache der Menschen« zu beschreiben. Es besagt, am Anfang sei alles, was sich auf und in der Erde und allen Himmeln befand – kurz gesagt: das gesamte Universum –, irgendwie auf den »Raum« von der Größe eines Senfkorns zusammengepreßt und verdichtet gewesen.

Hat Nachmanides seiner Vorstellungskraft die Zügel schießen lassen? Was sagen Kosmologen heute dazu?

Das gegenwärtige Universum ist aus heutiger kosmologischer Sicht Ergebnis eines Urknalls, einer gewaltigen Ausdehnung, die von einem einzigen Punkt ausging. Zwar ist nicht bekannt, welche Bedingungen vor dem Auftreten von Energie und Materie herrschten, doch können wir versuchen, sie für den Augenblick unmittelbar nach dem Beginn, das heißt etwa 10^{-43} Sekunden danach, zu umschreiben. Diese Zeitangabe kann man als 10 millionstel millionstel millionstel millionstel millionstel millionstel Millionstel einer Sekunde lesen. Da das Universum zu jenem uranfänglichen Zeitpunkt die Größe eines Staubkorns besaß, wäre ein Mikroskop erforderlich gewesen, um es zu untersuchen. Heute, fünfzehn Milliarden Jahre später, vermögen wir mit Hilfe mächtiger Teleskope nicht einmal seine Grenzen zu erkennen.[13]

Am Urbeginn war die gesamte Materie in diesem einzigen, unvorstellbar kleinen Kern konzentriert, in dem die Temperatur 10^{32} K betrug. Zum Vergleich: Im Inneren der Sonne herrscht eine Temperatur von annähernd 15 000 000 K – an ihrer Oberfläche sind es lediglich 5800 K.

Nach dem heutigen Wissensstand können Physik und Mathematik keine Aussagen über die 10^{-43} Sekunden nach dem Urbeginn machen. Nur soviel steht fest: Die Werte für Temperatur und Dichte der Materie gingen über alles hinaus, was sich mit unseren Naturgesetzen beschreiben läßt. Daher vermag die Kosmologie den eigentlichen Nullpunkt des Universums nicht in adäquaten, praktisch nachvollziehbaren Dimensionen darzustellen.

Je näher wir uns mathematisch an den Urknall heranarbeiten, desto mehr geht die Größe des Universums gegen Null, während Temperatur und Dichte dem Wert »unendlich« zustreben. Physiker stellen sich den Urknall so vor, daß ein unendlich kleiner Raum mit Materie von unendlich hoher Dichte angefüllt war. Ein solcher Zustand wird als »Singularität« bezeichnet, aber diese ist mathematisch nicht handhabbar. Im Ergebnis heißt das: Zwar gibt es eine theoretische Lösung der Physiker für die Frage nach dem Anfang der Welt, aber keine Möglichkeit der Nachvollziehbarkeit dieser Vorgänge.

Der im Kern aller Materie herrschende hohe Druck hatte diese am Anfang zusammen mit den extremen Temperaturen in reine Energie überführt. Angesichts der Temperatur-, Druckwerte und Raumdimensionen, die man für diesen sehr frühen Zeitpunkt ansetzt, helfen uns auch die winzigen, bisher ausschließlich hypothetischen Elementarteilchen, die wir »Quarks« nennen, nicht weiter. Außer ungeheuer heißer Energie gab es kaum etwas. Im Inneren des »Urkerns« kam es zu einer Explosion oder Aufblähung, bei der die Energie-Materie in alle Richtungen davongeschleudert wurde. Die Ursache dieser Aufblähung ist unklar. Manche Wissenschaftler vermuten, daß es zu einer gegenseitigen Abstoßung all dessen kam, was vorhanden war, etwas in der Art einer Antischwerkraft. Der Begriff »Aufblähung« wird hier ganz bewußt verwendet, besagt er doch, daß die Kräfte, welche die Grenzen eines Raums erweitern, von innen kommen. Ein Außen gab es nicht. Es gab und gibt das Universum und den Raum, den es einnimmt. Das war und ist die Gesamtheit aller physi(kali)schen Existenz.

Mit der Ausdehnung ging eine Verminderung von Druck und Temperatur einher. Bei den im Ausdehnungszustand herrschenden »gemäßigteren« Bedingungen – eine bloße Milliarde Milliarde Milliarde Kelvin – konnte sich nunmehr die Energie zu winzigsten Teilchen verdichten, den hypothetischen Quarks und den uns bekannten Elektronen, gemäß der Einsteinschen Formel $E = mc^2$, nach der Energie und Masse unterschiedliche Zustände ein und desselben Energie-Materie-Kontinuums sind – so, wie Wasser, Dampf und Eis Zustände derselben chemischen Verbindung, nämlich H_2O, sind. Energie ist Materie in ihrer ungreifbaren, Materie ist Energie in ihrer greifbaren Form.

Während der weiteren Ausdehnung verminderten sich stetig Druck und Temperatur, vom Kern ausgehend. Der Übergang aus dem Zustand der Energie in die Form faßbarer Materie, aus der etwas entstehen konnte, kreierte schließlich unser materielles Universum. Die Gesamtheit dieser Vorgänge bezeichnen wir als »Urknall«. Soweit also die kosmologische Darstellung des frühen Universums.

Diese Theorie gilt unter heutigen Kosmologen gemeinhin als das »Standardmodell«. Zu ihren Verfechtern gehören A. G. W. Cameron, Frank Press, Raymond Siever und Steven Weinberg – nicht aber Albert Einstein, als er die erste Fassung seines Modells für unser Universum konzipierte.

Die Parallelen zwischen kosmologischer Theorie und auf biblischer Überlieferung basierender Theologie sind faszinierend, wenn nicht gar beängstigend. Angesichts des radikalen Bruchs mit dem Wirklichkeitsverständnis vergangener Jahrhunderte überrascht es nicht, daß selbst ein Nobelpreisträger wie Steven Weinberg die Ansicht vertritt, der Mensch sei ohne Hilfestellung nicht fähig, sich eine Vorstellung von dem zu machen, was bei der Entwicklung unseres Universums geschah.

Die Frage heißt nur: Woher kommt die Hilfestellung bei der Wahrnehmung? Wir können heute auf die Errungenschaften der Geschichte zurückgreifen. Aber frühere Bibelgelehrte kannten weder Radioastronomie noch Spektroskopie. Wie also gelangten sie vor Hunderten von Jahren zu Erkenntnissen, die den heutigen kosmologischen Theorien so verblüffend ähneln? Woher stammte das Wissen dieser frühen Lehrer über unseren Ursprung aus einem winzigen Körnchen Raum, von der Ausdehnung dieses Raums, die zur Entstehung unseres Universums führte, vom Übergang aus einer ätherischen »Nichtsubstanz« zu greifbarer Materie? Auf den Punkt gebracht: Woher konnten sie wissen, daß dieser Übergang von der Gestaltlosigkeit zur gestalteten Materie mit der Ausdehnung unseres Universums einherging?

Natürlich wüßten wir ohne das neuzeitliche Rüstzeug, das den Erforschern des Kosmos zur Verfügung steht, nicht, wie sich das Universum ausdehnt, und wir hätten nicht einmal eine Ahnung davon, daß diese Ausdehnung wahrscheinlich einem Urzustand hoher Dichte entsprang oder daß es überhaupt einen Urknall gab. In der Tat waren, um unseren heutigen Wissensstand zu erreichen, hochentwickelte Licht- und Radioteleskope nötig und die vielen technischen Errungenschaften, die einen Hochenergie-Teilchenbeschleuniger erst möglich machten. All das steht uns aber erst seit rund fünfzig Jahren zur Verfügung: Daten konnten gesammelt, zueinander in Beziehung gesetzt, Schlüsse gezogen werden. Weder Nachmanides noch Maimonides schöpften ihr Wissen aus naturwissenschaftlichen Entdekkungen. Für sie ließ sich alles aus der Offenbarung der Bibel ableiten. Wie Nachmanides gesagt hat: »Welche andere Quelle sollte man heranziehen?«[14]

Man stelle sich einen Lehrer der Naturwissenschaft vor, der vor tausend Jahren die Theorie vertreten hätte, am Anfang habe sich alles, was jetzt unser Universum ausmacht, an einer einzigen Stelle komprimiert befunden, nicht größer als ein Senfkorn! Ein Zweifler hätte ein Wasserglas vor ihn hingestellt und ihn aufgefordert, es auf die Hälfte seiner Größe zu verdichten. Unmöglich! Und da sollte sich gar das ganze Universum auf die Größe eines Senfkorns verdichtet haben? Antwort wird der Zweifler nicht bekommen, solange er Beweise verlangt. Nur der Glaube hilft weiter, der »weiß«, daß die Offenbarung selbst da recht hat, wo sie den Fortschritten der sie später bestätigenden Wissenschaft vorauseilte.

Detaillierte Angaben machte die Offenbarung nicht, jedenfalls nicht im Sinn von Tatsachen. Bei normalem Druck und normalen Temperaturen tritt Materie in Gestalt von Molekülen auf. Eine Zunahme des Drucks zerstört die Molekularstruktur, und es bleiben einzelne Atome. Wird der Druck noch weiter gesteigert, führt das zur Zerstörung der Atomstruktur, bis schließlich nur noch Atomkerne und freie Elektronen übrigbleiben. Auch diese Kerne brechen unter nochmals erhöhtem Druck auf. Kommt es aufgrund der Verdichtung schließlich zu Temperaturen, die über die restliche Energie dieser Teilchen hinausgehen, das heißt, wird E größer als das zugehörige mc^2, dann verwandeln sich die Teilchen in Energie.

Der aus der uranfänglichen Energie des Urknalls viel später gebildete Mensch kann die Einzelheiten von der Physik erfahren, er kann sie aber auch durch biblische Offenbarung empfangen.

4

Anfänge

Der Bericht vom Anfang [1 Mose 1] ist Naturwissenschaft, aber von solcher Tiefe, daß er in Parabeln gekleidet ist.

Maimonides

Gegenwärtig gibt es drei Theorien über den Ursprung der Materie unseres Universums. Die verbreitetste wird als »Standardmodell« bezeichnet und stellt im wesentlichen die Vorgänge dar, die beim Urknall stattgefunden haben. Die beiden anderen Theorien sprechen von einem »pulsierenden Universum« und einem stets gleichbleibenden Zustand des Universums (das Steady-State-Modell).

Die dynamische *Theorie vom pulsierenden Universum* ist eine Variante des Standardmodells und löst vom Standpunkt der Philosophen aus alle Schwierigkeiten, die ein Agnostiker bei der Frage nach der Herkunft des Universums hat. Sie weist Ähnlichkeiten mit Platos Vorstellung von einem ewigen, aber sich ständig ändernden Universum auf: Das Universum habe schon immer existiert. Nach einem Urknall hätten sich durch die Kraft der Explosion Energie und Materie vom Zentrum, in dem dieser Urknall stattfand, fortbewegt. Die Anziehungskraft zwischen den Massen von Gasen, Sternen und Galaxien im sich ausdehnenden Universum sei so stark gewesen, daß sie im Laufe der Zeit die Ausdehnungsgeschwindigkeit vermindert habe. Nach mehreren Milliarden Jahren habe die Bremswirkung dieser Anziehungskraft die Ausdehnung dann zum Stillstand gebracht.

Wegen der ständig nach innen wirkenden, zentripetalen Anziehungskraft zwischen den Massen im Universum strebe die Materie des Universums allmählich wieder zum ursprünglichen Mittelpunkt zurück. Die dort herrschenden hohen Druck- und Temperaturwerte wandelten die Bestandteile des Universums aus Materie in Energie um. Erneut komme es zu einem Urknall, ein neuer Prozeß von Ausdehnung, Abbremsen, Stillstand, Zusammenziehen beginne. Dies setze sich ad infinitum fort. Ein Schöpfer im Sinne des unbewegten Bewegers sei überflüssig.

Die von H. Bondi und T. Gold in den vierziger Jahren vorgelegte *Steady-State-Theorie* knüpft an das Bild an, das sich Aristoteles vom Universum machte: Das Universum habe stets existiert und werde in einem dem gegenwärtigen ähnlichen Zustand stets weiter existieren. Während Galaxien auseinanderstreben und Sterne ihren Kernbrennstoff verbrauchen, abkühlen und sterben, werde aus dem Nichts neuer Wasserstoff erzeugt, der die entstehenden Leerräume fülle. Dieser Wasserstoff liefere die Substanz für neue Sterne.[1] Die Theorie schweigt sich über die Quelle oder Kraft, aus welcher der neue Wasserstoff stammt, aus. Irgendeine Materie jedenfalls, heißt es, habe immer existiert.

Dieses Konzept beruht ganz und gar auf Hypothesen. Die Entstehung neuen Wasserstoffs beispielsweise ist bisher nie beobachtet worden. Auch wenn manche Naturwissenschaftler weiterhin von der Richtigkeit der Steady-State-Theorie überzeugt sein mögen, weisen zwei Entdeckungen jüngerer Zeit darauf hin, daß zur Geschichte des Kosmos irgendeine Art Urknall gehört, auf den eine Ausdehnung folgte. Ein im stets gleichen Zustand befindliches Universum ohne Urknall, in dem laufend Wasserstoff erzeugt wird, widerspricht dem heutigen Stand der Kosmologie.

Die erste Entdeckung ist die Farbverschiebung des von fernen Galaxien ausgehenden Lichts. J. C. Doppler, Mathematikprofessor in Prag, beschrieb 1842 das Phänomen, das später nach ihm benannt wurde. Dabei geht es kurz gesagt darum, daß es immer dann, wenn von einer sich bewegenden Quelle Energie in

Form von Wellen ausgeht – beispielsweise Schall und Licht –, vom Standpunkt eines Empfängers aus, der seinen Standort nicht wechselt, zu einer erkennbaren Veränderung der Frequenz der ausgesandten Wellen kommt. Wie stark diese »Doppler-Effekt« genannte Frequenzänderung jeweils ist, hängt von Geschwindigkeit und Richtung des Senders im Verhältnis zum Empfänger ab.

Jeder von uns kann dieses Phänomen bei Schallwellen beobachten, wenn er sich an eine Straße stellt und den ununterbrochenen Hupton eines vorüberfahrenden Autos verfolgt. Der Sender ist in diesem Fall die ihren Standort verändernde Autohupe, Empfänger sind unsere Ohren und unser Gehirn. Da wir unseren Standort am Straßenrand nicht verlassen, klingt der Hupton hoch, solange sich der Wagen uns nähert, und tief, wenn er sich wieder entfernt. Je schneller sich der Wagen nähert, desto dichter folgen die ausgesandten Schallwellen aufeinander. Jede neue Welle legt einen etwas kürzeren Weg zurück als die vorige und erreicht folglich das Ohr in etwas kürzerer Zeit. Das führt zu einer Erhöhung der Frequenz (der Anzahl der pro Sekunde angekommenen Wellen). Höhere Frequenzen aber nehmen wir als höheren Ton wahr. Entfernt sich der Wagen wieder, tritt das Gegenteil ein. Die Wellenlänge nimmt zu, und infolge der geringeren Frequenz hören wir einen tieferen Ton.

Dasselbe Phänomen gilt für Lichtquellen, auch wenn wir Menschen es ohne Hilfsmittel nicht wahrnehmen können. Ein Spektralphotometer zeigt, daß das Licht eines auf uns zukommenden Objekts zum blauen Ende des Spektrums hin verschoben wird. Blaues Licht ist Licht von vergleichsweise kurzer Wellenlänge, das heißt von relativ hoher Frequenz. Geht Licht von einem Objekt aus, das sich von uns fortbewegt, verschiebt es sich in den roten Bereich, also hin zu niedrigen Frequenzen und größeren Wellenlängen. Die Stärke der Verschiebung ist ein Maß für die Geschwindigkeit des Objekts, bezogen auf den Beobachter (vgl. Abb. 3).

Zu Beginn des vorigen Jahrhunderts fiel dem Münchner Optiker Joseph von Fraunhofer auf, daß Hunderte von dunklen

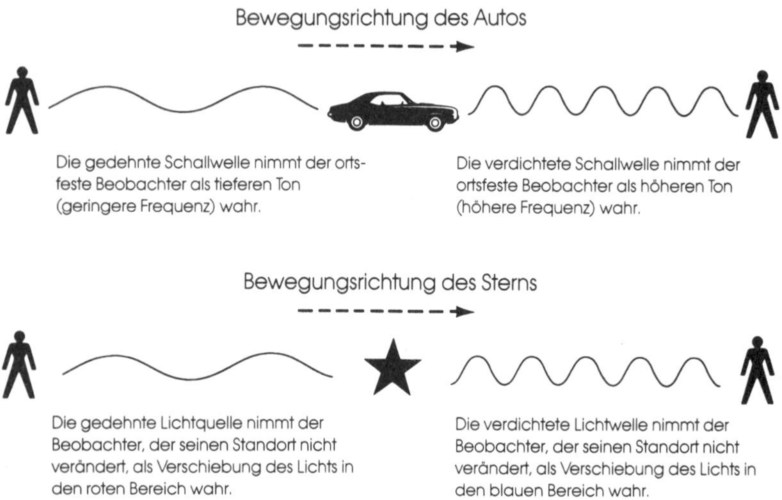

Abb. 3: Die Auswirkung der relativen Bewegung auf die Frequenz oder Tonhöhe beim Schall und auf die Frequenz oder Farbe beim Licht

Zu beachten ist, daß man wegen der Bewegungsunterschiede des Autos oder des Sterns relativ *zum jeweiligen Beobachter den vom selben Horn ausgehenden Klang als zwei verschiedene Töne hört bzw. das von demselben Stern ausgesandte Licht als zwei verschiedene Farben sieht.*

Linien quer über das von einem Prisma erzeugte Spektrum liefen, wenn ein schmaler Streifen Sonnenlicht hindurchfiel. Die gleichen Linien wurden im Sonnenlicht beobachtet, das vom Mond reflektiert wird, und im Licht der Sterne. Sie sind Ergebnis einer selektiven Absorption von Strahlen bestimmter Frequenzen, die auftreten, wenn sich das Licht von der Oberfläche des Sterns durch die kühleren Gase in seiner äußeren Atmosphäre bewegt.

Ein aufmerksamer Vergleich der beiden Absorptionsspektren des Lichts verschiedener Sterne zeigt, daß sich die Lage der Linien von einem Stern zum anderen häufig verändert. Sir William Huggins erkannte 1868 in dieser Veränderung die Auswirkungen des Doppler-Effekts, zu dem es aufgrund der Bewegung des jeweiligen Sterns relativ zur Erde kam. Die Messung dieses Doppler-Effekts liefert ein genaues Maß für die Geschwindigkeit, mit der sich der Stern relativ zur Erde bewegt.

In der ersten Hälfte unseres Jahrhunderts brachte Edwin Hubble, unterstützt von Milton Humason, einem Spezialisten für Spektralphotometrie, drei Jahrzehnte damit zu, Entfernungen zu Galaxien und die Verschiebung im Spektrum des von den Sternen dieser Galaxien ausgesandten Lichts zu messen. Sie entdeckten, daß das Licht meist eine Rotverschiebung aufwies. Also mußten sich die Galaxien von uns fortbewegen. Ein ebenso interessantes Ergebnis war, daß sich das Ausmaß der Rotverschiebung annähernd proportional zur Entfernung der Galaxie verhielt. Die beiden Wissenschaftler interpretierten diese Beobachtung dahingehend, daß sich die Galaxien mit einer Geschwindigkeit von uns entfernen, die proportional zu ihrer gegenwärtigen Entfernung von der Erde ist.

Diese Ergebnisse wie auch die von Astronomen gewonnenen, die in den darauffolgenden Jahrzehnten Hubbles und Humasons Arbeit fortführten, zeigten für die meisten Galaxien eine Verteilung, die im Einklang mit der jeweiligen relativen Geschwindigkeit steht. Nahezu alle streben von einem gemeinsamen Mittelpunkt des Universums fort, und zwar mit Geschwindigkeiten, die sich proportional zu ihrer Entfernung von diesem Mittelpunkt verhalten. Das heißt: Je weiter eine Galaxie entfernt ist, desto schneller strebt sie vom Mittelpunkt fort. Dieses Muster ist zwingend, wenn man annimmt, daß alle Materie im selben Augenblick begonnen hat, sich von einem einzigen gemeinsamen Zentrum fortzubewegen. Die Materie, die die höchste Anfangsgeschwindigkeit mitbekam, bewegt sich auch jetzt noch am schnellsten und hat sich daher am weitesten vom ursprünglichen Zentrum entfernt. Die Materie, die eine geringere Anfangsgeschwindigkeit mitbekam, bewegte sich langsamer und hat sich daher in den Jahrmilliarden seit dem Urknall nicht so weit von jenem Zentrum entfernt. Da auch wir uns in einer sich bewegenden Galaxie befinden, sind wir ebensowenig imstande festzustellen, wo die Mitte ist, wie jemand, der sich innerhalb eines aufgehenden Teigklumpens auf einer Rosine befindet. Wir haben lediglich die Möglichkeit, die galaktischen Geschwindigkeiten relativ zu unserer eigenen Bewegungsgeschwindigkeit durch den Raum zu messen.

Mit seiner Aussage »Was wir von der Ausdehnung oder Expansion des Universums wissen, beruht ausschließlich auf der Tatsache, daß die Astronomen die Bewegung eines leuchtenden Objekts längs der Sehlinie... messen können...«[2] bezog sich Weinberg auf den Doppler-Effekt. Wie wir inzwischen zur Kenntnis genommen haben, beschäftigten sich die von Nachmanides zitierten Bibelkundigen bereits vor mehr als zweitausend Jahren mit dieser »in jüngerer Zeit entdeckten« Ausdehnung des Universums! Nur konnten sie sich dabei lediglich auf die Offenbarung berufen, nicht auf Doppler.

Die konstante und in alle Richtungen des Universums gleiche Hintergrundstrahlung ist die zweite der neueren Entdeckungen in der Kosmologie, die uns auf einen Urbeginn zurückverweist. Entdeckt wurde sie 1964 im Labor der amerikanischen Telefongesellschaft Bell in Crawford Hill, New Jersey, von Arno Penzias und Robert Wilson.[3]

Um zu verstehen, welche Bedeutung ihr beizumessen ist, müssen wir uns zunächst ein wenig mit der Strahlungsterminologie beschäftigen. Wir alle spüren *Wärmestrahlung* – die Sonnenwärme oder die Wärme, die eine Steinmauer abends abgibt, nachdem die Sonne sie tagsüber aufgeheizt hat. Diese Strahlung hört erst auf, wenn sich der Gegenstand bis auf den absoluten Nullpunkt abgekühlt hat, der bei 0 K – oder minus 273 °C – liegt. Bei dieser extrem niedrigen Temperatur erlischt jegliche Wärmebewegung der Elektronen.

Im Zusammenhang mit Strahlung wird häufig davon gesprochen, auf welche Temperatur man einen undurchsichtigen, farblosen (oder schwarzen) Gegenstand erwärmen muß, damit er genau die Strahlungsenergie abgibt, die von dem untersuchten Gegenstand ausgeht. Bemerkenswert ist, daß diese Strahlung unabhängig von dem Material ist, aus dem dieser Gegenstand besteht. Sie hängt ausschließlich von der »schwarzen Temperatur« ab, das heißt der Temperatur der als »schwarze Strahler« bezeichneten »schwarzen Körper«. Darunter allerdings darf man sich nichts Gegenständliches vorstellen. Ein idealer »schwarzer Strahler« ist das Innere eines gedachten Kastens mit undurchsichtigen Wänden.

Jede Wärmestrahlung hört also am absoluten Nullpunkt auf – bei allen Temperaturen darüber wird ständig Wärmestrahlung abgegeben. Die Menschen und die meisten höheren Tiere sind durchaus für Strahlen empfänglich, die mit einer »schwarzen Strahlung« von mehreren tausend Kelvin verbunden sind. Eine solche Strahlung nennen wir *Licht*. Ihre Wellenlänge respektive Frequenz nehmen wir über das Auge als die verschiedenen Farben des Spektrums wahr. Sinneszellen in unserer Haut dienen als Rezeptoren für eine Strahlung, die im Bereich mehrerer hundert Kelvin liegt und die wir als infrarote Wärmestrahlung spüren. Funk- und Mikrowellen sind Beispiele für eine Strahlung, die von Körpern mit sehr geringer Temperatur ausgeht. Bei weit höheren Strahlungstemperaturen als den als Licht wahrgenommenen gelangt die Strahlung in den Bereich der Röntgen- und Gammastrahlen. Sie ist so kräftig, daß sie unseren Körper zu durchdringen vermag. Die allgemeine Beziehung zwischen den verschiedenen Arten von Strahlungsenergie lautet: Mit zunehmender Energie nimmt auch deren Frequenz zu, die Wellenlänge hingegen wird kürzer. Je höher die Strahlungsenergie, desto höher die Temperatur dieser »schwarzen Strahlung«. Unabhängig von der jeweiligen Energie wird alle Strahlung von Photonen weitergeleitet. In Tabelle 5 im Anhang dieses Buches (siehe S. 239) finden sich die üblichen Bezeichnungen für elektromagnetische Strahlung, bezogen auf ihre Wellenlänge, Frequenz und »schwarze Strahlung«.

Um die Strahlungsmerkmale des Raumes zu erkunden, verwendeten Penzias und Wilson eine speziell zur Kommunikation über den *Echo*-Satelliten konstruierte Geweihantenne. Sie empfing Strahlen lediglich aus dem kleinen Bereich des Himmels, auf den sie ausgerichtet war. Den beiden Forschern fiel auf, daß stets im Bereich von 7,35 Zentimetern, also dem Mikrowellenbereich des Energiespektrums, eine beträchtliche Strahlungsenergie auftrat, unabhängig davon, in welchem Winkel die Antenne zum Himmel stand. Es hatte ganz den Anschein, als kämen diese Mikrowellen aus dem Hintergrund des Universums. Ihre Wellenlänge entspricht der Strahlung, die von einem auf 3,5 K erwärmten »schwarzen Strahler« ausgehen würde, das heißt einem, dessen Temperatur 3,5 °C über dem absoluten Nullpunkt liegt.

Die Entdeckung dieser Hintergrundstrahlung von 3,5 K bedeutete für die Astrophysiker eine Sensation. Sie bestätigte eine wichtige Grundannahme der Urknall-Theorie. Sofern die angenommenen Bedingungen, die während der ersten Minuten nach dem Urknall herrschten, stimmten, müsse es über das ganze Universum verteilt eine Hintergrundstrahlung »schwarzer Körper« von etwa 5 K geben – der Rest der intensiven Hochtemperaturstrahlung zu Beginn des Universums. Ohne die zu einem ungeheuren Auseinanderstreben führende Wirkung eines intensiven Strahlungsfeldes wären die im frühen Universum existierenden Teilchen buchstäblich zusammengequetscht und unter den ungeheuren Druckwerten zu schweren Elementen verschmolzen worden. Das Ergebnis wäre also ein vorwiegend aus schweren Elementen bestehendes Universum gewesen. Dem widerspricht aber, daß die Materie im Universum zu etwa drei Vierteln aus Wasserstoff und das verbleibende Viertel vorwiegend aus Helium besteht. Die Masse des Universums tritt gar zu mehr als neunundneunzig Prozent in Form von Wasserstoff und Helium auf. Das sind die beiden leichtesten der 92 Elemente, die sich im Universum finden.

Das leichteste Element, der Wasserstoff, besteht in seinem Kern aus einem einzigen Proton mit einem einzigen Elektron. Helium, das zweitleichteste Element, besitzt in seinem Kern zwei

Protonen und zwei Neutronen. Elemente, die schwerer als Helium sind, könnten in den ersten Augenblicken nach dem Urknall z. B. dadurch entstanden sein, daß weitere Protonen und Neutronen mit Heliumkernen verschmolzen – aber höchstens, wenn überhaupt, für kurze Zeit, denn die anfängliche intensive Strahlung dürfte sie gleich wieder zertrümmert haben. Selbst Wasserstoff und Helium existierten lediglich als Atomkerne. Bis die uns heute bekannten schweren Elemente entstanden – etwa Kohlenstoff mit jeweils 6 Protonen und Neutronen im Kern oder Eisen mit 26 Protonen und 30 Neutronen –, vergingen Jahrmilliarden. Diese Elemente entstanden – und entstehen nach wie vor – ausschließlich im Inneren großer Sterne, in denen die Elemente Wasserstoff und Helium bereits so verschmolzen sind, daß sich aus ihnen die weiteren chemischen Elemente bilden.

Was aber hat die Hintergrundstrahlung im heutigen Universum im Bereich der extrem niedrigen Temperatur von 3,5 K über dem absoluten Nullpunkt mit der Strahlung von mehreren Milliarden Grad beim Urknall zu tun?

Während sich die ungeheuer verdichtete Materie des frühen Universums ausdehnte, sank die Temperatur – zwangsläufig, denn mit Ausdehnung geht Abkühlung einher. Während sich das Universum also von der Größe eines Senfkorns bis zu seinem heutigen Umfang ausdehnte, ging die unvorstellbar hohe Anfangstemperatur von 10^{32} K auf den außerordentlich geringen Wert von 3,5 K zurück – immerhin 269 °C unter dem Gefrierpunkt des Wassers! Durch die Ausdehnung des Universums wuchs auch die Wellenlänge der ursprünglich sehr energiereichen Photonen von milliardstel Zentimetern auf 7,35 Zentimeter, den Wert also, den Penzias und Wilson kürzlich entdeckt haben. Im Verlauf dieses Prozesses ging die einst so hohe Temperatur der Photonen auf bloße 3,5 K zurück. Diese Strahlung von 3,5 K ist möglicherweise das einzige meßbare Überbleibsel vom heißen Auftakt unseres Universums, eine Art Fossil in Gestalt von Photonen!

Aufgrund dieser beiden Entdeckungen – des Doppler-Effekts, der die Annahme einer Ausdehnung des Universums erzwingt und damit auf einen Ausgangspunkt zurückverweist, und der isotropen kosmischen Hintergrundstrahlung von 3,5 K, die sich als das Ergebnis dieser Ausdehnung manifestiert – tendieren heutige Kosmologen zum *Standardmodell:* Der Urknall gehört ebenso zu unserer Geschichte wie die Vorfahren im Stammbaum unserer Familie.

Allerdings ist der Urknall nicht unbedingt auf einen Schöpfergott angewiesen, wie wir anhand der Theorie vom pulsierenden Universum gesehen haben. Neuere Untersuchungen ziehen aber auch diese Theorie in Zweifel. Wie schon dargelegt, wird hier das Universum als in endloser zyklischer Bewegung befindlich angesehen: Ausdehnung, allmähliche Verlangsamung, Stillstand, Zusammenziehung, Implosion, Explosion.

An dieser Stelle sollten wir uns ein Grundprinzip der Bewegung, nämlich die Trägheit, vergegenwärtigen, das erstmals Isaac Newton hergeleitet hat. Nach Newtons Trägheitsgesetz bleibt ein Körper so lange im Zustand der Ruhe, bis eine Kraft auf ihn einwirkt. Die Kraft versetzt ihn in gerade Bewegungsrichtung, bis andere von außen wirkende Kräfte seine Richtung und/oder Geschwindigkeit ändern. Das Ausmaß der Neigung eines Körpers, seine lineare Bewegung beizubehalten, nennt man Trägheitskraft.

Im Augenblick des Urknalls empfing die Substanz des Universums einen machtvollen Anstoß. Dieser Impuls ist dafür verantwortlich, daß unser Planet während der seither vergangenen fünfzehn Milliarden Jahre durch den Raum geflogen ist. Er war die alleinige Ursache aller Bewegung im Universum, und alle späteren Bewegungen gehen auf ihn zurück. Doch die Ausdehnung des Universums geschieht nicht frei von Gegenkraft. Eine Eigenschaft der Materie ist die zwischen ihr und anderer Materie bestehende gegenseitige Anziehung, die Schwerkraft. Noch weiß die Wissenschaft nicht, wie sie entsteht und wie genau sie im Raum weiterwirkt, doch läßt sich die zwischen Gegenständen bestehende Anziehung messen. Sie ist proportional zum Produkt der Massen der Gegenstände und umgekehrt proportional zum Quadrat der Entfernung zwischen ihnen, und sie scheint sich mit Lichtgeschwindigkeit fortzupflanzen.

Sofern sich das Universum im Zustand ständigen Pulsierens befinden soll, muß es darin hinreichend Materie geben, die dafür sorgt, daß die Anziehungskraft schließlich größer wird als der Expansionsimpuls. Sofern es aber nicht genug Masse gibt, um diese Umkehrung zu bewirken, dehnt sich das Universum in alle Ewigkeit weiter aus – oder zumindest so lange, bis eine von uns bisher in der Natur nicht beobachtete Kraft auf das Universum einwirkt.

Ausführlicher dargestellt: Der durch den Urknall erfolgte Anstoß war so stark, daß die Galaxien bis heute von einem gemeinsamen Zentrum aus fortstreben. Doch die der Masse und Energie innewohnende Anziehungskraft des Universums – inzwischen vermutet man, daß alle Energieformen Anziehungskraft erzeugen und nicht ausschließlich jene, die wir als Materie bezeichnen – bremst die nach außen gerichtete Bewegung ab. Nur wenn genug Masse vorhanden ist, wird diese Bewegung im Laufe von Milliarden Jahren schrittweise verlangsamt, kommt zum Stillstand und kehrt sich in eine Bewegung um, die zum Mittelpunkt zurückführt, so wie die Erde einen hochgeworfenen Ball wieder anzieht. Das Ergebnis wäre ein erneuter Urknall.

Die für diese Rückholbewegung erforderliche Masse, das heißt die durchschnittliche Dichte der kosmischen Materie, wird als »kritische Dichte«[4] bezeichnet. Ihr angenommener Wert beträgt im Durchschnitt lediglich wenige Wasserstoffatome pro Kubikmeter Volumen des Weltraums. Bedenkt man, daß in einem Kubikmeter Wasser etwa 10^{29} oder 100 Milliarden Milliarden Milliarden Wasserstoffatome enthalten sind, wird klar, eine wie geringe durchschnittliche Dichte im Kosmos für die Rückholung erforderlich wäre. Selbst wenn es in jedem Kubikmeter nur zwei oder drei Atome gäbe, hätten wir es mit einer ungeheuren Zahl von Atomen zu tun.

Die gegenwärtigen Schätzungen der kosmischen Dichte zeigen, daß unser heutiges Universum lediglich ein Zehntel bis ein Fünftel der Materie enthält, die für eine Kontraktion nötig wäre.

Die vorhandene Materie reicht einfach nicht aus, um die Anziehungskraft zu erzeugen, die dem Fortstreben der Unzahl von Sternen und Galaxien des Universums Einhalt gebieten könnte. Dieser Befund deckt sich mit Analysen der Werte der Farbverschiebung des von fernen Galaxien ausgehenden Lichts aufgrund des Doppler-Effekts. Ein Vergleich dieser Verschiebung beim Licht ferner Galaxien mit deren Entfernung von der Erde zeigt nämlich, daß die Geschwindigkeit, mit der diese Galaxien von uns fortstreben, nicht hinreichend verlangsamt wird, so daß schließlich ihre Ausdehnung eine Grenze erreichen könnte. Das aber bedeutet: Die Expansion des Universums geht bis in alle Zeiten weiter. Es hat folglich nur *einen* Urknall gegeben.

Ein Urknall, auf den eine nicht endende Ausdehnung des Universums folgt, sagt uns, daß es einen Anfang geben mußte und daß es irgendwo in diesem Ganzen zumindest Platz für eine »Gestalt« gibt, die diesen Anfang ausgelöst hat.

Hinsichtlich der Gesamtmasse des Universums bleibt allerdings ein Rest von Unsicherheit. Das Muster der im Universum existierenden Galaxien hat etliche Forscher zu der Annahme veranlaßt, daß es eine Anziehungskraft gibt, welche die Bewegung der Galaxien beeinflußt. Da die sichtbare Materie des Universums als Quelle dieser Kraft nicht genügt, schließen sie zusätzlich zur im Kosmos faßbaren Materie auf einen hohen Anteil unsichtbarer Materie.

In erster Linie kommen dafür die vielen Neutrinos in Frage, die vermutlich in den ersten Sekunden des Universums entstanden. Dies sind winzige Teilchen ohne Ladung, die selten mit anderen Formen von Materie in Wechselwirkung treten. Der entscheidende Punkt ist: Besitzen Neutrinos eine Ruhemasse? Falls ja, würde das die Gesamtmasse des Universums beträchtlich steigern und könnte möglicherweise das Kräfteverhältnis doch in Richtung auf einen letztlichen Zusammenbruch des Universums umkehren.

In diesem Zusammenhang ist ein ungewöhnliches Ereignis in der Nacht zum 23. Februar 1987 interessant: Licht von einem explodierten Stern, einer Supernova, erreichte die Erde. Für seinen Weg durch den Raum zur Erde hatte es 170 000 Jahre benötigt. Zum Zeitpunkt der Explosion stellten also gerade die Vorfahren des Neandertalers Steinäxte her.

Supernovae galten bisher als die Quelle einer großen Zahl von Neutrinos. Tatsächlich hat man in Japan und in den Vereinigten Staaten mit Meßinstrumenten etwa zur selben Zeit, als uns das Licht der Supernova erreichte, auch diese schwer zu fassenden Teilchen registriert. Präziser gesagt: Nach einer Reise von 170 000 Jahren – im Zeitsystem der Erde gerechnet – gelangten die Photonen – die Energiequanten mit der Ruhemasse Null, die wir als Licht bezeichnen – und die Neutrinos fast gleichzeitig zur Erde. Das aber bedeutet, daß beide den Weg gleich schnell, und zwar mit der Lichtgeschwindigkeit *c*, zurückgelegt haben. Einsteins Relativitätsgesetz aber besagt, daß lediglich Teilchen mit der Masse Null imstande sind, sich mit der Geschwindigkeit *c* fortzubewegen. Laut John Bahcall vom Institute for Advanced Studies in Princeton können also »die Neutrinos nichts Wesentliches zur Lösung des Problems [der Gesamtmasse im Universum] beitragen«[5], denn da sie etwa gleichzeitig mit dem Licht eintrafen, muß ihre Ruhemasse verschwindend gering sein.

Einen weiteren Hinweis liefert uns die im Universum herrschende Entropie, das Maß für die in einem bestimmten System herrschende Unordnung (Chaos). Mit den Wirkungsmechanismen der Entropie werde ich mich ausführlicher im Zusammenhang mit dem Übergang vom Chaos zur Ordnung beschäftigen. Für den Augenblick genügt es uns zu wissen, daß ohne Einwirkung von außen alles – ob unbelebt oder belebt, komplex oder einfach – dem Zustand immer höherer Entropie, also einem immer größeren Chaos, entgegenstrebt.

Die Auswirkungen zunehmender Entropie auf die Thermodynamik des Kosmos sind erheblich. Steven Weinberg hat sie in seinem Standardwerk *Die ersten drei Minuten* ausführlich beschrieben. Bei einem pulsierenden Universum muß man annehmen, daß die Entropie bei jedem Zyklus von Ausdehnung und Kontraktion zugenommen hat. Das wiederum würde sich daran zeigen, daß die Zahl der Photonen im Verhältnis zur Zahl der

Teilchen mit einer Ruhemasse, eben den Teilchen, aus denen die Materie des Universums besteht, zugenommen hätte, sofern das auf der Erde allgemein geltende Gesetz der Entropie auch auf den Kosmos Anwendung findet. (Es sei daran erinnert: Alle führenden Physiker vertreten die Ansicht, daß die physikalischen Gesetze, die wir auf der Erde beobachten, auch im ganzen Universum Gültigkeit haben und daß ohne diese Arbeitshypothese sämtlichen kosmologischen Berechnungen die Grundlage entzogen wäre.)

Hierin aber liegt ein Widerspruch: Angenommen, wir befinden uns in einem unaufhörlich pulsierenden Universum, dann gab es auch keinen Anfang. Die Zeit erstreckt sich in eine unendliche Vergangenheit zurück. Um aus einer solchen heraus in die Gegenwart zu gelangen, so wie wir sie vorfinden, wäre eine unendliche Anzahl von Zyklen der Ausdehnung und Kontraktion erforderlich. Diese Zyklen müßten gemäß den Gesetzen der Thermodynamik das Verhältnis von Photonen zu atomaren Teilchen unendlich gesteigert haben. Da die Zahl der Photonen endlich ist, müßte die Zahl der Teilchen gleich Null sein, damit das Verhältnis unendlich werden kann. Null Teilchen aber hieße, daß es kein materielles Universum gäbe. Seine einzigen Bestandteile wären Photonen. Unser materielles Universum, dessen Teil wir sind, macht den Widerspruch offenkundig. Weinberg zog daraus berechtigterweise den Schluß, man könne »kaum annehmen, ... daß das Universum zuvor eine unendliche Reihe von Zyklen durchlaufen«[6] habe. Es muß einen Anfang gegeben haben.

Fazit: Entdeckungen und Untersuchungen führender Naturwissenschaftler führen – von zum Teil völlig unterschiedlichen Ansatzpunkten aus und mit unterschiedlichen Forschungsabsichten – immer zum gleichen Ergebnis: Die gegenwärtige Ausdehnung des Universums rührt von einem Urknall her, sie ist grenzenlos und wird ad infinitum fortdauern. Das Universum befindet sich nicht im zyklischen Wechsel von Ausdehnung und Kontraktion. Es gab nur *einen* Urknall, und zwar zu dem Zeitpunkt, da unser Universum entstand.

In Psalm 148, 4–6 heißt es: »Lobet ihn, ihr Himmel aller Himmel, und ihr Wasser über der Feste! Sie sollen loben den Namen des Herrn; denn er gebot, und sie waren geschaffen. Er stellte sie fest auf immer und ewig; er gab eine Ordnung, die übertreten sie nicht.«

Unter Bezug auf diese Verse haben die Bibelkundigen gesagt, das Universum könne auf ewig bestehen. Doch falls sein Ende kommen sollte, werde das kein natürlicher Vorgang sein, sondern wie die Schöpfung auf ein Einwirken Gottes zurückgehen.

Eine wichtige Lehre aus der Geschichte

In gewissem Sinne ist auch die Astrophysik auf der alles übergreifenden Suche nach einem Schöpfer, allerdings mit einem anderen Instrumentarium als Bibelexegeten. Theologen wie Naturwissenschaftler müssen sich davor hüten, die Funde bei dieser Suche subjektiv zu filtern. Bisweilen besteht die Verlockung, lediglich erwünschte Daten zu verwenden, aber jene zu vernachlässigen, die der vorgefaßten Ansicht von Wahrheit zu widersprechen scheinen.

Johannes Kepler gelang der Nachweis, daß sich die Planeten auf elliptischen und nicht auf kreisförmigen Bahnen um die Sonne bewegen, weil er den Mut besaß, Angaben zu verwenden, die im Widerspruch zur allgemein vertretenen Vorstellung kreisförmiger Umlaufbahnen aller Planeten standen.

Newton erklärte, ein bewegter Gegenstand behalte seine Bewegung bei, bis eine von außen kommende Kraft auf ihn einwirke. Eine solche Aussage erschien damals lächerlich. Nicht nur widersprach er damit der von Aristoteles vertretenen Ansicht, der natürliche Zustand aller Gegenstände sei der Ruhezustand, sondern auch der Alltagserfahrung des Menschen: Jedermann weiß, daß ein rollender Ball irgendwann aufhört zu rollen.

Man überlege, welchen Druck Kollegen und Gesellschaft auf diese Wissenschaftler ausgeübt haben müssen, damit sie sich der jeweils vorherrschenden Ansicht anschlossen. Die psychische Belastung war für Menschen mit unzeitgemäßen Theorien gewaltig. So beging im Jahre 1906 Ludwig Boltzmann, einer der Begründer der statistischen Mechanik, Selbstmord. Einer der Beweggründe für diesen tragischen Schritt war der nachhaltige Widerstand, den man von seiten der Philosophie seinem Werk entgegensetzte, das inzwischen integrativer Bestandteil der Physik ist. Aber nicht jeder Wissenschaftler ist gegen die Versuchung des Opportunismus gefeit.

Ein aufschlußreiches Lehrbeispiel dafür, wie einer der bedeutendsten Wissenschaftler vom Tugendpfad der Objektivität abwich, liefert Albert Einstein höchstpersönlich. Er schloß 1915 die Arbeit an seiner komplexen allgemeinen Relativitätstheorie ab. Kurz darauf begann er die zugehörigen Gleichungen zu lösen, um zu einer Darstellung der Raum-Zeit-Physik des gesamten Universums zu gelangen. Zu jener Zeit herrschte die Ansicht vor, das Universum sei isotrop und dehne sich nicht aus. Am Licht, das der Milchstraße ferne Galaxien aussandten, war noch kein Doppler-Effekt festgestellt worden. Einsteins 1917 veröffentlichte Lösungen für seine allgemeine Theorie zeigten völlig richtig ein Universum, das der Expansion unterlag. Aber dieses Konzept entsprach nicht dem Zeitgeist. Einstein führte in seine Gleichungen, gestützt auf die damals gängige kosmologische Lehre, eine »kosmologische Konstante«[7] ein. So stellte er sicher, daß seine auf die Relativität bezogenen Gleichungen ein Universum beschrieben, in dem es keine Expansion gab. Jahre später erkannte er das als den verhängnisvollsten Fehler in seiner wissenschaftlichen Laufbahn.

Diese »kosmologische Konstante« war nichts anderes als das, was ein Student im ersten Semester einen »Schummelfaktor« nennen würde. Mit seiner Hilfe lieferten die Gleichungen die präjudizierten Lösungen. Fünf Jahre später löste der Mathematiker Alexander Friedmann Einsteins Gleichungen unter Weglassung des »Schummelfaktors«. Seine Lösungen ergaben ein sich auf alle Zeiten ausdehnendes Universum unter der Voraussetzung, daß die in ihm vorhandene Masse eine gewisse kritische Menge nicht überstieg. Andernfalls würde sich die Ausdehnung des Universums schließlich in einen Prozeß der Kontraktion umkehren.

Unsere Ausführungen zur »kritischen Dichte« haben ergeben, daß dies nicht zu erwarten ist. Das Universum dehnt sich ad infinitum aus, so wie es Nachmanides in seiner Erläuterung der biblischen Überlieferung vor etwa siebenhundertfünfzig Jahren gezeigt hat.

5

Gesucht: Ein großes Universum

Die Sonne erschien am vierten Tag. Rabbi Abahu sagte: »Daraus lernen wir, daß der Anbetungswürdige, Geheiligt Werde Sein Name, während der ersten drei Tage damit beschäftigt war, Welten zu schaffen und zu zerstören.«

Genesis Rabba

»Im Anfang schuf Gott Himmel und Erde« (1 Mose 1, 1) – aus dem absoluten Nichts. »... in sechs Tagen hat der Herr Himmel und Erde gemacht« (2 Mose 20, 11) – von dem, was am Anfang geschaffen worden war.

Nachmanides

Die schweren Elemente entstanden nicht beim Urknall. Sie wurden über Äonen hinweg in den Zentren von Sternen geschaffen, aus dem Wasserstoff und Helium, die beim Urknall entstanden.

Burbridge, Fowler und Hoyle

Bibelkundler und Naturwissenschaftler erklären heute übereinstimmend: Das Universum dehnt sich immer weiter aus. Noch bis in die zwanziger Jahre unseres Jahrhunderts herrschte in der Naturwissenschaft die Vorstellung eines statischen Universums vor. Sie war so fest verwurzelt, daß Einstein in seine Gleichungen einen von ihm als »kosmologische Konstante« bezeichneten »Schummelfaktor« einführte, um die Lösung eines statischen Universums zu erzwingen. Die Theologie dagegen beharrte damals schon auf einem sich ausdehnenden und weiter entwickelnden Universum. Inzwischen ist die Naturwissenschaft auf die theologische Linie eingeschwenkt.

Wenn aber das Universum, wie Theologen häufig behaupten, dem Menschen ein »Betätigungsfeld« zur Verfügung stellen sollte, damit er zu seiner eigenen und der Welt Verbesserung wirken konnte – warum hat dann Gott ein so unermeßliches, sich ausdehnendes Universum geschaffen? Warum nicht einfach die Erde oder unser Sonnensystem?

Der Schöpfer hätte den Menschen ohne weiteres in eine Welt setzen können, die vom Augenblick der Schöpfung an fertig war. Aber das entsprach offensichtlich nicht seiner Zielsetzung. Erst eine Abfolge zeitlich voneinander getrennter Ereignisse brachte Bedingungen hervor, die auf den Menschen zugeschnitten waren. Das ergibt sich aus 1 Mose 1, 1–31. Diese Abfolge dauerte in Gottes Zeitsystem sechs Tage und in unserem Jahrmilliarden. Am Ende dieser Abfolge wurde der Mensch erschaffen.

Welches Ziel der Schöpfer letztlich verfolgte, bleibt uns verborgen. Falsche Einschätzungen dieses Ziels fußen häufig auf der irrigen Voraussetzung, alles Bestehende existiere allein für den Menschen. Diese Art, das Universum zu betrachten, krankt daran, daß sie nicht erkennt: Das Sein an sich hat einen Wert. Dafür finden sich im Pentateuch durchgehend Belege. Zuerst heißt es: »Und Gott sah *alles* an, was er gemacht hatte, und siehe, es war sehr gut« (1 Mose 1,31). Und in dem Lied, das Mose am letzten Tag seines Erdenlebens dem Volk Israel vorträgt, vernehmen wir: »...Der Fels [ein Synonym für Gott], untadelig ist sein Tun« (5 Mose 32, 4).

Welche Absichten auch immer Gott mit dem Universum verfolgt haben mag – es wird deutlich, daß er sich bei den Schritten, die das von ihm vorgegebene Ziel verfolgen, an gewisse Grundregeln hält. Dazu gehört, daß Wechselwirkungen in der physikalischen Welt bestimmten Gesetzen der Physik und Chemie gehorchen. Salz, das man in reines warmes Wasser gibt, löst sich auf. Davon gibt es keine Ausnahme. Trifft ein energiereiches Neutron auf den Kern eines Uranatoms, spaltet sich dieser Kern.

Davon gibt es keine Ausnahme. Wer Leben in unserem Universum entsprechend den uns bekannten Regeln der Natur entwikkeln möchte, braucht ein großes Universum. Auch davon gibt es keine Ausnahme.

Ausnahmen gibt es deshalb nicht, weil die Art und Weise, wie die Materie unseres Universums in Wechselwirkungen tritt, nicht dem Zufall überlassen ist. Die wiederkehrenden Muster der chemischen und physikalischen Reaktionen, die wir im großen Maßstab beobachten, gehen auf Kräfte zurück, die auf der Ebene der Elementarteilchen wirken. Diese Kräfte scheinen feste und innewohnende Merkmale der Substanz zu sein, aus der das ganze Universum aufgebaut ist. Diese Merkmale dürften seit mehreren Milliarden Jahren und wahrscheinlich schon seit der Entstehung des Universums vorhanden gewesen sein. Das schließen wir daraus, daß die spektralen Eigenschaften von Licht, das wir aus Milliarden Lichtjahre entfernten Galaxien empfangen, die gleichen sind wie die Spektren von Licht, das in unserem Sonnensystem und unserer Galaxie entsteht.

Licht ist das Ergebnis der Aussendung elektromagnetischer Energie, die auf Veränderungen im Energieniveau von Elektronen zurückgeht. Dieses steht in unmittelbarer Beziehung zum jeweiligen Anregungszustand des Atoms. Die zwischen Spektren zu beobachtende Ähnlichkeit legt die Vermutung nahe, daß die in unserem Teil des Universums bestehende nukleare, atomare und molekulare Struktur für das gesamte Universum gilt. Das Licht einiger dieser bei Spektraluntersuchungen einbezogenen Galaxien machte sich vor Milliarden Jahren auf den Weg zu unserem Planeten – damals war die Erde noch nicht einmal ein flüssiges Agglomerat in einem neu entstehenden Sonnensystem.

Deshalb darf man annehmen, daß die Kräfte, welche die Elektronen in geordneten Bahnen die Atomkerne umkreisen lassen, stets wirksam waren. Die atomare Struktur scheint eine feste und nicht wegzudenkende Größe der Materie unseres Universums zu sein.

Noch verstehen wir nicht, wie die Gesetze gesteuert werden, auf welche die Ordnung der nuklearen und atomaren Struktur zurückgeht, doch können wir ihre Auswirkungen beschreiben. Newton hat das erste Grundgesetz formuliert: Materie wird von etwas, das wir Schwerkraft nennen, zu anderer Materie hingezogen. Die Eigenschaft der Materie, welche die Schwerkraft erzeugt und ihre Ausbreitung über die riesigen Weiten des Raums ermöglicht, ist uns nicht bekannt, doch ohne sie wären die Gasnebel des Weltraums nicht miteinander verschmolzen – und erst durch diesen Prozeß entstanden Galaxien, Sternensysteme und der Mensch.

Eine nukleare Kraft sorgt dafür, daß sich Neutronen und Protonen aneinander binden und gemäß den exakten, bestimmten Regeln gehorchenden Strukturen der 92 Elemente, die sich in unserem Universum finden, Atomkerne bilden. Eine andere nukleare Kraft veranlaßt gewisse Kerne zum *spontanen Zerfall.*

Die elektromagnetische Kraft hält Elektronen in festen atomaren Umlaufbahnen fest. So entsteht die chemische Ordnung, nach der sich einzelne Atome in voraussagbarer Weise zu Molekülen – und diese wiederum zu zusammenhängenden Körpern – verbinden. Weil diese Kräfte der Natur so systematisch wirken, können *unmöglich* auf natürlichem Weg unmittelbar nach dem Urknall Galaxien, ein Sonnensystem und der Mensch aufgetreten sein.

Außerdem war das frühe Universum noch sehr klein. Die heute über die unermeßlichen Weiten des Raums verteilte Gesamtenergie war auf ein begrenztes Urvolumen konzentriert. Die Substanz des frühen Universums bestand vorwiegend aus Photonen und energiereichen Neutrinos sowie aus einer vergleichsweise winzigen Menge Materie in Form einzelner Protonen, Neutronen und Elektronen. Während die Ruhemasse von Photonen und Neutrinos den Wert Null hat, beträgt die von Protonen und Neutronen das 1836- bzw. 1838fache der eines Elektrons – des leichtesten der bekannten Elementarteilchen. Es wiegt im Ruhezustand bloße 10^{-27} Gramm!

Ein einzelnes Proton bezeichnen wir als Wasserstoffkern. Wasserstoff ist das leichteste Element. Schwerere Elemente entstehen durch die Verschmelzung leichterer. So ist Helium, das zweitleichteste Element, Ergebnis der Verschmelzung zweier Protonen und zweier Neutronen. Die Masse oder das Gewicht des dabei entstehenden Heliums ist etwas geringer als die Summe der Masse der vier Teile, aus denen es entstand. Dieser Unterschied weist darauf hin, daß beim Verschmelzungsprozeß Energie freigesetzt wird.

Wäre es möglich gewesen, daß Wasserstoff zu Helium verschmolz, als unmittelbar nach dem Urknall im Universum hohe Temperaturen – und damit hohe Energie – herrschten, sähe unser heutiges Universum anders aus. Zur Erzeugung von Helium ist eine Reihe atomarer Reaktionen in rascher Abfolge nötig. Bei jeder von ihnen entsteht ein Zwischenprodukt. Das erste ist das aus einem Proton und einem zusätzlichen Neutron bestehende Deuterium (^2H).

Während im Heliumkern Neutronen und Protonen dicht beieinander liegen, ist dies bei einem einzelnen Proton und einem einzelnen Neutron (z. B. im Deuteriumkern) nicht der Fall. Im frühen Universum war die Energie so stark konzentriert, daß die Photonen einen Deuteriumkern unverzüglich hinweggefegt hätten, kaum daß er sich bildete.

Je mehr sich das Universum ausdehnte, desto stärker nahmen die Temperaturen und die Energie ab. Etwa vier Minuten nach dem Urknall war die Temperatur so weit abgekühlt, daß das Deuterium dem Photonenbombardement standhalten konnte. Darauf verschmolz Wasserstoff rasch zu Deuterium und dann zu Helium. Helium hätte eigentlich – es besteht aus je zwei Protonen und Neutronen – weitere Protonen und Neutronen aufnehmen und damit die schwereren Elemente bilden können sollen, doch Kerne mit fünf oder acht Teilchen sind äußerst instabil. Um über das Atomgewicht von vier Masseeinheiten – die beiden Protonen und die beiden Neutronen des Heliums – hinauszugelangen, müssen Nuklide wie Helium und Deuterium zusammenstoßen.

Die Zeit hatte ihren Tribut verlangt. Das Universum brauchte nicht mehr nach der Größe von Senfkörnern gemessen zu werden, doch die Dichte der Teilchen war im ausgedehnten Zustand des Universums so gering, daß zufällige Zusammenstöße von Kernen selten wurden. Folglich entstanden jetzt nur wenige und schon gar nicht schwere Elemente.

Damit hätte die Geschichte zu Ende sein können, gäbe es nicht die Schwerkraft. Bei einem Vergleich der Stärke der der Materie innewohnenden Kräfte erweist sich die Schwerkraft auf geringe Entfernungen als schwächste von ihnen. Doch je mehr sich das Universum ausdehnte, desto mehr verloren die atomare und die elektromagnetische Kraft ihre Wirkung, die über größere Abstände als innerhalb der Molekularstruktur kaum hinausgeht. Die Schwerkraft gewann das Übergewicht und beeinflußte die Beziehungen zwischen den Ansammlungen von Masse im Universum.

Mehrere hunderttausend Jahre vergingen. Temperatur und Energie der Photonen hatten weiterhin infolge der Ausdehnung des Universums abgenommen. Als die Temperatur unter 3000 K fiel, trennte sich das Licht von der Materie und tauchte aus der Finsternis des Universums auf.

»Die Erde war aber wüst und öde, und Finsternis lag auf der Urflut, und der Geist Gottes schwebte über dem Wasser. Und Gott sprach: Es werde Licht! Und es ward Licht. Und Gott sah, daß das Licht gut war; und Gott schied das Licht von der Finsternis« (1 Mose 1,2–4).

Die Energie der Photonen beträgt bei 3000 K etwa 1 Elektronvolt (eV). Das ist annähernd die Mindestenergie, die erforderlich ist, um ein Elektron aus seiner atomaren Umlaufbahn herauszuschießen. Als die Energie der Photonen unter 1 eV fiel, waren sie dazu nicht mehr stark genug. Die elektromagnetische Ladung der Wasserstoff- und Heliumkerne zog jetzt Elektronen in stabile Umlaufbahnen um sich herum an. Zuvor hatte es in einem Durcheinander beständiger Zusammenstöße ein Gemisch aus Photonen und freien Elektronen – oder Licht und Materie – gegeben. Dabei waren die Photonen – das Licht – buchstäblich im Inneren der Masse des Universums festgehalten worden. Als plötzlich die freien Elektronen aus dieser Suppe chaotischer Zusammenstöße herausfielen und in stabile atomare Umlaufbahnen um die Wasserstoff- und Heliumkerne eingebunden wurden, änderte sich die Situation grundlegend. Jetzt konnten sich die Photonen frei bewegen und waren im selben Augenblick imstande, sich von der Materie zu trennen.

Es gibt einen ganzen Fächer von Spielarten der Photonenenergie, angefangen bei den schwachen Mikrowellen – des Mikrowellenherdes beispielsweise – bis hin zur energiereichen Gammastrahlung der Sonne. Aber es war offensichtlich vorgesehen, daß die Trennung der Photonen von der Materie innerhalb jener schmalen Energiespannbreite erfolgte, die wir als sichtbares Licht ausmachen, weil genau hier unser Auge den wichtigsten Bereich der Strahlung als Licht wahrnimmt: die Wechselwirkung zwischen Photonen und auf einer Umlaufbahn befindlichen Elektronen. Dadurch, daß hier Photonen auf Elektronen prallen, bekommen Dinge ihre Farbe und ihr Aussehen, können wir den reifen Apfel oben im Baum erkennen.

Das »Licht«, von dem in 1 Mose 1,3 die Rede ist, existierte schon, bevor Gott es von der Finsternis schied (1 Mose 1,4). Dem Talmud und der Kosmologie zufolge war dieses erste »Licht« so mächtig, daß Menschen es nicht mit den Augen hätten wahrnehmen können. Wir wissen von der Naturwissenschaft, daß das »Licht« jener frühen Zeit im Energiebereich der Gammastrahlung lag, der weit über den der dem Auge sichtbaren Strahlung hinausgeht. Als die Wärmeenergie der Photonen auf 3000 K zurückging, wodurch die Elektronen in stabile Umlaufbahnen um Wasserstoff- und Heliumkerne gelangen konnten, lösten sich die Photonen nicht nur von der Materie des Universums – was die Schöpfungserzählung mit dem Wort »schied« wiedergibt –, sie wurden auch sichtbar. Das Licht war jetzt hell und die Finsternis dunkel – theologisch und naturwissenschaftlich gesprochen.

Wenn wir begreifen, daß sich das Licht ursprünglich innerhalb der Urmasse befand, bis es durch die Bindung von Elektronen in atomare Umlaufbahnen befreit wurde, gewinnt die geheimnisvolle Trennung zwischen der Finsternis und dem – ausschließlich aus Photonen bestehenden – Licht, die Gott vornimmt, eine Bedeutung, die in Einklang steht mit dem buchstäblich zu verstehenden Sinn des Satzes »... und Gott schied das Licht von der Finsternis« (1 Mose 1,4).

Mit einem ahnungsvollen Vorgriff auf spätere wissenschaftliche Ergebnisse erläuterte Nachmanides, daß sich die in 1 Mose 1,4 und an einer späteren Stelle in der Bibel verwendeten Begriffe »Licht« und »Finsternis« auf Erscheinungen beziehen, wie sie der Mensch wahrnimmt.[1] Das bedeutet: Licht ist Helligkeit, Finsternis hingegen die Abwesenheit von Helligkeit. Bei der Finsternis in 1 Mose 1,2 aber handelte es sich nicht lediglich um eine Abwesenheit von Helligkeit. Hier bezieht der Begriff die Bedeutung der elementaren Energiequelle mit ein. Gerade in jener Finsternis, sagen die Bibelkundigen, habe sich die Quelle der Energie befunden, welche später jenen Kräften den Anstoß verleihen sollte, die zum Leben führten. Überdies ist die Bedeutung von »hošek« (hebräisch für »Finsternis«, »Dunkelheit«) laut Jesaja 45,7 nicht einfach »Abwesenheit von Helligkeit«; vielmehr handelt es sich hier um eine geschaffene Substanz, möglicherweise *die* geschaffene Substanz des Universums: »Ich [der Herr], der ich das Licht *bilde* und die Finsternis [hošek] *schaffe.*« Das heißt: Nicht das Licht wurde geschaffen, sondern die Finsternis. Die Finsternis war ein »schwarzes Feuer«, eine Art von Energie, die kein Licht abgab, so wie die Fläche des Universums schwarz war, solange sich Photonen und freie Elektronen in einem verworrenen Durcheinander aufeinanderprallender Energien vermischten.

Als der unaufhörliche Beschuß durch Photonen aufhörte, konnte die jetzt aus etwa drei Vierteln Wasserstoff und einem Viertel Helium bestehende Materie damit beginnen, sich zusammenzuballen, Galaxien und Sterne zu bilden. Aber Leben, so wie wir es kennen, konnte noch nicht entstehen, denn dazu ist mehr als Wasserstoff und Helium vonnöten. Noch existierten weder die für das Leben unentbehrlichen Elemente Kohlenstoff, Stickstoff, Eisen und Jod noch schwere Elemente wie Gold und Uran. Vorerst bestand das Universum aus Wasserstoff, Helium, Photonen und Neutrinos.

Während Äonen dahingingen, schuf die Schwerkraft die Bedingungen für die Synthese neuer und schwerer Elemente. Die von der Schwerkraft bewirkte gegenseitige Anziehung gasförmiger Nebel aus Ur-Wasserstoff und Ur-Helium führte allmählich zur Bildung von Klumpen. Der zunehmende Druck in ihrem Inneren preßte die Kerne des Wasserstoffs und Heliums immer fester zusammen, bis sie zu verschmelzen begannen. Die Sterne, die atomaren Hochöfen, die unseren Himmel mit Lichtpunkten übersäen, waren entzündet. Im Inneren der Sterne waren die im jungen Universum entstandenen Elemente Wasserstoff und Helium so hoch konzentriert, und es herrschte ein so starker Druck, daß leichte Atome miteinander verschmelzen konnten. Dieser Verschmelzung in den Sternen entstammten – und entstammen – alle in unserem Universum vorhandenen Elemente (außer Wasserstoff und Helium). Sie sind ähnlich aufgebaut, wie ein Kind mit Legosteinen immer größere Häuser errichtet, bis das Ganze schließlich so hoch wird, daß es zusammenbricht.

Kurz nach dem Urknall existierte die Materie des Universums nur als massiver Nebel. Es dauerte mehrere Milliarden Jahre, bis aus diesem Nebel Sterne und Galaxien entstanden. Die neuen Elemente wurden im Inneren der Sterne festgehalten.

Sobald Helium und Wasserstoff zu schwereren Elementen verschmolzen sind und das atomare Brennmaterial aus Wasserstoff und Helium verbraucht ist, wird keine Energie mehr freigesetzt. Diese Energie hatte die Stütze für die äußeren Schichten des Sterns gebildet, ohne die er zusammenbricht. Dadurch, daß die gesamte Masse des Sterns auf seine Mitte zustürzt, wird ein Energieimpuls frei, der als gewaltige Druckwelle von der Mitte zurückprallt. Die äußeren Schichten des Sterns werden zerstört und ergießen ihren Vorrat an neu entstandenen Elementen in den Raum. Über lange Zeiträumc hinweg schließen sich diese Elemente zu weiteren Sternensystemen zusammen, wobei sie die im Raum enthaltene Materie noch einmal verwenden. Unser

Sonnensystem ist ein Beispiel für eine solche erneute Verwendung von Materie. Wir bestehen aus wiederverwendetem Sternenstaub. Es gibt keine andere – mit unserem Verständnis kosmologischer Prozesse zu vereinbarende – Möglichkeit, die Herkunft der Fülle an Elementen in unserem Universum zu erklären, die schwerer als Helium sind.

Gemäß den für unsere Welt gültigen Gesetzen der Physik und Chemie dauerte die Entstehung der in unserem Sonnensystem enthaltenen Elemente im zeitlichen Bezugssystem unseres Universums viele Milliarden Jahre – in Gottes Bezugssystem dagegen bis zum Ende des dritten Tages. Während dieser ganzen Zeit dehnte sich das Universum ununterbrochen aus. Bis sein Vorrat an für das Leben unerläßlichem Licht und schweren Elementen unser Sonnensystem hervorbringen konnte, hatte es beträchtliche Ausmaße angenommen und ein hohes Alter erreicht.

Überraschend lehrte schon Rabbi Abahu, ein jüdischer Bibelgelehrter aus dem 5. Jahrhundert: »Daraus [nämlich, daß die Sonne am vierten Tag auftrat] erfahren wir, daß der Anbetungswürdige während der ersten drei Tage ... damit beschäftigt war, Welten zu schaffen und zu zerstören.«[2] Gedanken dieser Art, zu denen die Ergebnisse der Astrophysik so gut passen (ohne daß irgendein erkenntnisleitendes Interesse im Spiel ist), charakterisieren die Sichtweise dieser Bibelgelehrten vom frühen Universum. Natürlich darf man nicht erwarten, daß Rabbi Abahu zu einer Zeit, die nichts von Radioastronomie und Spektralphotometrie wußte, von einer Wiederverwendung des Heliums im Inneren von Gestirnen spricht. Die Fachsprache der Naturwissenschaft hatte noch nicht Eingang in die Sprache der damaligen Menschen gefunden.

»Im Anfang schuf Gott *die* Himmel und *die* Erde« (1 Mose 1, 1).

Daß in 1 Mose 1, 1 ein einfaches, aus zwei Buchstaben bestehendes hebräisches Wort (»et«), eine Partikel, welche in etwa die Funktionen unserer Artikel übernimmt[3], mehr als einmal verwendet wird, veranlaßt den Talmud[4] zu erläutern: »Der anfängliche Akt der Schöpfung hielt das Potential für alles bereit, was das Universum je enthalten wird.« Diesen einzigen Schöpfungsakt bestätigend, heißt es in Jesaja 48,13: »Hat doch meine Hand die Erde gegründet und meine Rechte die Himmel ausgespannt. Ich rief ihnen zu: allzumal standen sie da.« Damit aus diesem Potential der Schöpfung substanzhaltige Materie entstehen konnte, war Zeit nötig. Das zeigt sich an der geringfügigen, aber wichtigen Veränderung im Wortlaut zweier Bibelverse. Man vergleiche: »Im Anfang *schuf* Gott die Himmel und die Erde« (1 Mose 1, 1) mit »Denn in sechs Tagen *machte* der Herr Himmel und Erde« (2 Mose 20, 11).

Alles wurde im »Anfang« *geschaffen.* Aber nach dem Schöpfungsakt waren sechs Tage des *Machens* erforderlich, um »Himmel und Erde, das Meer und alles, was in ihnen ist«, zu bilden (2 Mose 20,11). Sechs Tage in Gottes Bezugssystem von Raum und Zeit und fünfzehn Milliarden Jahre in unserem.

In Anbetracht der Bedingungen, die unmittelbar nach dem Urknall herrschten, mußte nach den Gesetzen der Physik eigentlich entweder ein vorwiegend aus schweren Elementen bestehendes Universum entstehen oder ein mit so weithin verstreuter Materie angefülltes, daß sich Sterne und Galaxien nie hätten bilden können. Dafür sind Kräfte erforderlich, wie sie sich heute nicht beobachten lassen – höchstens als Symbole in den Tafelanschrieben theoretischer Physiker. Damit unser Universum unter den Bedingungen und aus der Substanz entstehen konnte, wie sie in der ersten millionstel milliardstel milliardstel milliardstel Sekunde nach dem Urknall existierten, mußte es ein einziges Mal zu einer Homogenisierung kommen, die den Verlauf der Ausdehnung des Universums vorgab. Erstmals hatte 1979 Alan Guth vom M. I. T. eine theoretische Aussage zu dieser einzigartigen Homogenisierung formuliert. Er sprach von einem Modell der *Aufblähung*[5].

10^{-35} Sekunden nach dem Urknall hatte das Universum einen Durchmesser von 10^{-24} Zentimetern. Während eines unvorstellbar kurzen Sekundenbruchteils trat eine einzigartige, *einmalige*

Kraft – eine Art Antischwerkraft – auf und bewirkte, daß sich das Universum mit einer Geschwindigkeit ausdehnte, die bei weitem alles übertraf, was es je vor oder nach diesem Ereignis gab. In dieser kurzen Zeitspanne schwoll das Universum auf die Größe einer Pampelmuse an.

Auch die Bibel weist in 1 Mose 1, 2 auf diese einmalige Aufblähung hin. »... und Finsternis lag auf der Tiefe [der anfangs geschaffene Urraum], und ein Wind Gottes [eine einmalige Kraft, die in der gesamten Genesis ausschließlich an dieser Stelle erwähnt wird] wehte über das Wasser [das einheitliche Ausgangsmaterial, aus dem Himmel und Erde und alles, was sie enthielten, hergestellt werden sollten].«

Die Darstellung der kosmologischen Theorie dieser kurzen und rasch erfolgenden Ausdehnung des Universums scheint Naturwissenschaftliches mit Biblischem zu verknüpfen. In jenem kurzen Augenblick nach dem Urknall war die gesamte Masse des im Universum enthaltenen Energie-Materie-Kontinuums an einer einzigen Stelle konzentriert. Nimmt eine ungeheure Masse ein geringes Volumen ein, kann die von ihr erzeugte Schwerkraft so gewaltig sein, daß sich ihr nichts zu entziehen vermag – nicht einmal das Licht. Kosmologen nennen so etwas ein »schwarzes Loch«. »Schwarze Löcher« hat man erst vor zwanzig Jahren wissenschaftlich nachgewiesen. Sie saugen in sich hinein, was in ihre Nähe kommt, ob Materie oder Licht. Solche »schwarzen Löcher« entstehen, wenn ein Stern mit einer etwa zehnmal größeren Masse als der der Sonne den größten Teil seines atomaren Brennstoffs verbraucht hat. Der dann eintretende Abkühlungsprozeß läßt die Kernmasse des Sterns in Richtung auf dessen Mittelpunkt hin zusammenstürzen. Dabei wird die Konzentration der Materie so stark, daß ihre Schwerkraft die gesamte Masse, einschließlich der Photonen, in die Mitte des Sterns reißt. Nichts bleibt davon verschont. Schwärze herrscht.

Als sich unmittelbar nach ihrer Entstehung die gesamte Materie an einer Stelle konzentriert befand, waren die Bedingungen für ein »schwarzes Loch« außerordentlich günstig. Tatsächlich heißt es in der Bibel: »Finsternis lag auf der Tiefe.« Und was geschah dann? Man achte genau auf die Struktur des Textes, der nachstehend wörtlich aus dem hebräischen Original übersetzt ist: »Und Finsternis lag auf der Fläche der Tiefe, und ein Wind Gottes wehte über das Wasser.« Kein neuer Satz wird begonnen, obwohl zwischen den Aussagen zur Finsternis und dem Wind Gottes eine grammatische Pause liegt. Eine Kraft, eben dieser »Wind Gottes«, war als Anstoß der Bewegung, der Expansion des »schwarzen Lochs« – des ganzen Universums – erforderlich.

Der »Wind Gottes« in 1 Mose 1, 2 ist etwas anderes als der starke Ostwind, der das Meer vor dem Volk Israel trockenlegte, als es aus Ägypten zog (2 Mose 14, 21): »Und Mose reckte seine Hand aus über das Meer, und der Herr trieb das Meer die ganze Nacht durch einen starken Ostwind zurück und legte das Meer trocken; und die Wasser spalteten sich.« Bei diesem Auszug der Kinder Israels aus Ägypten wird unmißverständlich ein physikalisches – allerdings von Gott bewirktes – Phänomen beschrieben: ein Wind, bei dem sich die Luft bewegt. Hier in der Schöpfungserzählung, erläutert Maimonides, wäre die einem natürlich verstandenen Wind (im Hebräischen steht »merahefet«) zugeschriebene Wirkung nicht nachvollziehbar.[6] Das hebräische Wort »merahefet« bedeutet »oberhalb schwebend«, wie ein Vogel über seinen Jungen im Nest (vgl. 5 Mose 32, 11), nicht aber »wehen«. Der Wind in »der Wind Gottes« bedeutet soviel wie »Geist« (Kohelet 12, 7), »göttliche Inspiration« (4 Mose 11, 17) oder »Gottes Wille« (Jesaja 19, 3). Höchst bedeutsam ist, daß dieser Begriff »Wind Gottes« in der Genesis nur ein einziges Mal verwendet wird.[7]

Astrophysiker sind außerstande, eine überzeugende Erklärung für das auslösende Moment dieses Auswärtsstrebens der Materie zu liefern. Aber sie setzen für einen sehr frühen Zeitpunkt im Leben unseres Universums eine *einmalige*, neuartige Art von Kraft an, einen »Zeitraum der Aufblähung«.

Das macht beim Auftreten des Lichts aus der Finsternis den Vergleich zwischen Theologie und Kosmologie so interessant: Physiker bemühen zur Erklärung von Phänomenen so gut wie nie einmalige Ereignisse – so etwas riecht zu sehr nach einem

»Schummelfaktor«. Dennoch setzen Naturwissenschaft wie Bibel für diesen kritischen Zeitpunkt in der Geschichte unseres Universums ein solches Ereignis an. Biblisch gesprochen war es ein »Wind Gottes«, auf hebräisch eine »ruach elohim«[8], und in der Sprache der Naturwissenschaft ein »Zeitraum der Aufblähung«.

Naturwissenschaft und Bibel stimmen auch darin überein, daß dieser »Zeitraum der Aufblähung« das Licht nicht sogleich hervorgebracht hat. Die Bibel markiert das anhand eines neuen Satzes, der das Auftreten des Lichts beschreibt (1 Mose 1, 3). Hierbei handelt es sich um die erste Erwähnung des Lichts in der Bibel. Die Kosmologie spricht von Photonen, die in einem Chaos von Zusammenstößen mit den freien Elektronen eingeschlossen sind; bevor Licht hervorbrechen konnte, mußten die Photonen erst frei werden: ein Vorgang, der Zeit brauchte.

Als Licht und Materie voneinander geschieden waren, konnte die Materie verschmelzen. Milliarden Jahre vergingen: im Zeitsystem des Schöpfers ein Tag. Diffuse Materie ballte sich zusammen. Lichtoasen bildeten sich in der ungeheuren Weite des finsteren Raums. Sterne, Planeten und das Leben waren auf ihrem Weg.

6

Abend und Morgen: Vom Chaos zur Ordnung

Und Gott sah an alles, was er gemacht hatte, und siehe, es war eine geeinte Ordnung.

1 Mose 1, 31, Targum Onkelos[1]

»Und es ward Abend, und es ward Morgen.« Mit dieser geringfügigen Veränderung nur eines Wortes hebt der Satz die sechs Schöpfungstage jeweils voneinander ab.

Kommentatoren der ersten drei Verse des 1. Buchs Mose haben sich gefragt, wie es zum »Ablauf« von Abend und Morgen und des jeweiligen »Tages« kommen konnte – vor allem an den ersten beiden Tagen der Schöpfung, als es – auch wenn man den Text wortwörtlich liest – weder Sonne noch Erde gab und damit auch keine Möglichkeit, den Zeitablauf zu messen.

Die Sequenz, in der ein Tag mit dem Abend beginnt, folgt der biblischen Vorstellung eines Tages. So heißt es ausdrücklich zum Versöhnungstag Jom Kippur: »Ein feierlicher Sabbat soll er euch sein ... und [ihr sollt] diesen Ruhetag halten vom Abend an bis wieder zum Abend.« Der Feiertag beginnt mit dem Abend und dauert bis zum darauffolgenden Abend. Die Frage bleibt, warum sich die Genesis für die ersten Tage »irdischer« Kategorien wie Abend und Morgen bedient, zumal es anfangs keine Erde gab!

Die alten Bibelgelehrten besaßen ein hochentwickeltes Verständnis für den Tag-Nacht-Zyklus auf der Erde. Nachmanides drückt es so aus: »Auf der Erde sind Abend und Morgen stets gegenwärtig. Es gibt in jedem Augenblick andere Orte auf der Erde, an denen es Morgen ist, und an den ihnen gegenüberliegenden Orten ist Abend.«[2] Das beweist – und zwar in einer Phase der Menschheitsgeschichte, da der größte Teil der Bewohner der westlichen Welt Angst hatte, vom Rand der flachen Erdscheibe herunterzufallen – ein durchaus tieferes Verständnis von der Art und Weise, wie die Sonne über einer kugelförmigen Erde leuchtet.

Nachmanides erläutert, jeder der sechs Schöpfungstage habe vierundzwanzig Stunden gedauert. Wie wir im zweiten Kapitel gesehen haben, gilt das für das Raum-Zeit-Bezugssystem des Schöpfers. Aber selbst wenn jeder dieser Zeiträume einen Tag umfaßte, wenn auch einen Tag Gottes – warum wird dann für jeden der Satz wiederholt: »... es ward Abend, und es ward Morgen«?

Nachmanides löst dieses Rätsel unter Zuhilfenahme der Übersetzung des Onkelos mit einem hervorragenden Gespür für die Sprache der Bibel. Seine Deutung entspringt einer umfassenden Kenntnis des Hebräischen; in der Anordnung der hebräischen Wörter und in deren Wurzeln fand er schließlich die Lösung.

»Abend« heißt im Hebräischen »erev«, wobei die Wurzel des Wortes Konnotationen enthält, die weit über den Sonnenuntergang hinausgehen. Was sehen wir abends? Die Dunkelheit setzt ein. Gegenstände werden unscharf, lassen sich schlechter wahrnehmen. Die Wortwurzel von »erev« bedeutet genau das: »Durcheinander, im Zustand der Unordnung befindlich«.

»Morgen« heißt im Hebräischen »boqer«, das genaue Gegenteil von »erev«. Der Morgen bringt das erste Licht. Im Dunkel der Nacht vom Auge nicht zu unterscheidende Gegenstände werden erkennbar, und das ist auch die dem Wort »boqer« zugrundeliegende Bedeutung: »wahrnehmbar«, »erkennbar«, »geordnet«.[3] Hätte es im Text umgekehrt geheißen: »Und es ward Morgen, und es ward Abend«, hätte das unserem Verständnis von der Spanne eines Tages entsprochen. Zumindest wäre in dieser Abfolge das Tageslicht enthalten gewesen. Doch damit hätte der Text seine kosmische Botschaft eingebüßt. Er teilt uns etwas Entscheidendes mit: nämlich, daß innerhalb des Zeitraums, in dem der Mensch auf den Plan treten sollte, ein systematischer Strom von der Unordnung zur Ordnung existierte – vom Chaos oder »Abend« hin zum Kosmos oder »Morgen«.

Um wirklich würdigen zu können, wie ungewöhnlich dieses Strömen von der Unordnung zur Ordnung war, müssen wir uns an dieser Stelle ein umfassenderes Verständnis von den Gesetzen der Thermodynamik und insbesondere der Entropie aneignen.

Entropie: Chaos aus der Ordnung

Die Ordnung, die wir um uns herum sehen, dieses ausgeklügelte Arrangement anorganischer Stoffe und organischer Moleküle zu einer Symphonie des Lebens, führt in die Irre, wenn wir sie auf das Universum als Ganzes anwenden. Im Universum herrscht eine Tendenz zum Chaos, und eigentlich müßte die Welt einem »Wärmetod« zustreben.

Bei allem, was geschieht – ob es eine eigendynamische atomare Reaktion oder eine komplexe menschliche Handlung ist –, wird ein gewisser Anteil an Energie oder Materie oder beides aus einem geordneten, potentiell nützlichen Zustand in einen willkürlichen, chaotischen Zustand übergeführt und kann nicht mehr nutzbar gemacht werden.

Die Energiestufe eines Systems – ob es sich dabei um ein Bakterium oder eine Galaxie handelt – läßt sich mittels seiner thermodynamischen Eigenschaften beschreiben. Die Aussagen, zusammengefaßt in den drei *Hauptsätzen der Thermodynamik*, besitzen für alle bisher beobachteten Zustände Gültigkeit.

Der erste Hauptsatz besagt, daß in einem abgeschlossenen System die Summe der Energie und Masse unabhängig von den in diesem System stattfindenden Reaktionen konstant bleibt. Ein praktisches Beispiel: Wird in einem isolierten Behälter heißes Wasser mit kaltem vermischt, kühlt das heiße Wasser ab, und das kalte erwärmt sich – die Gesamtwärmemenge aber bleibt unverändert. Die Moleküle des heißen Wassers bewegen sich rasch und wahllos innerhalb der Flüssigkeit. Auch die Moleküle des kalten Wassers bewegen sich wahllos, aber langsamer. Die Temperatur einer Flüssigkeit oder eines Gegenstandes wird also von der Geschwindigkeit dieser Molekularbewegung, der kinetischen Energie der Moleküle, bestimmt. Letzten Endes ist Wärme nichts anderes als Molekularbewegung. Bei der Vermischung dieser sich rasch bewegenden heißen Moleküle mit den sich langsamer bewegenden Molekülen des kalten Wassers kommt es durch zufällige Zusammenstöße zwischen den beiden Gruppen bald zu einer gleichmäßigen Verteilung der Energie, so daß sich schließlich alle mit gemäßigter Geschwindigkeit bewegen. Bei der Vermischung der beiden Mengen hat die geringe Energie des kalten Wassers einen Anteil der hohen Energie des heißen Wassers übernommen und abgeschwächt, ohne daß sich dabei die Gesamtmenge der im System enthaltenen Wärme oder Energie verändert hätte.

Dieser erste Hauptsatz der Thermodynamik führt uns zum Gesetz von der zunehmenden Entropie. Darauf wiederum bezieht sich der zweite Hauptsatz der Thermodynamik. Hier eine einfache Möglichkeit, sich die Hauptsätze der Thermodynamik zu merken: Wenn es im ersten heißt, man könne nicht gewinnen, lautet der zweite, daß man nicht aufholen kann. (Der dritte teilt uns mit, daß wir aus dem Spiel nicht mehr herauskommen!)

Ist ein Becher heißes Wasser erst einmal mit einem Becher kaltem Wasser vermischt, gibt es keine Möglichkeit mehr, ohne zusätzlichen Energieaufwand die nunmehr lauwarmen Moleküle wieder voneinander zu trennen und in ihren ursprünglichen Zustand sehr heißer bzw. sehr kalter Moleküle zurückzuführen. (»Heiß« und »kalt« ist hier nicht im üblichen Sinne gemeint, sondern besagt, daß die Moleküle mehr oder weniger kinetische Energie besitzen.) Die nutzbare Form von Energie im heißen Wasser läßt sich lediglich dadurch zurückgewinnen, daß wir dem System weitere Energie zuführen. Jede Aktivität, ob auf chemischer, physikalischer oder auf der Ebene des Atomkerns, bewirkt eine Verringerung der für weitere Aktivität nutzbaren Energiemenge.

In der Sonne wandeln Kernreaktionen Sonnenmasse in Energie um, die durch den Weltraum zur Erde geht und sie erwärmt. Es gibt effektiv keine Möglichkeit, die geringere Wärme der Erde zurück in die Elemente zu verwandeln, welche die anfänglichen Kernreaktionen hervorgerufen haben. Die Summe von Masse und Energie in unserem Universum bleibt unverändert – so der erste Hauptsatz der Thermodynamik –, doch das Potential im Kosmos, nutzbare Energie in Form hoher Temperatur zu erzeugen, verringert sich ständig. Sterne, die einst mit weit höheren Temperaturen als die Sonne brannten, sind heute erkaltete Eisenklumpen, weil ihre atomare Energie verbraucht ist.

Unter der Voraussetzung eines abgeschlossenen Systems strebt das Universum dem absoluten Nullpunkt entgegen, an welchem die Temperatur minus 273 °C beträgt. Wird sie erreicht, ist keine weitere Arbeit im physikalischen Sinn mehr möglich, denn es gibt dann kein Temperaturgefälle mehr für einen Wärmeübergang von heiß nach kalt. Wenn das Potential für Arbeit im physikalischen Sinn erschöpft ist, tritt der Wärmetod unseres Universums ein.

Für den Übergang konzentrierter und organisierter Energieformen hin zu einer eher zufälligen Verteilung der Energie ist die Bezeichnung »Zunahme der Entropie im System« üblich. Diese Zunahme der Willkürlichkeit der Anordnung, wie man auch sagen könnte, erkennen wir in allen beobachtbaren Systemen. Das Universum strebt zum Chaos hin, nicht zur Ordnung.

Gleichwohl sind in einem begrenzten Teil des Universums wohlgeordnete Strukturen aufgetreten. Die augenfälligsten Beispiele sind wir Menschen und unsere Lebenssysteme. Aber auch schon die Systeme der einfachsten einzelligen Bakterien oder Algen sind so ungeheuer komplex, daß man die Gültigkeit des zweiten Hauptsatzes der Thermodynamik in Frage stellen möchte. Erst wenn wir die Lebensprozesse im Zusammenhang mit ihrer Umgebung sehen, offenbart sich die Zunahme der Entropie.

Die Sonne heizt einen Teich mit Solarenergie auf. Um aus dem Chaos der im Wasser enthaltenen anorganischen Moleküle die geordneten Proteine und Kohlenhydrate einer Zelle aufzubauen, nimmt die Alge die Energie des Lichtes auf und wandelt sie in chemische Energie um. Die chemische Energie wird genutzt, um den im Wasser enthaltenen Wasserstoff zu reduzieren und mit Kohlendioxid zu kombinieren, so daß schließlich Glukose entsteht. Bei jeder dieser Reaktionen tritt als Abfallprodukt Wärme auf.

Wir Menschen verhalten uns nicht anders. Die Wärme, die als Abfallprodukt der biochemischen Reaktionen unseres Körpers anfällt, nutzen wir, um ihn auf der Temperatur von 36,7 °C zu halten, weil sie für die biochemischen Abläufe optimal ist. Wie aber kommt es, daß wir in einem auf 36,7 °C aufgeheizten Raum selbst dann heftig schwitzen, wenn wir uns nicht bewegen? Müßten wir uns nicht bei einer solchen Lufttemperatur rundum wohl fühlen, wo doch bei kaltem Wetter unser Körper genau diese Temperatur zu halten versucht? Sicher – wenn nicht die Entropie unausweichlich zunähme. Auch wenn wir uns nicht bewegen, erzeugen die Stoffwechselprozesse in unserem Körper so viel zusätzliche Wärme, die unwiederbringlich verlorengeht, daß wir ein eigenes System, nämlich das der Schweißabsonderung, entwickelt haben, um diese Überschußwärme auf dem Weg der Abkühlung durch Verdunstung abzuführen.

Jetzt aber kommt die Kernfrage: Wenn der allgemeine Trend hin zum Chaos geht, wieso gibt es dann überhaupt Ordnung? Warum strebt dann nicht alles zur Unordnung?

Zwar fällt die außergewöhnliche Vielfalt des Lebens auf, doch findet sich selbst in anorganischer Materie eine eindrucksvolle Ordnung. Das Salz aus dem Wasser des Toten Meeres beispielsweise weist, unter ausreichend starker Vergrößerung betrachtet, eine regelmäßige und geordnete Kristallstruktur auf. Entsprechendes gilt für Quarz und Schnee.

Auf atomarer Ebene herrscht eine noch bedeutendere Gesetzmäßigkeit. Alle Atome des Elements Kohlenstoff verfügen in ihrem Kern über sechs Protonen; das definiert sie als Kohlenstoff. Alle Uranatome besitzen 92 Protonen. Wenn wir Natrium verbrennen, zeigt das dabei auftretende Licht stets bestimmte Farbfrequenzen. Eine Kohlenstoffflamme hat andere, aber ebenfalls genau festgelegte Spektrallinien. Diese Spektralfarben gehen auf die festgelegten und genau vorausberechenbaren Umlaufbahnen der Elektronen in den jeweiligen Atomen zurück.

Das Muster der Spektralfarben eines bestimmten Elements ist hier auf der Erde das gleiche wie im Licht von Galaxien, die so weit entfernt sind, daß zwischen seiner Ausstrahlung dort und seinem Eintreten auf der Erde Jahrmilliarden vergehen. Diese räumliche und zeitliche Übereinstimmung von Spektralmustern gibt zu erkennen, daß in den physikalischen Gesetzen eine universale Übereinstimmung herrscht.

Die der Materie innewohnenden Eigenschaften, die den geordneten Aufbau der Materie unseres Universums ermöglichen, gehen auf eine starke und eine schwache Wechselwirkung zurück: die elektromagnetische Kraft und die Anziehungskraft. Das Vorhandensein dieser Kräfte im Universum ist nicht zwangsläufig. Andernfalls wäre die Materie dem Chaos statt der Ordnung unterworfen gewesen, wie die Wärme. Materie aber kann sich selbst organisieren, wozu Wärme nicht imstande ist.

Das Universum hätte also ohne weiteres die Masse sich willkürlich bewegender Elektronen, Protonen und einer Fülle subatomarer Teilchen bleiben können, die im Urbeginn existierten. In diesem Fall wären wir jetzt nicht da, um uns zu fragen, ob nicht hinter der »Formierung« unseres Universums ein tieferer Sinn steckt. Dem Verfasser des 1. Buchs Mose erschien das Hinströmen zur Ordnung so wichtig und außergewöhnlich, daß er es mit Hilfe der wiederkehrenden Wiederholung von »Und es ward Abend, und es ward Morgen« betonte.

Die Unterteilung der in der Schöpfungserzählung beschriebenen Ereignisse in Tage, die von »erev« (Abend) und »boqer« (Morgen) begrenzt werden, ist ein anschauliches Modell. Das Geheimnis liegt freilich in der Grundbedeutung der Wörter. Wir wollen mit Hilfe der Grundbedeutungen von »erev« und »boqer« zusammenfassen, was wir über das sich ausdehnende Universum und die Entropie dargelegt haben. Daraus ergibt sich ein kompaktes sinnvolles Ganzes.

Im Urbeginn herrschte Chaos in der kosmischen Suppe vermischter hochkonzentrierter Energie und Materie. Um die für das Leben erforderlichen Vorgänge zu initiieren, gab es weder schwere Elemente, welche die große Hitze radioaktiven Zerfalls hätten freisetzen können, noch energiehaltige chemische Stoffe. Trotzdem befand sich die Energie des Universums wegen ihrer hohen Konzentration im Zustand geringer Entropie. Diese hohe Konzentration spiegelt sich in der Temperatur 10^{32} K. Das Potential, diese Hitze für Arbeit im physikalischen Sinn zu nutzen, war nie wieder so groß wie zu jenem Zeitpunkt, und mithin war die Entropie nie wieder so gering wie damals. Diese anfängliche Konzentration von Energie hat das Universum seit seiner Entstehung in Gang gehalten.

Mit der Ausdehnung des Universums verringerte sich die Konzentration der Energie. Die Temperaturen sanken. Wie wir gesehen haben, beträgt die durchschnittliche Photonentemperatur heute bloße 3,5 K. Die Entropie im gesamten Raum des Universums hat zugenommen – doch nicht gleichmäßig. An vielen Orten im sich ausdehnenden Raum unseres Universums schufen jene Grundmerkmale, die aller Materie bei ihrer Entstehung mitgegeben wurden – nämlich die nuklearen Kräfte, die elektromagnetische Kraft und die Schwerkraft –, eine lokal begrenzte Ordnung. Materie begann sich mit Materie zusammenzuschließen. Licht und Materie trennten sich voneinander.

Beim Urknall wurde die vorhandene Energie umgewandelt – teils in kinetische Energie, die dafür sorgte, daß aus dem innersten Kern Masse herausgeschleudert wurde, und teils in zunehmende potentielle Energie, die an der Trennung der Massen mitwirkte, während sich diese im Raum verteilten. Die Anziehungskraft hat diese potentielle Energie verwertet. Unter ihrem Einfluß konnten sich diffuse Nebel galaktischer Gase so lange zusammenziehen, bis sie deutlich unterscheidbare Sterne und Galaxien bildeten.

Dadurch, daß an einzelnen Stellen Materie aus verschiedenen

Richtungen konzentrisch zusammenströmt, entstehen hohe Geschwindigkeiten und Drücke, die steigende Hitze erzeugen. Bei etwa einer Million Kelvin erreicht die Geschwindigkeit der Atomkerne einen Wert, der beim Zusammenstoß mit anderen Kernen eine Kernverschmelzung ermöglicht. Aus Wasserstoff entsteht Helium, und aus diesem entstehen schwerere Elemente. Im Verlauf dieses Verschmelzungsprozesses wird ein Teil der Masse in reine Energie umgewandelt. Damit ist ein atomarer Hochofen entzündet. Ein Stern ist entstanden. An solchen lokal begrenzten Stellen im Raum ist es in dem ansonsten inzwischen erkalteten Universum wieder zu hohen Temperaturen gekommen.

In gewissem Sinne hat der Urknall seine Energie in das Herausschleudern von Materie investiert. Die Anziehungskraft hat dazu beigetragen, diese Energie zum Teil zurückzugewinnen, indem sie im weiteren Verlauf heiße Stellen schuf, die wir als Sterne bezeichnen. Die Kraftquelle der Lebensprozesse entstammt dieser Rückgewinnung von Energie und Materie.

Der Text der Bibel beschreibt diesen an einzelnen Stellen im Universum stattfindenden Aufstieg von niederer zu höherer Ordnung als ein Hinströmen vom Abend zum Morgen, von »erev« zu »boqer«. Noch vor der Entstehung der griechischen Sprache, bevor jemand zum ersten Mal die Wörter »chaos« und »kosmos« schrieb, war diese schrittweise Hinbewegung zu einer geordneten Welt in der bedeutungsschwangeren Ausdrucksweise von »Abend« und »Morgen« eingefangen worden.

Ein alter Text, die Übersetzung der Schöpfungserzählung durch Onkelos, liegt ganz auf dieser Linie. Die immer wiederkehrende Formel »Es war gut« wird in der Bibel im Rahmen der sechs Tage Schöpfung immer dann verwendet, wenn der Schöpfungsprozeß einer bestimmten Wesenheit oder bestimmter Wesenheiten beendet war und ein dauerhaftes Ergebnis gezeitigt hatte. Lediglich am zweiten Tag findet sich diese Formel nicht. An jenem Tag wurde mit Hilfe der Feste das Wasser geschieden, doch erst am dritten Tag erfolgte die »Zusammenfassung« der Wasser der Tiefe zu Meeren. Ab diesem Augenblick heißt es: »Es war gut« (1 Mose 1, 10).

In den ersten dreißig Versen der Genesis übertrug Onkelos den Passus »Und es war gut« jedesmal buchstabengetreu. Am sechsten Tag, als die Erschaffung des Universums vollendet ist, heißt es wörtlich aus dem Hebräischen übersetzt: »Und es war sehr gut« (1 Mose 1, 31). Onkelos jedoch wich hier, wobei er sich auf eine unbekannte Quelle stützte, radikal von seinem vorgegebenen Pfad ab – und das ist bei ihm selten – und deutete das »Und es war sehr gut« im Sinne von »Und es war eine geeinte Ordnung«[4]. Onkelos vor 1800 Jahren wußte, daß der im Anfangskapitel des 1. Buchs Mose dargestellte Ablauf als wiederholter Übergang von Abend zu Morgen weit mehr war als eine Mengenzunahme, wie sie eine vergrößerte Anzahl der Sterne oder der Tierarten erkennen ließ, die entstanden waren, während das Universum von »ganz ordentlich« über »gut« zu »sehr gut« voranschritt. Er hat erfaßt, daß es in Wahrheit zu einer *qualitativen* Veränderung im Wesen des Universums gekommen war, zu einem Übergang von der Unordnung, in der das Leben keine Existenzmöglichkeit hat, zu einer Ordnung, in der es Leben gibt.

»Und Gott sprach: Lasset uns Menschen machen, ein Bild, das uns gleich sei, die da herrschen über die Fische im Meer und über die Vögel unter dem Himmel und über das Vieh und über alle Tiere des Feldes und über alles Gewürm, das auf Erden kriecht. Und Gott schuf den Menschen zu seinem Bilde, zum Bilde Gottes schuf er ihn; und schuf sie als Mann und Weib. Und Gott segnete sie und sprach zu ihnen: Seid fruchtbar und mehret euch und füllet die Erde und machet sie euch untertan und herrschet über die Fische im Meer und über die Vögel unter dem Himmel und über das Vieh und über alles Getier, das auf Erden kriecht. ... Und Gott sah an alles, was er gemacht hatte, und siehe, es war sehr gut. Und es ward Abend und ward Morgen, der sechste Tag« (1 Mose 1, 26–28. 31).

7

Die Entstehung des Lebens: Zufall und Wahrscheinlichkeit

Was die Entstehung von Leben betrifft, vollbringt die Zeit die Wunder. Sie ist der eigentliche Held im Stück.

George Wald

Zufällig ablaufende Ereignisse können nicht zur Entstehung des Lebens geführt haben, jedenfalls nicht in der verfügbaren Zeit.

Harold Morowitz

Sobald wir uns mit unserem kosmischen Ursprung beschäftigen, stoßen wir auf die Möglichkeit, daß der Übergang von unbelebter zu belebter Materie durch zufällig ablaufende, ungesteuerte chemische und physikalische Reaktionen herbeigeführt wurde. In den vorigen Kapiteln haben wir gesehen, daß physikalische Abläufe und chemische Reaktionen seit dem Urknall festgelegten Naturgesetzen unterliegen. Sofern wir glauben, daß die Entstehung des Universums auf ein Handeln Gottes zurückzuführen ist, könnten wir wegen der göttlichen Urheberschaft der Naturgesetze auch eine auf Zufall beruhende Entstehung des Lebens als gottgegeben ansehen. Immerhin hätten in diesem Fall die gottgegebenen Naturgesetze die Bedingungen herbeigeführt bzw. auf die Wechselbeziehungen eingewirkt, die zur Entstehung des Lebens führten, und nach wie vor wäre Gott die mittelbare Kraft, die hinter unserer Existenz steht.

Ob mit oder ohne Gott: Naturwissenschaftler wie Philosophen haben sich in puncto Zeitablauf auf das Ziel »Leben« hin für die Theorie zufallsbedingter Ereignisse entschieden. Sie haben erklärt, eine entsprechend große Anzahl zufällig entstandener Kombinationen der Materie führe zwangsläufig zur Entstehung von Leben – wenn genug Zeit zur Verfügung stehe.

Manchmal scheint es tatsächlich keinen besonders großen Unterschied zwischen Belebtem und Unbelebtem zu geben. Wachstum ist ja keineswegs ausschließlich dem Leben vorbehalten. Ein großer Salzklumpen im Toten Meer entsteht aus einem einzelnen Kristall, an dessen Oberfläche sich allmählich immer mehr Salz anlagert, das er aus seiner Umgebung gewinnt und der regelmäßigen Bildung von Kristallen unterwirft. Diese Reaktion geht auf elektrische Ladungen an der Oberfläche jenes Kristalls zurück, welche die einzelnen Atome an die jeweilige Stelle bringen. Gewiß, der Salzkristall wächst nur in dem Sinne, daß er eine ihm eigene Struktur – nämlich die kristalline – nahezu identisch zur ursprünglichen räumlichen Anordnung der Atome reproduziert, doch verfährt die einfache Lebensform, die wir als Viren kennen, durchaus ähnlich. Sie entnehmen der Wirtszelle, in die sie eingedrungen sind, das Zellmaterial, das sie benötigen, um völlig gleiche Kopien ihrer selbst herzustellen.

Aminosäuren dienen als Bausteine der Eiweiße. In den Zellen lebender Organismen wie Tiere und Pflanzen erzeugen Kleinstlebewesen diese organischen Moleküle. Im Jahr 1953 berichtete Stanley Miller über ein von ihm durchgeführtes Experiment, bei dem er durch ausschließlich nichtbiologische Reaktionen, die er zwischen einfachen anorganischen Molekülen ablaufen ließ, wie sie sich im ganzen Universum finden, Aminosäuren erzeugt habe.[1] Er wies nach, daß Aminosäuren, die Grundlage allen Lebens auf der Erde, ohne weiteres das Ergebnis zufällig ablaufender Reaktionen sein könnten. Ihre Bildung sei auf keinerlei übernatürliche Lenkung angewiesen.

Alles, was für die Reproduktion organischer Zellen erforderlich ist, findet sich in dem als Desoxyribonukleinsäure (DNS) und Ribonukleinsäure (RNS) bezeichneten Erbmaterial. Wir kennen seinen Ursprung nicht, doch scheinen seine Wirkungsmechanismen den Gesetzen der physikalischen Chemie zu folgen. DNS und RNS wählen aus dem Bestand der in einer Zelle vorhandenen organischen und anorganischen Bestandteile jene Moleküle aus, die zum Material des genetischen Kodes passen. Zwar leisten DNS und RNS den Aufbau komplexer Moleküle wie beispielsweise der Aminosäuren, qualitativ jedoch sind diese »Reproduktions«-Abläufe ebenso »ungeistig« wie das Wachsen eines anorganischen Minerals.[2]

Die einzelnen chemischen Reaktionen und physikalischen Vorgänge, um die es bei der Erhaltung des Lebens geht, ähneln unbestritten denen, die man bei unbelebten Substanzen findet. Offenkundig überschneiden sich Gesetzmäßigkeiten im Reich des Belebten und Unbelebten. Dennoch gibt es zwischen beiden einen Unterschied qualitativer Art.

Da das Leben von der Erde und aus dem Wasser stammt (1 Mose 1, 11. 10. 24), überrascht es nicht, daß es Ähnlichkeiten zwischen den Reaktionen organischer Stoffe und denen ihrer anorganischen Vorläufer gibt. Beide gründen sich auf die ihnen innewohnenden Merkmale, denen alle Materie unterworfen ist. Möglicherweise haben wir die Vorstellung vom Leben daraus gewonnen, daß Myriaden einzelner »natürlicher« Reaktionen zu einem zusammenhängenden Ganzen geordnet wurden. Sofern das zutrifft, stellt der biochemische »Organisator«, nämlich das Material des genetischen Kodes, einen Schlüssel dar für die von uns getroffene Unterscheidung zwischen belebt und unbelebt oder, in der Fachsprache der Naturwissenschaft, zwischen biotisch und abiotisch.

Die Aminosäuren in Millers Experimenten waren unbelebt. Doch auch dann, wenn seine Forschungsarbeit ein gegenteiliges Ergebnis gezeitigt hätte, müßte man nach wie vor fragen: Kann Leben aus zufällig zwischen anorganischen Molekülen ablaufenden Reaktionen entstehen? Die Bedingungen, unter denen Millers Experimente stattfanden, unterlagen obendrein keineswegs dem Zufall. Bei jedem war außerhalb des Reagenzglases »Leben« am Werk – der Forscher, der die »Umgebung« innerhalb des Reagenzglases äußerst gewissenhaft steuerte.

Die Ansicht, aus unbelebter Materie könne Leben entstehen, findet sich sowohl bei Menschen, die an die Erschaffung der Welt durch Gott glauben, wie auch bei solchen, die diesen Glauben nicht teilen. Man könnte vom Standpunkt der Bibel aus anführen, die Materie habe beim Schöpfungsakt die Kräfte des Lebens mitbekommen. Schließlich war die Erde am dritten Tag (1 Mose 1, 11–12) imstande, pflanzliches Leben »hervorzubringen«: »Und Gott sprach: Es lasse die Erde grünen Gras und Gewächs, das Samen trägt, fruchtbare Bäume, deren jeder seine besondere Art Früchte bringt, in welcher ihr Same sei auf Erden.« Obwohl Gott das Entstehen pflanzlicher Fülle auf der Erde gebietet, ist an jenem Tag keine Rede von *Erschaffung*. Dasselbe gilt für das Auftreten tierischen Lebens. Am vierten Tag wird es hell am Himmel, und am fünften Tag beginnt sich das Wasser mit Lebewesen zu füllen. »Und Gott sprach: Es wimmle das Wasser von lebenden Wesen« (1 Mose 1, 20). Auch hier wieder kein Hinweis auf eine *Erschaffung*. Man könnte den Eindruck gewinnen, dem Wasser wie der Erde selbst habe die Fähigkeit innegewohnt, Leben entstehen zu lassen. Die Fähigkeit der Erde, pflanzliches und tierisches Leben »hervorzubringen«, wird durch die Verwendung desselben Verbs unterstrichen: »Und die Erde *brachte hervor* Gras...« (1 Mose 1, 12) bzw. »Und Gott sprach: Die Erde *bringe hervor* lebendige Wesen [eigentlich: bringe hervor beseelte Lebewesen] nach ihrer Art...« (1 Mose 1, 24).

Im Jahr 1860 hätte Louis Pasteur *beinahe* die Frage entschieden, ob Leben tatsächlich aus unbelebter Materie entstehen kann. Bis dahin hatte man jahrhundertelang die spontane Entstehung von Leben als Tatsache akzeptiert. Kirchenlehrer wie Augustinus und Naturwissenschaftler wie Newton, Harvey und Descartes nahmen diesen als »Urzeugung« bezeichneten Akt als gegeben hin. Doch stellten Ergebnisse wissenschaftlicher Untersuchungen die Gültigkeit dieser Annahme im Lauf der Zeit ernsthaft in Frage. So hatte der italienische Arzt Francesco Redi 1668 nachgewiesen, daß Maden aus Fliegeneiern entstehen und nicht Folge einer »Urzeugung« aus verfaulendem Fleisch sind.

Ein Jahrhundert später verhalf die Entwicklung des Mikroskops zu einer weiteren Entdeckung: Es erwies sich, daß winzige Lebewesen entstanden, wenn beliebige Nährstoffe einige Tage lang der Luft ausgesetzt worden waren – Mikroben. Der schottische Geistliche John Needham und der italienische Abt Lazarro Spallanzani gerieten über die Frage in Streit, ob man angesichts der Sterilisierung die Theorie von der »Urzeugung« nicht ins Reich der Fabel verweisen müsse. Gekochter Brei, luftdicht abgeschlossen, blieb frei von Lebensformen; setzte man ihn hingegen der Luft aus, ging er rasch in Fäulnis über. Needham stellte die Behauptung auf, übermäßiges Kochen habe die Lebenskraft abgetötet, die sich in den Molekülen aller anorganischen Materie befinde. Der in offenen Behältern befindliche Brei dagegen sei verfault, weil er mit der freien Luft in Berührung gekommen sei.

Pasteur suchte nach einer Möglichkeit, den Behältern Frischluft ohne Kleinstlebewesen zuzuführen. Ihm war aufgefallen, daß Staub, den man sammelte, indem man Luft durch einen Wattebausch saugte, buchstäblich von Leben wimmelte. Um den Einwänden derjenigen entgegenzutreten, die in anorganischer Materie eine »Lebenskraft« vermuteten, verschloß er seine Behälter entweder mit Wattebäuschen oder verwendete Behälter mit langen S-förmigen Hälsen. So könne nur die Luft eindringen, erklärte er, nicht aber Staub oder Mikroben, denn diese würden in der Watte oder an den Gefäßwandungen hängenbleiben. Nach Abkühlung des gekochten Breis kondensierte der Dampf, der den freien Raum im Gefäß füllte, und kühle Luft wurde in den Behälter gesogen. Die Filterung gelang. Trotz Berührung mit der »frischen« Raumluft verdarb der Brei nicht.

Pasteur schien das Rätsel gelöst zu haben. Alles, was entstand, ging auf Mikroben und Fliegeneier zurück, die sich in der Luft befanden – spontan geschah überhaupt nichts. Oder doch?

Möglicherweise hatte man die »Urzeugung« von Maden aus Fleisch einer falsch angesiedelten Kraft zugeschrieben – damit aber blieb die Hauptfrage nach dem Ursprung des Lebens offen. Wenn die bisherige Theorie von der »Urzeugung« nicht zutraf, woher kam dann das Leben? Haben Pasteurs Ergebnisse gleichsam durch Ausschluß einen Beweis für die übernatürliche Erschaffung des Lebens geliefert?

Im Jahr 1936 veröffentlichte der russischstämmige Biochemiker Alexander Ivanovič Oparin ein Buch mit dem Titel *The Origin of Life* (Die Entstehung des Lebens). In diesem Werk schildert er, welche Bedingungen in den Anfängen der Erdgeschichte bestanden haben müssen, und zählt die »von ungefähr« ablaufenden chemischen und physikalischen Prozesse in einer solchen Umgebung auf. Diese Prozesse, erklärt er, mußten *unausweichlich* zur Entstehung von Leben führen. Siebzehn Jahre später legte Stanley Miller nahezu dieselben Bedingungen bei seinem Experiment zur Erzeugung von Aminosäuren zugrunde. Oparin hatte angenommen – und Miller hat es nachgewiesen –, daß Blitze und andere natürliche Energiequellen auf der Erde anorganische Moleküle in genau jene Bestandteile umwandeln können, die sich in belebten Formen finden.

Doch auf welche Weise sollte die Natur diese Einzelmoleküle zu den komplexen Mustern ordnen, die sich schon bei den einfachsten Lebewesen finden? Theoretisch konnten die erforderlichen Schritte auf dem komplexen Weg von den Aminosäuren zu einem richtigen Protein nacheinander erfolgen, wobei es über lange Zeiträume hinweg zu zufällig stattfindenden Reaktionen kam. Eine Schwierigkeit aber besteht bei einem solchen allmählichen und »wie von ungefähr« ablaufenden Prozeß unbestreitbar: Ebenso, wie bei dieser Abfolge eine Zwischenstufe mit einer gewissen Wahrscheinlichkeit zur Entstehung von Leben führt, kann der Prozeß auch von selbst aufhören.

Indem wir von einfachen zu komplexeren Stufen voranschreiten, schwimmen wir im Prozeß der Entropie gewissermaßen stromaufwärts. Das bedeutet: Weit größer als die Wahrscheinlichkeit, daß neue organische Verbindungen entstehen, ist die Gefahr der Auflösung bereits entstandener.

Wie aber ist es dann zu erklären, daß lebende Organismen regelmäßig komplexe Verbindungen – noch dazu in ungeheuren Mengen – erzeugen? Nun, zum einen findet sich die geschützte

Umgebung, auf die das Leben angewiesen ist, im Inneren des Lebewesens selbst: Es ist das Innere der Zellen. Die dort stattfindenden Abläufe werden von Katalysatoren unterstützt, die imstande sind, die unerläßlichen chemischen Stoffe auszuwählen und zu konzentrieren, Geschwindigkeit und Intensität von Reaktionen zu steigern oder zu vermindern sowie die beträchtlichen, zur Erfüllung dieser Aufgaben erforderlichen Energiemengen freizusetzen.

Von den einfachsten bis zu den höchsten Formen des Lebens stirbt der Organismus, sobald das Zellsystem versagt. Der darauffolgende rasche Zerfall des Organismus ist ein deutlicher Hinweis auf die chemische Instabilität der Stoffe, aus denen das Leben aufgebaut ist.

Die in lebenden Organismen auftretenden Katalysatoren, die wir Enzyme nennen, bestehen aus von bereits lebenden Zellen hervorgebrachten Proteinen. Eine Reaktion, die binnen Sekunden in einem Enzym-katalysierenden System abläuft, das bei einem Tier eine gleichbleibende Temperatur von 36,7 °C aufweist, kann in einem System ohne einen solchen Katalysator viele Jahre in Anspruch nehmen. Die Moleküle, die vor der Entstehung des Lebens existierten, besaßen weder Enzyme noch eine schützende Membran, wie Biologen die Zellhülle bezeichnen.

Wir sehen also, daß Leben unentbehrlich ist, um Leben hervorzubringen.

Trotz solcher Hindernisse und Unwägbarkeiten vertritt der berühmte Biologe George Wald in einem Aufsatz in der Zeitschrift *Scientific American* die Ansicht, daß entsprechend den in unserem Universum gültigen Gesetzen der Physik zufällig ablaufende Prozesse die Entstehung von Leben aus unbelebter Materie bewirken können und das in der Tat auch tun. In seinen Augen ist Leben ein *unausweichliches* Ergebnis chemischer Prozesse. Man brauche, meint er, lediglich darauf zu warten, daß die zufällig ablaufenden Ereignisse eintreten: »Was die Entstehung von Leben betrifft, vollbringt die Zeit die Wunder. Sie ist der eigentliche Held im Stück.«[3]

Ich richte mein besonderes Augenmerk deshalb auf Wald und die von ihm vertretene Ansicht, weil seine so entschieden vorgetragenen Aussagen eine wichtige Lehre enthalten – allerdings nicht die, daß die Entstehung des Lebens ein zwangsläufiges Ereignis ist, sondern die, daß sich Schlußfolgerungen bei dieser kontroversen Frage über die Entstehung des Lebens häufig auf unzulängliche wissenschaftliche Forschungsarbeit gründen und anschließend von einer oder mehreren bekannten Persönlichkeiten in den *Rang von Tatsachen* erhoben werden. Um zu verstehen, welche Auswirkungen die Ansicht eines Biochemikers wie Wald, der 1948 Lehrstuhlinhaber in Harvard war, auf die nicht fachkundige Öffentlichkeit haben kann, muß man seine Stellung in der Wissenschaft kennen. Er gehört mit seinen Arbeiten über den Mechanismus des Farbensehens zu den Pionieren auf diesem Gebiet und wurde für seine Untersuchungen über die im Auge ablaufenden Primärprozesse mit dem Nobelpreis ausgezeichnet.

Was mag die Leserschaft denken, wenn ein so ausgewiesener Naturwissenschaftler seine »Tatsachen« über die Entstehung des Lebens in einer Fachzeitschrift veröffentlicht? Daß er weiß, wovon er spricht? Daß zufällig stattfindende Ereignisse mit Sicherheit zur Entstehung von Leben führen? Daß es sich bei der Behauptung, ausschließlich von den Naturgesetzen gesteuerte Kräfte hätten von der ersten Mikrobe zur Entstehung des Menschen geführt, um eine unumstößliche Erkenntnis handelt?

Unglücklicherweise scheint Walds Kompetenz auf dem Gebiet der Mathematik nicht so groß zu sein wie auf dem der Biologie; dennoch stützt sich sein recht unoriginelles Argument auf die Wahrscheinlichkeitsrechnung.

Im Jahr 1968 veröffentlichte Professor Harold Morowitz, Physiker an der Universität von Yale, das Buch *Energy Flow in Biology* (Energieströme in der Biologie). Ihn störte, ebenso wie andere Physiker und Mathematiker, wie leichtfertig manche Naturwissenschaftler, die sich mit der Entstehung des Lebens beschäftigten, das Eintreten unwahrscheinlicher Ereignisse als gegeben annahmen und Aussagen machten, ohne auch nur ansatzweise zu untersuchen, mit welcher Wahrscheinlichkeit die unterstellten Ereignisse eintreten konnten. Morowitz legte Berechnungen des Zeitraums vor, der nötig wäre, damit zufällig stattfindende chemische Reaktionen ein Bakterium hervorbringen – keinen so komplexen Organismus wie den Menschen, nicht einmal eine Blume, sondern lediglich einen einfachen Einzeller. Von optimistisch geschätzten kurzen Reaktionszeiten ausgehend, kam er zu dem Ergebnis, daß die zur Entstehung eines Bakteriums erforderliche Zeit nicht nur die 4,5 Milliarden Jahre des Erdalters übersteigt, sondern auch die gesamten fünfzehn Milliarden Jahre des Universums. Die Wahrscheinlichkeit, daß zufällig ablaufende Prozesse aus einer Ursuppe von chemischen Stoffen zur Entstehung von Leben führen, ist noch geringer als die, daß man durch Schütteln eines Omeletts Dotter und Eiweiß wieder in die ursprüngliche Form des Eis zurückverwandeln kann!

Obwohl *Scientific American* später einräumte, daß sich Wald geirrt habe, blieb im Bewußtsein der Öffentlichkeit der von herausragenden Persönlichkeiten wie ihm hervorgerufene Eindruck haften, der Zufall sei die Ursache des Lebens.

Paradoxerweise gestatten es fossile Funde, diese Behauptung Punkt für Punkt zu widerlegen. Weder fünfzehn noch vier Milliarden Jahre standen für diese zufällig stattfindende Entwicklung des Lebens zur Verfügung. Wir gelangen zu der Erkenntnis, daß das Leben auf der Erde auftrat, kaum daß sie entstanden war!

Für die Entwicklung des Lebens auf der Erde müssen einige Grundvoraussetzungen gegeben sein. Die einfachste von ihnen heißt, daß sich das flüssige Agglomerat, aus dem die Ur-Erde bestand, auf eine Temperatur abgekühlt hatte, die das Auftreten von Wasser in flüssiger Form und damit chemische Reaktionen ermöglichte, die in wäßriger Lösung ablaufen. Da es zu dieser Abkühlung der Erdkruste vor schätzungsweise 4,5 Milliarden Jahren kam, könnte seit jener Zeit Wasser zur Verfügung gestanden haben. Das Auftreten von Sedimentgestein liefert einen Hinweis darauf, denn solches Gestein entsteht durch Verwitterung und Abtragung anderer Gesteine unter dem Einfluß von Wasser. Sedimentgestein findet sich zum ersten Mal vor 3,8 Milliarden Jahren. Möglicherweise ist das der früheste Zeitpunkt, zu dem in wäßriger Lösung ablaufende chemische Reaktionen in großem Umfang stattgefunden haben.

Wer nach fossilen Zeugnissen für die frühesten Lebewesen sucht, muß die Bedingungen berücksichtigen, unter denen Fossilien entstehen können. Ein Organismus, der einfach zwischen großen Geröllbrocken liegt, wird nicht zum Fossil. Die Zeiten überdauern können Organismen ausschließlich in verwittertem Gestein, also solchem, das die Form von Sedimentgestein angenommen und sich dann mit dem darin befindlichen Organismus wieder verfestigt hat.

Als solche liefern die frühesten Sedimentgesteine sowohl einen Nachweis für das erste Auftreten von Wasser in großen Mengen wie auch für die erste Möglichkeit der Fossilbildung.

Das älteste bisher entdeckte Sedimentgestein befindet sich im Kanadischen Schild sowie in der Südafrikanischen Tafel. Inmitten der letztgenannten liegt ein von der Wissenschaft als Fig-Tree-Formation bezeichneter Kieselschiefer. In diesen Sedimenten, deren Alter man auf mehr als 3,3 Milliarden Jahre schätzt, stießen Elso Barghoorn und J. W. Schopf aus Harvard[4] auf die Fossilien kugel- und stabförmiger Einzeller. Die Größenordnung dieser Fossilien entspricht der ähnlich gestalteter Mikroben, wie sie heute im Wasser leben.

Dieser früheste Nachweis von Leben wird auf eine Zeit datiert, die weniger als fünfhundert Millionen Jahre nach dem Auftreten des ersten Sedimentgesteins liegt, des ältesten Gesteins, das überhaupt imstande ist, Fossilien aufzubewahren. Zu dieser vergleichsweise frühen Zeit hatten sich bereits verschiedene Organismen entwickelt. Es ist statistisch unwahrscheinlich – besser gesagt: so gut wie unmöglich –, daß zufällig eintretende Ereignisse in so kurzer Zeit zur Entstehung dieser Lebewesen führen konnten.

Wenn eine zufällige Entstehung des Lebens schon rein statistisch nicht möglich ist, was soll dann das Argument, die Zeit vollbringe »die Wunder«? Forschungen haben gezeigt, daß sich in vulkanischen Gasen – Methan, Ammoniak und Wasserdampf – auftretende einfache Moleküle in solche umwandeln können, die wir mit Aminosäuren (Proteinen) in Verbindung bringen. Überdies sind die biochemischen Reaktionen der lebenden Zelle – für sich genommen – denen mancher organischer Reaktionen durchaus ähnlich. Als lange Kette einzelner chemischer Reaktionen betrachtet, könnte man das Leben als eine Erweiterung des Unbelebten ansehen.

Den Stolperstein bei diesem Übergang von geochemischen zu biologischen Formen bildet das Auftreten des genetischen Kodes. Das Erbmaterial einer Zelle leistet mehr, als lediglich Nachkommen zu erzeugen. Es stellt die Information zur Verfügung, die alle biochemischen Erfordernisse einer Zelle enthält, von der Gewinnung chemischer Energie aus aufgenommener Nahrung über die Erzeugung Hunderter von Proteinen, die für den Weiterbestand, das Wachstum und die Erzeugung von Zellen notwendig sind – und all das in Übereinstimmung mit dem ungeheuer komplexen Rhythmus des Lebens.

Die langen, wie eine Doppelhelix geformten Moleküle der DNS und RNS bilden die Grundlage des Erbmaterials aller bisher untersuchten lebenden Zellen. Möglicherweise hängt es mit seiner außerordentlichen Komplexität zusammen, daß alle Formen des Lebens über denselben genetischen Kode verfügen. Ob wir einen Grashalm, ein Bakterium oder einen Menschen untersuchen, bei jedem von ihnen sind die Eiweiße aus denselben zwanzig Aminosäuren aufgebaut. Alle durch das Erbmaterial lebender Zellen erzeugten Proteine folgen demselben nach links weisenden Schraubensinn des Moleküls, während die Moleküle aller Zucker rechtsdrehend sind. Bei unbelebter Materie treffen wir auf willkürliche Anordnungen. Trotz der Komplexität einzelner häufig aus bis zu dreihundert Aminosäuren aufgebauter Proteine gibt es einige nahezu völlig gleiche Proteine, die bei den meisten Lebewesen vorkommen.

Diese bei allen Lebensformen zu findende Ähnlichkeit liefert einen deutlichen Hinweis auf einen einheitlichen Ursprung jeglichen Lebens. Es ist unwahrscheinlich, daß es zu dieser Ähnlichkeit durch Zufall gekommen sein könnte. Am Aufbau von Proteinen sind zwanzig verschiedene Aminosäuren beteiligt. Die Wahrscheinlichkeit, daß sich zwei identische Proteinketten mit jeweils hundert Aminosäuren zufällig zweimal finden, beträgt $1:20^{100}$ oder $1:10^{130}$ – eine Eins mit hundertdreißig Nullen! Um einen ungefähren Begriff von der gigantischen Größenordnung dieser Zahl zu bekommen, vergegenwärtige man sich, daß mit den fünfzehn Milliarden Jahren seit dem Urknall nicht einmal 10^{18} Sekunden verstrichen sind.

Damit sich ein einziges Protein zufällig entwickeln konnte, hätten seit dem Urbeginn des Universums 10^{130} Versuche pro Sekunde ablaufen müssen! Um diese gleichzeitig ablaufenden Versuche mit Energie zu versorgen, wären 10^{90} Gramm Kohlenstoff erforderlich gewesen, doch die gesamte Erdmasse – alle Elemente zusammengenommen – beträgt lediglich 6×10^{27} Gramm! Die 10^{90} Gramm gehen um viele Milliarden Male über die geschätzte Masse des gesamten Universums hinaus! Angesichts dieser schwindelerregenden Zahlen wird klar, daß die treibende Kraft für die Entstehung ähnlicher Proteine bei Bakterien und Menschen nicht der Zufall gewesen sein kann. Diese Kraft aber *gibt* es.

Wie es scheint, stand für alles Leben ein einziges Ausgangsmodell zur Verfügung. Doch vielleicht sind viele Arten des genetischen Kodes möglich, und der, den wir kennen, hat sich zufällig als erster herausgebildet? Dann wäre unser genetischer Kode nur eine von vielen Möglichkeiten und seine zufällige Entstehung minder unwahrscheinlich. Sofern aber verschiedene Kodes möglich sind, hätte mehr als einer entstehen und überdauern müssen, wenn wir die uns bekannten komplexen Lebensmöglichkeiten und -formen zugrunde legen: Lebende Organismen finden sich in jeder Umgebung, die Nährstoffe bietet, ob es sich um eine fünftausend Meter unterhalb der Meeresoberfläche befindliche Stelle handelt, an der Gas austritt, oder um das dürre Klima einer Wüste; auch die Vielfalt der Lebensformen findet sich auf allen Stufen, von den Bakterien bis hin zu den Säugetieren. So nutzt die Natur alle verfügbaren Mittel und stellt für den Fall von Katastrophen das Überleben sicher. Sofern Vielfalt ein Merkmal aller Lebensformen ist, bedeutet das analog, daß man Vielfalt in der Entwicklung des genetischen Kodes erwarten dürfte. Diese ist aber nicht gegeben. Höchstwahrscheinlich gibt es also nur einen Kode, weil nur einer möglich ist.

Wie bereits dargelegt, hat man fossile Nachweise einer ganzen Anzahl mikroskopisch kleiner Lebensformen in Sedimentgestein gefunden, das älter ist als 3,3 Milliarden Jahre. Das Alter der frühesten Sedimentgesteine beträgt schätzungsweise rund 3,8 Milliarden Jahre. In der dazwischenliegenden Spanne von etwa fünfhundert Millionen Jahren muß folglich der gemeinsame Vorfahr allen Lebens die ungewöhnliche und ausgeklügelte Chemie des Lebens entwickelt und sich außerdem hinreichend abgewandelt haben, um eine Reihe verschiedener Nachkommen hervorzubringen.

Das Auftreten von Leben auf der Erde, nahezu unmittelbar nachdem diese imstande war, mittels verfügbaren Wassers Leben zu beherbergen, und die Unwahrscheinlichkeit, daß sich unser genetischer Kode in der verfügbaren Zeit zufällig entwikkelte, haben Vertreter verschiedener naturwissenschaftlicher Disziplinen zu der Annahme veranlaßt, das Leben auf der Erde gehe auf außerirdische Quellen zurück. Zu denen, die unseren Ursprung im Weltraum vermuten, gehören die Nobelpreisträger Svante August Arrhenius und Francis Crick sowie der Astronom Sir Fred Hoyle.[5]

Selbst wenn wir uns die Annahme zu eigen machten, daß die Quelle des Lebens auf der Erde Einflüssen aus dem Weltraum entspringt, bliebe die Frage der Evolutionsgeschwindigkeit unbeantwortet. Wie Morowitz gezeigt hat, reichen bei ungesteuerten und zufällig ablaufenden Reaktionen fünfzehn Milliarden Jahre bei weitem nicht aus, um Leben zu erzeugen.

Bei der Suche nach unserem kosmischen Ursprung entdecken wir, wie zunehmend geachtete Naturwissenschaftler aller Disziplinen andere Kräfte als auf der Erde beobachtbare bemühen, um die fossilen Zeugnisse zu erklären, denn *das Rätsel der fos-*

silen Zeugnisse selbst läßt sich durch die Gesetze der Chemie und Biologie nicht lösen. Innerhalb der Naturwissenschaft dämmert langsam die Einsicht, daß die auf Evolution gestützte Annahme, aus anorganisch-chemischen Vorgängen seien biochemische Reaktionen hervorgegangen, einer Revision bedarf.

»Da bildete Gott Jehova den Menschen, Staub von der Erde ...« (1 Mose 2, 7).

Sowohl in biblischer wie aus naturwissenschaftlicher Sicht bestehen wir aus der Materie des Universums. Es bedeutet einen beachtlichen Fort-Schritt unseres naturwissenschaftlichen Erkenntnisstandes, daß wir jetzt wissen: *Zufällig ablaufende Ereignisse standen nicht dahinter.*

8

Die Erde: Wiege des Lebens

Ein jegliches hat seine Zeit, und alles Vorhaben unter dem Himmel seine Stunde.

Kohelet 3, 1

Die Bildung von Sternen und Planeten scheint ebenso unabdingbar zum Universum zu gehören wie die Schwerkraft, und die biochemischen Vorgänge des Lebens vermitteln, wenn wir sie als eine Kette von Einzelreaktionen betrachten, ebenso den Eindruck der Natürlichkeit wie die Gesetze der Chemie und der Physik. Doch der Übergang von anorganischer Materie zu lebenden Organismen ist so komplex, daß zahlreiche bedeutende Naturwissenschaftler – wie wir gesehen haben – erklärten, man müsse den Ursprung des Lebens außerhalb der Erde suchen.

Die Frage, ob die Entstehung von Leben ein Vermächtnis der Erde selbst ist oder Anstöße von außerhalb bekam, ist nach wie vor unbeantwortet. Zumindest läßt sich sagen, daß das Fortdauern des Lebens auf der Erde und seine erfolgreiche Entwicklung komplexer Organismen aus den einfachen Formen, die wir in 3,3 Milliarden Jahre alten Fossilien finden, einen Hinweis darauf liefern, wie glänzend sich die auf der Erde herrschenden Bedingungen für das Leben eignen. Man könnte glauben, die Erde mit ihrer Stellung im Sonnensystem sei geradewegs dazu prädestiniert gewesen, dem Leben, wie wir es kennen, als Wiege zu dienen.

Die Eignung der Erde als Umgebung, in der sich das Leben

entwickeln sollte, geht auf die Herausbildung des Sonnensystems vor etwa viereinhalb bis fünf Milliarden Jahren zurück. Über deren Einzelheiten können wir ausschließlich Spekulationen anstellen. Denkbar ist folgender Ereignisrahmen: In der Spiralgalaxie, die wir als Milchstraße kennen, begann sich, zwei Drittel des Gesamtdurchmessers – also rund dreißigtausend Lichtjahre – von der Mitte entfernt, eine gewaltige Wolke aus Gasen sowie Mineral- und Stoffpartikeln von Staubkorngröße zusammenzuziehen. Sie enthielt den Schutt früherer Supernovae, der damit erneut in den Kreislauf eingespeist wurde. Jetzt enthielt die Wolke zusammen mit den Produkten der Kernverschmelzung, wie sie im Inneren von Sternen stattfindet, Spuren aller in unserem Universum auftretenden Elemente. Während diese Wolke ihrem Zentrum entgegenstürzte, nahm ihre Umdrehungsgeschwindigkeit zu, ähnlich wie sich eine Eiskunstläuferin schneller dreht, wenn sie bei einer Pirouette die Arme an den Körper legt. Die dabei auftretende Fliehkraft drückte die Wolke zu einer flachen Scheibe zusammen. Der zentrifugalen – also auswärts gerichteten – Bewegungsrichtung entgegen zog die Schwerkraft den größten Teil der Materie in zentripetaler Richtung dorthin, wo später die Sonne entstand.

Im Inneren der flachen Scheibe konnten sich Fels- und Eispartikel zusammenballen, die nicht in die Mitte gesogen worden waren. Als aus diesen Konglomeraten Planeten entstanden, wurden Eis und gefrorenes Gas, die deren Oberflächen bedeckt hatten, zu Bestandteilen dieser Planeten.

Es hängt möglicherweise mit einem Temperaturgefälle innerhalb des im Entstehen begriffenen Sonnensystems zusammen, daß die näher an der Sonne entstandenen Planeten (Merkur, Venus, Erde und Mars) die minder flüchtigen Materiebestandteile – wie beispielsweise gesteinsbildende Mineralien – in größerer Menge aufwiesen. Weiter von ihr entfernte Planeten erhielten einen höheren Anteil flüchtiger Gase, insbesondere Wasserstoff und Helium. Jupiter, der Riesenplanet, besitzt eine so ungeheure Menge Wasserstoff, daß sein atmosphärischer Oberflächendruck etwa dreitausendmal so groß ist wie der auf der Erde.

Einige statistische Angaben verdeutlichen die Unterschiede im physikalischen Aufbau des Sonnensystems und die Stellung der Erde darin (vgl. Tabelle 3). Für sich genommen, weisen nur wenige Werte in Tabelle 3 auf die Sonderrolle der Erde hin, doch im Vergleich wirken sie fast zu gut, um wahr zu sein, wenn man sich teleologisch die Voraussetzungen für Leben auf der Erde vor Augen hält. Es sieht ganz so aus, als wäre die Erde für die Entstehung von Leben maßgeschneidert worden.

Diese Eignung der Erde für das Leben offenbarte sich binnen einer Sekunde nach dem Urknall und besteht noch heute. Für das uranfängliche Universum nennt das Alte Testament die – im fünften Kapitel behandelte – alles umfassende Kraft den »Geist Gottes«, der über den Wassern schwebte (1 Mose 1, 2) und die Verteilung der Energie und Materie im jungen und sich ausdehnenden Universum genau festlegte. Dadurch konnte sich die Materie des Universums über eine große Dichtehürde hinweg ausdehnen, welche die elementare Materie zu massiven Teilchen hätte verschmelzen können. Man darf nicht vergessen, daß ursprünglich die gesamte Materie des Universums auf ein geringeres Volumen als das eines Senfkorns zusammengepreßt war. Ohne Überwindung der bewußten Schwelle wäre das Universum fast sogleich in sich zusammengestürzt.

Auch nachdem die Ausdehnung begonnen hatte, waren Licht und Materie nach wie vor in einer wirbelnden Suppe aufeinanderprallender Photonen und Teilchen gefangen.

Dieses Gemisch existierte mehrere hunderttausend Jahre lang, bis die Temperatur so weit zurückgegangen war, daß sich Elektronen an Atomkerne binden konnten. Diese Stabilisierung auf der Ebene der Atomkerne trat bei einer Temperatur von knapp unter 10^9 K ein. Zu jener Zeit bestand das Universum zu drei Vierteln aus Wasserstoff und zu einem Viertel aus Helium. Mit Ausnahme der schwereren Elemente, die durch Verschmelzung im Inneren später entstandener Sterne auftraten, blieb diese Zusammensetzung bis heute unverändert.

Nichts an dieser Abfolge der Ereignisse scheint besonders bedeutungsvoll, solange man nicht in Erwägung zieht, welche

Tabelle 3: Das Sonnensystem

	Entfernung von der Sonne (in Millionen km)	Masse (Wert für die Erde = 1)	Schwerkraft an der Oberfläche (Wert für die Erde = 1)	Atmosphärischer Druck an der Oberfläche (Wert für die Erde = 1)	Dichte (Wasser = 1)	Zusammensetzung der Atmosphäre	Oberflächentemperatur (°C)	Vulkane
Sonne	–	340 000	30,0	–	1,4	H, He	6 000	–
Merkur	60	0,1	0,4	–	5,6	keine	–	unbekannt
Venus	110	0,8	0,9	90,0	5,1	>95 % CO_2	500,0	ja
Erde	150	1,0 6×10^{24} kg	1,0	1,0	5,5	80 % N 20 % O	15,0	ja
Mars	230	0,1	0,4	0,01	3,9	95 % CO_2 2 % N	– 100,0 (im Winter)	ja
Jupiter	800	320,0	2,7	3 000	1,3	H, He	30 000	ja, auf den Monden
Saturn	1 400	95,0	1,1	unbekannt	0,7	H, He	unbekannt	unbekannt
Uranus	2 900	15,0	1,0	unbekannt	1,6	H, He	unbekannt	unbekannt
Neptun	4 500	17,0	1,5	unbekannt	2,3	H, He	unbekannt	unbekannt
Pluto	6 000	0,1	unbekannt	unbekannt	unbekannt	unbekannt	unbekannt	unbekannt

Folgen für die Entwicklung der Materie sich aus Abweichungen bei der Bindungsstabilität von Neutronen und Protonen ergeben hätten. Nehmen wir an, diese Stabilisierung wäre nicht bei 10^9 K eingetreten, sondern die Temperatur hätte 10^{10} oder 10^8 K betragen. Dann sähe unser Universum völlig anders aus.

Eine für eine Stabilisierung angenommene Temperatur von 10^{10} K wäre etwa eine Sekunde nach dem Urknall erreicht gewesen. Zu jenem Zeitpunkt, als das Universum aus rund einem Viertel Neutronen und drei Vierteln Protonen bestand, war die Dichte der darin enthaltenen Teilchen und Energie etwa vierhunderttausendmal höher als die des Wassers. Eine so hohe Dichte hätte zu einem raschen Verschmelzen der Teilchen und damit zu einem raschen Entstehen schwererer Kerne geführt.

Wie hätte sich das auf uns ausgewirkt? Erstens wären wir höchstwahrscheinlich gar nicht da. Die Zusammensetzung des Universums hätte sich in dem Maße, in dem sich die in großer Zahl vorhandenen freien Neutronen mit Protonen verbunden hätten (woraus Helium entstanden wäre), verändert: vom heutigen Verhältnis – drei Viertel Wasserstoff und ein Viertel Helium – auf ein Verhältnis von 1 : 1. Die hohe Teilchendichte hätte zur Bildung von Kernen schwererer Elemente aus einem größeren Teil des Wasserstoffs – wenn nicht aus allem – geführt, und dabei wäre wenig oder gar kein Wasserstoff übriggeblieben. Ohne diesen aber gibt es keine nennenswerte Sonneneinstrahlung. Die Sternenöfen hätten nicht gebrannt, wie sie es heute tun, da die Energie der Sterne nahezu ausschließlich aus der Verschmelzung von Wasserstoff zu Helium stammt, und die Sterne könnten keine lebenspendende Energie liefern.

Wäre die Stabilisierung der Atomkerne bis zur Abkühlung des Universums auf 10^8 K hinausgezögert worden, gäbe es im Universum statt – wie im vorigen Gedankenspiel – einer Fülle schwererer Elemente und eines Mangels an Wasserstoff umgekehrt nicht viel außer Wasserstoff. Zu berücksichtigen ist nämlich, daß im Unterschied zu Neutronen, die in einem Kern gebunden und stabil sind, freie Neutronen radioaktiv zerfallen. In Anbetracht ihrer Halbwertszeit von fünfzehn Minuten wären in den dreihundert Minuten vom Urknall bis zur Abkühlung der Temperatur auf 10^8 K nahezu alle freien Neutronen zerfallen gewesen. Da für eine Kernsynthese Neutronen unerläßlich sind, ist ein Universum ohne Neutronen gleichbedeutend mit einem, das nur aus Wasserstoff besteht und keine sonstigen Elemente enthält. Es bietet dem Leben keinen Platz.

Während sich unser Universum ausdehnte, wurde die Verteilung der Materie so fein abgestimmt, daß sie sich über Jahrtausende hinweg erhielt. Anschließend pendelte die atomare Kraft die Kernsynthese dieser Materie so aus, daß sie nicht nur den für das Leben unentbehrlichen Wasserstoff, sondern auch die dafür erforderlichen Neutronen und Elemente zur Verfügung stellte. Das ist aber nur ein Punkt in der Liste der das Leben auf der Erde außerordentlich begünstigenden Faktoren.

Der Tabelle 4 entnehmen wir, daß die wohlgesteuerte Kernsynthese Kohlenstoff erzeugt, das vierte in der Liste der reichlich verfügbaren Elemente und zugleich das am häufigsten vorkommende Element, das in dem Temperaturbereich in fester Form auftritt, in dem Wasser flüssig ist. Die ersten drei in der Liste der häufigsten Elemente sind Gase. Aus der Kernsynthese gingen Wasserstoff und Sauerstoff – aus denen Wasser entsteht – als häufigstes und zweithäufigstes Element hervor.[1]

Ist das wichtig? Und ob – es ist von lebensentscheidender Bedeutung!

Das Leben stützt sich auf Kohlenstoff und Wasser. Ohne diese beiden Elemente gäbe es weder uns Menschen noch unsere Biosphäre. Jeder lebende Organismus besteht zu etwa vier Fünfteln aus Wasser. Wenn wir unserem Körper das Wasser entzögen, bestünde die verbliebene Trockenmasse zur Hälfte aus Kohlenstoff. Dafür gibt es einen guten Grund. Im flüssigen Zustand dient Wasser bei einfachen wie auch komplexen chemischen Reaktionen als universeller Reaktionspartner. Kohlenstoff, unter den Elementen der Hans Dampf in allen Gassen, kann aufgrund seiner zwischen Metallen und Nichtmetallen auszumachenden Eigenschaften Verbindungen mit den meisten

Tabelle 4:
Relative Häufigkeit der im Universum am meisten vertretenen Elemente

Element	Atomzahl	Relative Häufigkeit der Atome im Universum
Wasserstoff	1	$2{,}7 \times 10^8$
Helium	2	$1{,}8 \times 10^7$
Sauerstoff	8	$1{,}8 \times 10^5$
Kohlenstoff	6	$1{,}1 \times 10^5$
Neon	10	$2{,}6 \times 10^4$
Stickstoff	7	$2{,}3 \times 10^4$
Magnesium	12	$1{,}1 \times 10^4$
Silizium	14	$1{,}0 \times 10^4$
Fluor	9	9000
Schwefel	16	5000
Argon	18	1000
Aluminium	13	850
Kalzium	20	625
Natrium	11	600

anderen Elementen eingehen. Am wichtigsten aber ist, daß er lange Ketten zu bilden und in sie Seitenketten und Ringe aufzunehmen vermag. Auf solche häufig aus Hunderten von Kohlenstoffatomen bestehenden Ketten gründet sich die Struktur jeglichen Lebens.

Hätte die Kernsynthese den Kohlenstoff übersprungen und wäre auf das nächsthäufigste Element mit teilweise metallischen und teilweise nichtmetallischen Eigenschaften verfallen, nämlich Silizium, hätte Leben kaum entstehen können. Als ein zwischen Metallen und Nichtmetallen chemisch vermittelndes Element geht das Silizium ähnlich wie der Kohlenstoff eine Vielzahl von Verbindungen ein und beherrscht die Verbindungen der mineralischen Gruppe. Doch im Unterschied zum Kohlenstoff fehlt ihm die für die Entstehung von Leben entscheidende Fähigkeit, lange Ketten zu bilden. Da Moleküle mit mehr als zwei oder drei Siliziumatomen selten sind, hätten sich die langen Moleküle der DNS und Proteine nicht auf Siliziumketten stützen können. Anders als zahlreiche Kohlenstoff*verbindungen* sind fast alle Silizium*verbindungen* in dem Temperaturbereich fest, in dem Wasser flüssig ist. Mithin wären in einem Silizium-gestützten System die auf Wasser basierenden Reaktionen des Lebens nicht möglich.

Die Folgen dieser unterschiedlichen Merkmale sind in der Biosphäre deutlich erkennbar. Im Kosmos ist uns keine Lebensform bekannt, die auf Silizium fußt. Der Kohlenstoff erfüllt die erforderlichen Voraussetzungen einfach besser als jedes andere Element.

Je mehr wir all diese begünstigenden Umstände erhellen, desto deutlicher wird uns das »Wunder« unseres Auftritts auf der Bühne Leben bewußt.

Es ist bekannt, daß Sterne am Anfang ihrer Entstehung in einem gewaltigen explosiven Ausbruch ungeheure Materiemengen einbüßen. Dieses Phänomen wird die »T-Tauri-Phase« eines Sterns genannt. Auch die Sonne dürfte in dieser Hinsicht keine Ausnahme gebildet haben. So war der in ihrer T-Tauri-Phase entstandene Sonnenwind so gewaltig, daß er buchstäblich alle verbliebenen interplanetarischen Gase in den äußeren Weltraum trieb. Doch die Zerstörung umfaßte mehr als lediglich die interplanetarische Materie. Auch die Atmosphäre der Planeten wurde hinweggefegt – und dennoch atmen wir ein lebenserhaltendes Gemisch aus einem Fünftel Sauerstoff und vier Fünfteln Stickstoff.

Also muß der Zeitpunkt, zu dem der heftige Sonnenwind plötzlich einsetzte, äußerst günstig gewesen sein. Der T-Tauri-Wind, der Massen vom Zwei- bis Dreifachen heutiger Sonnen hinwegfegte, kam weder zu früh noch zu spät. Zu früh hätte bedeutet: bevor sich die Materie zu Planeten zusammengefunden hatte. In diesem Fall wären die an der Oberfläche der Staub-

und Gesteinsteilchen haftenden gefrorenen Gase – die sich später zusammenballten, so daß aus ihnen die Planeten entstanden – verdampft und dabei in den Weltraum entschwunden. Damit hätte es auf der Erde kein Wasser gegeben, und ein Leben ohne Wasser ist nicht vorstellbar. Da hätte auch der wahrscheinlich verbliebene Sauerstoff nichts genützt, der wohl in Gestalt fester Metalloxide mit der Erde verbunden war.

Doch auch ein Zuspät des T-Tauri-Windes wäre verhängnisvoll gewesen, entgegen der Vermutung, Wasser und andere flüchtige Stoffe hätten sich größtenteils bereits innerhalb der Planetenmasse und damit in Sicherheit vor der Kraft des T-Tauri-Windes befunden.

Die Ozeane wie die Atmosphäre der Erde speisen sich weithin aus den Gasen und Dämpfen, die bei Vulkanausbrüchen auftreten. Da die T-Tauri-Phase der Sonne tatsächlich *nach* der Verfestigung der Planetenmassen, aber *vor* dem größeren Ausgasen der Vulkane auftrat, zu dem es im flüssigen Zustand der jungen Erde kam, waren das gesamte in ihr befindliche Wasser wie auch die flüchtigen Stoffe vor diesem Sonnenwind geschützt. Hätte sich die Masse der Erde vor der T-Tauri-Phase der Sonne verflüssigt, wären deren flüchtige Stoffe an der Oberfläche frei zugänglich gewesen. Die zerstörerische Kraft des Sonnenwindes hätte dann das Wasser und die Gase der Biosphäre in den Weltraum mitgerissen. In diesem Fall sähe unser Planet ungefähr wie die wahrscheinlich unbelebte Marslandschaft aus. Dort gibt es nur geringe Mengen Oberflächenwasser und in der Atmosphäre, die so dünn ist, daß der Oberflächendruck lediglich ein Prozent des auf der Erde herrschenden beträgt, lediglich Spuren von Wasserdampf.

An der Oberfläche des Mars lassen sich deutlich Anzeichen einer vergangenen Epoche erkennen, in der es zu starker Erosion durch fließendes Wasser kam.[2] Zeugen dafür sind die in den heute unfruchtbaren Boden eingeschnittenen, wie Flußläufe gewundenen Kanäle. Aufnahmen von ihnen könnte man ohne weiteres für Fotografien ausgetrockneter Flüsse halten, wie sie sich im Südwesten der Vereinigten Staaten finden. Ein Teil des fehlenden Marswassers könnte im Inneren des Planeten gespeichert sein – schließlich enthält auch die Erde immense unterirdische Wasservorkommen. Zu unserem Glück wurde die Erde mit genau der richtigen Menge Wasser oberirdisch und unterirdisch bedacht.

Unsere durchschnittliche Entfernung von der Sonne beträgt hundertfünfzig Millionen Kilometer. Zwar liegt ihr die Venus nur knapp ein Drittel näher als die Erde, aber dieser Unterschied ist von entscheidender Bedeutung. Immerhin herrschen an der Oberfläche der Venus 500 °C – eine Temperatur, bei der Zink und Blei schmelzen, Holz sofort verbrennt und Glas knetbar ist. Unter solchen Bedingungen sind die Aussichten für die Entstehung von Leben denkbar gering!

Im Laufe eines jeden Jahres kommt es bei der Entfernung zwischen Erde und Sonne zu einer Abweichung von 4,5 Millionen Kilometern. Das entspricht lediglich drei Prozent der Gesamtentfernung, und um sie sind wir der Sonne im Januar näher als während der anderen Monate. Aufgrund dieser vergleichsweise unwesentlichen jährlichen Abweichung ist die Erdumlaufbahn nahezu kreisförmig, die unseres Nachbarplaneten Mars hingegen elliptisch, wodurch dessen Entfernung zur Sonne um fünfzig Millionen Kilometer während des Ablaufs eines Jahres schwankt. Legte man diesen Wert bei der Erde zugrunde, würde ihre Kruste jedes Jahr im Januar bis in die tiefsten Tiefen durchgebraten. Berechnungen zeigen, daß bei einer nur um zwanzig Millionen Kilometer geringeren Entfernung zwischen Erde und Sonne – was einer Abweichung von weniger als sieben Prozent entspricht – die stärkere Sonnenwärme das Kondensieren von Wasserdampf in der Atmosphäre verhindern könnte, so daß es weder Regen noch Ozeane gäbe. Zwar pflegt der Mensch häufig über das Wetter zu klagen, doch haben wir in Wirklichkeit allen Grund, dankbar zu sein.

Hier noch einige weitere begünstigende Faktoren: Für das Leben, wie wir es kennen, ist Wasser im flüssigen Zustand – auf der

Erdoberfläche zwischen 0 und 100 °C – unabdingbar. Auch wenn dieser Temperaturbereich vom Menschen als kühl oder heiß empfunden wird, macht er weniger als zwei Prozent der gesamten in unserem Sonnensystem meßbaren Temperaturspanne aus. Im übrigen gibt es gute Gründe dafür, daß uns der obere wie der untere Grenzwert dieses vergleichsweise schmalen Temperaturbandes unzuträglich erscheinen: Unser Nervensystem teilt uns mit, daß jenseits dieser gar nicht mal besonders extremen Grenzwerte Leben nicht existieren kann.

Die Lage der Erde im Verhältnis zur Sonne bedeutet nahezu eine kosmische Zwickmühle. Einerseits muß sie der Sonne nahe genug sein, um deren Wärme zu empfangen, ohne die kein Leben möglich ist, andererseits bringen die wärmenden Sonnenstrahlen auch starke Dosierungen ultravioletter Strahlung mit sich, die sich tödlich auswirken kann. Auch in einer mit annehmbaren Temperaturen verbundenen Entfernung von der Sonne wäre ein der ungebrochenen UV-Strahlung ausgesetztes Leben nicht von langer Dauer, denn sie zerstört Organismen, die nicht vor ihr geschützt sind.

Die frühe Atmosphäre der Erde bestand aus vulkanischen Gasen und verfügte daher über einen hohen Anteil an Kohlendioxid (CO_2). Pflanzliches Leben, das im Laufe der Zeit auftrat, gab über die Photosynthese den Sauerstoff, den wir zum Atmen brauchen, an die Atmosphäre ab. Treffen UV-Strahlen und Sauerstoff zusammen, entsteht Ozon (O_3). Dieser nun verfügt über die treffliche Eigenschaft, UV-Strahlen zu absorbieren, Licht hingegen durchzulassen. So schützt eine Ozonschicht in der höheren Atmosphäre das Leben an der Erdoberfläche vor der tödlichen UV-Strahlung, während das unschädliche Licht der Sonne durchdringen, unseren Planeten erwärmen und Energie für die Photosynthese liefern kann.

Ins Wasser freilich vermögen UV-Strahlen nur wenige Millimeter tief einzudringen. Das gab dem Leben die Möglichkeit, sich in den Meeren zu entwickeln, bevor in der Atmosphäre Sauerstoff zur Verfügung stand. Anfänglich entstand die Ozonschicht aus dem Sauerstoff, den Algen im Wasser produzierten;

später dann konnte das Leben den Schutz der Meere verlassen und sich an Land ausbreiten.

Die Feinabstimmung der »Komposition« Erde wird an einem weiteren Merkmal deutlich: ihrer Radioaktivität. Sie war auf der jungen Erde so stark, daß sie diese während ihrer frühen Entwicklung bis zum Schmelzpunkt hätte aufheizen können. Bekanntlich nimmt die Temperatur zu, je tiefer man in die Erde eindringt – ein Hinweis auf die ungeheure Hitze im Inneren des Planeten. So ist im Bergbau in einem Kilometer Tiefe eine Klimatisierung erforderlich, um Menschen den Aufenthalt dort erträglich zu machen, und dabei kratzen solche Bergwerkschächte, beispielsweise im Untertagebau an der Ruhr, im Vergleich zum Erdradius nur die alleroberste Schicht der Erdkruste an. In dreihundert Kilometer Tiefe beträgt die Temperatur bereits über 1500 °C und erreicht im Erdmittelpunkt 4200 °C.

Die Wärme, die für die Verflüssigung der jungen Erde sorgte, entstammte zwei Hauptquellen: zum einen der kinetischen Energie, die dadurch frei wurde, daß Teilchen aufeinander zustürzten und die Erde bildeten, und zum anderen dem Zerfall radioaktiver Nuklide in ihrem Inneren. Die kinetische Energie trug also nur ein einziges Mal zum Wärmehaushalt der Erde bei; Radioaktivität hingegen ist ein fortdauerndes Phänomen. Ihre Intensität nimmt im Laufe der Zeit allerdings immer mehr ab, weshalb die Erde jetzt über eine feste Kruste verfügt.

Daß das Erdinnere dagegen flüssig geblieben ist, hinterläßt bis in unser Alltagsleben seine Spuren. Die Bewegung der flüssigen Eisenmasse innerhalb des Erdkerns erzeugt das uns bekannte Magnetfeld, das weit mehr leistet, als uns anhand eines Kompasses die Himmelsrichtung zu weisen. Die Kraft dieses Magnetfeldes lenkt einen großen Teil der tödlichen kosmischen Strahlung ab, die aus dem Weltraum in die Nähe der Erde gelangt. Wir leben also buchstäblich unter einem Magnetschirm, ohne den ein beständiger Hagel lebenzerstörender Ionenstrahlung auf die Erdoberfläche niederprasseln würde. Eigentümlicherweise gibt es keine befriedigende Erklärung für die Entstehung des Magnetfeldes der Erde. Zwar erhält der unverändert flüssige Eisenkern die magnetische Kraft aufrecht, doch welche Faktoren sie in Gang gesetzt haben, vermochten die Forscher bisher nicht zu entdecken.

Die Herkunft des Wassers auf unserer Erde liefert uns eine weitere Lektion in Geophysik. Noch Jahrzehnte nachdem man zu der Erkenntnis gelangt war, daß sich die Erde einst in flüssigem Zustand befand, war die Ansicht vertreten worden, das Wasser der Weltmeere entstamme der Kondensierung des Wasserdampfes einer Urwolke, welche die flüssige Erde umgeben habe. Die für eine solche Wolke angenommenen geophysikalischen Bedingungen sahen folgendermaßen aus: Sie mußte sich so nahe an der Erdoberfläche befinden, daß die Schwerkraft den Wasserdampf am Verdriften im Weltraum hindern konnte, ihre Oberfläche hingegen mußte heiß genug sein, um das Wasser in Dampfform zu erhalten. Da in den frühen fünfziger Jahren vorgenommene Berechnungen aber ergeben hatten, daß die in einer solchen Wolke enthaltene Wassermenge lediglich einen geringen Bruchteil der in den heutigen Ozeanen enthaltenen 1 400 000 000 Kubikkilometer Wasser ausmachen könne[3], suchte man nach einer anderen Erklärung für die Herkunft des auf der Erde vorhandenen Wassers.

In der biblischen Darstellung vom Ursprung des Wassers auf der Erde kommt eine Urwolke nicht vor. Dort steht: »Aber ein Dunst stieg auf von der Erde und befeuchtete die ganze Erdoberfläche« (1 Mose 2, 6). Das heißt: Irgendwie kam Dampf aus der Erde, der beim Aufsteigen kondensierte und das Land mit Feuchtigkeit bedeckte.

Im Jahr 1931 hatte R. W. Garanson festgestellt, daß sich in flüssigem Silikat-, Basalt- und Granitgestein enthaltenes Wasser leicht auflöst. Diese drei Gesteine finden sich häufig in vulkanischen Laven. Flüssiges Gestein kann etwa fünf Prozent seines Gewichts an gelöstem Wasser aufnehmen. Allerdings tritt es – als Dampf – wieder aus, wenn sich das Gestein verfestigt. Die Menge an Wasserdampf, den die Vulkane einer sich abkühlenden Erde in die Atmosphäre entließen, kann eine Erklärung für die in unseren Ozeanen enthaltenen Wassermengen liefern, zumal zwischen vulkanischem Dampf und Meerwasser chemische Ähnlichkeiten bestehen. Hier ist also buchstäblich die Wahrheit des in 1 Mose 2, 6 Berichteten der Erde entsprungen.

Doch wo ein wenig Vulkantätigkeit gut ist, bedeutet »viel« nicht automatisch »besser«. Die innere Erwärmung der Erde löste eine so umfangreiche Vulkantätigkeit aus, daß das für die Ozeane benötigte Wasser wie auch die für die Atmosphäre erforderlichen Gase freigesetzt wurden und außerdem der für unser schützendes Magnetfeld unerläßliche flüssige Eisenkern entstand. Dennoch nahmen Vulkanausbrüche und Erdbeben nicht überhand. Das Ergebnis einer übermäßigen Vulkantätigkeit wäre eine stauberfüllte und verdunkelte Atmosphäre gewesen, wie sie nach Ansicht mancher vorübergehend tatsächlich herrschte und zum Aussterben der Dinosaurier führte.

Ganz besondere Bedingungen sind also erforderlich, um das Leben in Gang zu halten. Lage, Größe und Zusammensetzung der Erde eignen sich dazu in idealer Weise. Dennoch beweist diese Eignung der Erde für das Leben allein *nicht* die Existenz eines göttlichen Plans oder göttlichen Eingreifens. Die uns als Milchstraße geläufige Galaxie enthält einige hundert Milliarden Sterne – und möglicherweise gibt es im Universum hundert Milliarden Galaxien mit jeweils Milliarden von Sternen. Daß Planeten entstehen, ist durchaus wahrscheinlich; immerhin sind allein in unserem Sonnensystem neun aufgetreten.

In den ungeheuren Weiten des Alls befindet sich unter Umständen eine große Zahl für die Entstehung und Aufrechterhaltung von Leben geeigneter Planeten. Ob dort Leben tatsächlich existiert, ist eine andere Frage. Die Wahrscheinlichkeit, daß »von ungefähr« ablaufende chemische Reaktionen Leben hervorbringen, ist anderswo ebenso gering, wie sie es bei uns auf der Erde war. Sollten auf anderen Planeten, die andere Sterne umkreisen, andere Lebensformen aufgetreten sein, könnten die im All geltenden physikalischen Gesetze – die Atomkraft, die elektromagnetische Kraft und die Schwerkraft, die beim Urknall unablösbarer Bestandteil jeglicher Materie wurden – *theore-*

tisch dafür sorgen, daß dieses junge Leben aus seiner einfachen Ursprungsform bis zur Heranbildung der komplexen Geschöpfe fortschreitet, die wir in der dem Leben ideal angepaßten Umgebung auf unserer Erde kennen. All das läßt sich mit Hilfe theoretischer Gleichungen erläutern, wie sie sich in einem Lehrbuch der Physik finden.

Unbegreiflich aber bleibt uns, welche Physik imstande sein sollte, die ungeheure Kluft zwischen dem komplexesten anorganischen Molekül und der »intelligenten« Anordnung zu überbrücken, die schon die einfachste Lebensform kennzeichnet.

9

Der Mensch: Leib *und* Seele

Angesichts der geringen Wahrscheinlichkeit jedes einzelnen der Schritte, die zur entwicklungsgeschichtlichen Entstehung des Menschen führten, halten Biologen das, was Simpson »die Vorherrschaft von Hominiden« genannt hat, für äußerst unwahrscheinlich.

Ernst Mayr

Da wir gesehen haben, wie schwer vorstellbar das nahezu sofortige Auftreten von Leben auf der gerade entstandenen Erde ist, muß ihm die Eigenschaft eines zwangsläufigen Ereignisses abgesprochen werden, zu dem es unter zufällig ablaufenden chemischen Reaktionen gekommen sein soll. Das Auftreten von Leben muß ausschließlich einer Reihe von Wechselwirkungen zugeschrieben werden, die durch das Einwirken von der Naturwissenschaft noch zu entdeckender natürlicher oder auf göttliches Eingreifen zurückgehender Phänomene ausgelöst wurden. Das neu entstandene Leben bedurfte so exakt festgelegter Umweltbedingungen, daß lediglich ein genau abgestimmtes Universum diese erfüllen konnte. Wir müssen uns daher der Frage zuwenden, auf welche Weise es zum Fortschritt von einfachen mikroskopisch kleinen Lebewesen, die als 3,5 Milliarden Jahre alte Fossilien auf uns gekommen sind, hin zur Komplexität des heutigen Menschen kam.

Paläontologen und Theologen stimmen darin überein, daß die fossilen Befunde für das Leben auf der Erde eine Abfolge zeigen, bei welcher eine Entsprechung zwischen der Komplexität des jeweiligen Organismus und dem Zeitpunkt besteht, zu dem dieser als fossiles Zeugnis auftaucht bzw. in der biblischen Schöpfungserzählung »lokalisiert« wird. Das Voranschreiten der Schöpfung ist dabei nicht zwangsläufig gleichbedeutend mit einer linearen oder ununterbrochenen Entwicklung von Bakterien zum Menschen. Paläontologen und Theologen sind sich vielmehr ebenfalls darin einig, daß die uns vorliegenden Befunde, ob biblischer oder naturwissenschaftlicher Art, für eine stufenweise abgesetzte Ausbildung des Lebens sprechen. Das beinhaltet, daß neue Arten auftraten, ohne daß zwischen ihnen und den ihnen vorausgehenden eine unmittelbare Verbindung bestand.[1] Die sogenannten »missing links« (fehlende Bindeglieder) sind bis heute nicht aufgetaucht! Auf dieses Fehlen der Belege für Kontinuität, das Darwins Vorstellung, der zufolge die Natur im evolutionären Prozeß keine Sprünge macht, in höchstem Grade widerspricht, bezog sich Niles Eldredge mit seinen Worten: »Das Muster, das zu finden man uns seit hundertzwanzig Jahren aufgefordert hat, *gibt es nicht*« (Hervorhebung durch den Verfasser).[2]

Das erste Kapitel der Genesis liefert eine klare Darstellung, wie sich im Laufe der Zeit nicht nur die unbelebten Dinge im Universum entfalteten, sondern auch die Arten und Formen des Lebens. Erst am dritten Tag der Schöpfung stand das für die Existenz von Leben geeignete trockene Land zur Verfügung (1 Mose 1, 9), und dennoch vertreten Bibelgelehrte die Ansicht, die Materie, aus der alles besteht, was sich je im Universum fand, findet oder finden wird, sei am Beginn des ersten Tages erschaffen worden. Diese Urmaterie mußte, wie wir gesehen haben, zu Substanzen geformt und umgebildet werden, aus denen Sterne, Planeten und das Leben entstehen konnten.

Wer sich der Vorstellung von der Evolution durch natürliche Zuchtwahl anschließt, sieht ebenso wie jener, der an eine göttliche Lenkung unseres Universums glaubt, pflanzliches Leben als erste Form des Lebens auf Erden an. Was seine Ausprägungen anbelangt, unterscheiden sich die Ansichten von Naturwissenschaftlern und Theologen jedoch beträchtlich.

Aus den fossilen Zeugnissen ergibt sich, daß als erste belebte Substanz auf der Erde mikroskopisch kleine Pflanzen, Bakterien und Algen auftraten. Die Mikrofossilien, welche diese frühesten Lebensformen zeigten und die erst vor wenigen Jahrzehnten Eingang in die »Bibliothek« der Paläontologen fanden, waren vor den fünfziger Jahren praktisch unbekannt. Diese ersten Lebensformen beruhten auf intelligenter Planung, ob nun göttlicher oder anderer Art, um aus unbelebter Materie entstehen zu können. Da sich qualifizierte Molekularbiologen wie Francis Crick und Leslie Orgel, beide Wissenschaftler, die mit der Komplexität des Lebens vertraut sind, außerstande sehen, diese Entstehung des ersten Lebens zu erklären, vermuten sie nichtirdische Quellen für sein Auftreten auf der Erde.[3]

Da die Bibel in der Sprache des einfachen Menschen zu uns redet, beschäftigt sie sich mit Aspekten des Lebens, die uns Menschen unmittelbar zugänglich sind, beispielsweise in den jüdischen Vorschriften über erlaubte und verbotene Speisen (3 Mose 11) ausschließlich mit Lebensformen, die mit dem bloßen Auge sichtbar sind. Zwar gehören Schaltiere zu den »unreinen« Tieren, doch braucht niemand ein Glas Wasser oder ein Salatblatt unter das Mikroskop zu legen, um festzustellen, ob sich darin bzw. darauf mikroskopisch kleine Schaltiere (beschalte Einzeller) finden. Eben weil es unrealistisch gewesen wäre, vor 3400 Jahren von einem Volk gerade erst befreiter Sklaven zu erwarten, daß sie die Bedeutung von Bakterien und einzelligen Algen erfaßten, begnügt sich die Thora bei der Nennung der Lebenserscheinungen mit dem, was dem Auge sichtbar ist.

Auf Geheiß des Schöpfers brachte die Erde selbst als erstes in der Genesis erwähntes Leben »Gras und Gewächs« hervor. Das Auftreten von Leben in der biblischen Überlieferung wird durch das bedeutsame Wort »bara« gekennzeichnet, das soviel wie »geschaffen« heißt. Es hat den Anschein, als wäre die Fähigkeit des Ergrünens der Erde bereits in ihr selbst angelegt gewesen – so Nachmanides in seinem Kommentar über den Ursprung des pflanzlichen Lebens: »Gott ordnete an, daß unter den Fähigkeiten der Erde eine Kraft sei, die pflanzliches Wachstum bewirkt und Samen trägt.«[4] Nötig war dazu lediglich die Aufforderung des Schöpfers, diese Fähigkeit zu aktivieren.

Am dritten Schöpfungstag tritt das pflanzliche Leben in Erscheinung, unmittelbar nach dem in unserem Sinn gebräuchlichen Wort »Wasser«. Hier, in 1 Mose 1, 10, ist es als die Substanz beschrieben, welche die Meere füllt. Zuvor bezog sich der Begriff »Wasser« auf die Ursubstanz, aus der alle Materie des Universums entstehen sollte. Da erst am vierten Tag »Lichter an der Himmelsfeste« erschienen (1 Mose 1, 14), könnte man das Auftreten pflanzlichen Lebens am dritten Tag für unpassend halten, denn Licht gehört zu den Vorbedingungen für das durch die Photosynthese bewirkte Pflanzenwachstum. Die Lösung dieser scheinbaren Schwierigkeit findet sich im hebräischen Wort für »Licht«, wie es in 1 Mose 1, 14 (»Lichter«) verwendet wird. Es bedeutet nicht das physikalische Phänomen Licht, sondern »Leuchtkörper, leuchtende Himmelskörper«.

Bevor pflanzliches Leben in großer Fülle auftrat, war die Erdatmosphäre vermutlich von Dämpfen der Uratmosphäre bewölkt. Das würde zu den Daten passen, die sowjetische und amerikanische Raumsonden bei der Erforschung der wolkigen Atmosphäre der Venus zur Erde übermittelt haben. Am dritten Tag trat Licht in dem Sinne auf, daß die atmosphärischen Dämpfe Strahlungsenergie weiterleiteten. Da aber die Atmosphäre wohl durchscheinend, nicht jedoch durchsichtig war, ließen sich einzelne Leuchtkörper nicht unterscheiden. Dieses diffuse Licht lieferte dem ersten pflanzlichen Leben die unentbehrliche Energie. Nachmanides zufolge hat das am zweiten Tag (1 Mose 1, 6) entstandene Firmament, die Himmelsfeste, anfangs das Licht abgefangen, das seit dem ersten Tag existierte. Auf die Zusammensetzung der Himmelsfeste ging er nicht näher ein, da es sich dabei seiner Überzeugung nach um eins der tiefen Geheimnisse der Bibel handle.[5]

Das frühe pflanzliche Leben trug sogar mit dazu bei, durch den Prozeß der Photosynthese die Atmosphäre aufzuhellen, denn sie entzog ihr kohlen- und stickstoffhaltige Bestandteile und integrierte sie in das Zellmaterial der Pflanzen. Während diese organisch-chemisch gesteuerten Reaktionen abliefen, ließen sich erstmals auf der Erde die bereits an der »Feste« sichtbaren Himmelskörper Sonne, Mond und Sterne als unterscheidbare Lichtquellen wahrnehmen. Daß dieses Ereignis in 1 Mose 1, 14–18 vom Standpunkt Erde aus beschrieben wird, verdeutlicht der Hinweis auf den Mond als das kleinere der »zwei großen Lichter« (1 Mose 1, 16). Die Erde ist als einziger Himmelskörper dem Mond so nahe, daß man ihn als »großes Licht« sehen kann.

Bei der Photosynthese fällt molekularer Sauerstoff als Abfall an. Die Ansammlung von Sauerstoff in der Biosphäre und die allmähliche Umwandlung der ursprünglichen sauerstofffreien (anaeroben) Atmosphäre in eine mit Sauerstoff angereicherte sind bis heute ein eindrucksvolles Beispiel dafür, wie das Leben die Umweltbedingungen auf der Erde verändert hat, und zwar letztlich zu seinem Vorteil.

Einen Hinweis auf den Übergang von einer Biosphäre ohne Sauerstoff zu einer sauerstoffreichen findet man beim Vergleich der Stoffwechselpfade kernhaltiger Zellen (Eukaryonten) und denen von Bakterien, deren Zellen keine Kerne enthalten (Prokaryonten).

Ursprüngliche Bakterien, welche zugleich die ältesten Fossilien darstellen, gewinnen die Energie für ihre Stoffwechselvorgänge, indem sie in ihrer Umgebung vorgefundene organische Moleküle vergären. Bei diesem nicht auf molekularen Sauerstoff angewiesenen Prozeß, den man deshalb auch als »anaeroben Abbau« bezeichnet, wird ein großes organisches Molekül in kleinere Stücke zerlegt. Die mit der Auflösung der chemischen Bindung einhergehende größere Unordnung – und damit Entropie – setzt Energie frei. Sie wird zum Teil von der Zelle verbraucht, doch bleiben in den kleineren Molekülen große Mengen potentieller chemischer Energie in Gestalt nicht verwendbarer Bruchstücke des ursprünglichen größeren organischen Moleküls zurück. Mit den Folgen dieses biologischen Prozesses sehen wir uns im Alltagsleben immer dann konfrontiert, wenn wir Milchprodukte verzehren. Beim Vergären der im Futter von Rindern enthaltenen Zellulose (und ihres Nebenprodukts Zukker) im sauerstofffreien Pansen einer Kuh entsteht Milchsäure. Dieser Prozeß kam zu einer Zeit in Gang, als die Biosphäre noch keinen Sauerstoff enthielt.

Kernhaltige Zellen, die ausnahmslos in sauerstoffreicher Umgebung leben, beziehen ihre Energie über den auch als »aerober« oder »oxidativer« Abbau bezeichneten Atmungsprozeß. Er läuft in zwei Stufen ab, wobei die erste – mit Ausnahme der letzten Reaktionen – den Gärungsprozeß Punkt für Punkt wiederholt. Die dabei ursprünglich als unbrauchbar übriggelassenen molekularen Bruchstücke werden beim aeroben Abbau mit dem in der Umgebung enthaltenen Sauerstoff oxidiert. Bei diesem »Verbrennungsprozeß«, der mit einem so hohen Wirkungsgrad abläuft, daß er der Zelle nahezu zwanzigmal soviel Energie zur Verfügung stellt, wie sie ein anaerober Abbau (Vergären) der gleichen Nahrungsmenge erzeugt, entstehen Wasser und Kohlendioxid.

Das Auftreten der mittels der Photosynthese existierenden Lebensformen und die spätere Verfügbarkeit des Sauerstoffs ermöglichten organischer Materie das Atmen. Dieser Prozeß wurde sodann dem bestehenden Stoffwechselpfad des anaeroben Abbaus angefügt und entwickelte sich wegen seines hohen Wirkungsgrades bei allen Lebewesen zum vorherrschenden Stoffwechselpfad. Wichtig hierbei ist, daß nicht etwa ein vollständig neues Verfahren entstand, das keine Verbindung zum alten hatte: Der ältere Gärungsprozeß wurde beibehalten und zugleich mit dem neuen, wirkungsvolleren Atmungsprozeß kombiniert.

Daß in der Biosphäre der Erde Sauerstoff in einer Konzentration von einem Prozent oder mehr auftrat, hat bei den geologischen Zeugnissen seine Spuren hinterlassen. Molekularer Sauerstoff ist ein äußerst reaktionsfreudiger chemischer Stoff und ermöglichte daher ursprünglich unbekannte Oxidationsreaktionen. Da sich sauerstoffhaltige Uranverbindungen in weniger als zwei Milliarden Jahre alten Ablagerungen finden, die in älteren Schichten nicht auftreten, muß man annehmen, daß freier Sauerstoff vor rund zwei Milliarden Jahren verfügbar wurde.

In Meeresablagerungen enthaltenes Eisen liefert einen weiteren Hinweis auf die Anreicherung der Atmosphäre mit Sauerstoff. Auf oxidiertes Eisen stieß man erstmals in Gestalt rosthaltiger Gesteinsschichten, die einen großen Teil der abbaubaren Eisenvorräte der Welt ausmachen. Eine radioaktive Datierung dieser Eisenlager zeigte, daß ihre Entstehung und Einbettung vor gut zwei Milliarden Jahren in einer mehrere hundert Millionen Jahre umfassenden Zeitspanne stattfanden – nach geologischen Maßstäben geschah das schon bald nach dem Auftreten der frühesten fossilen Zeugnisse, als die man eine Vielfalt sauerstoffproduzierender blaugrüner Algen (Cyanobakterien) ansehen muß.

Keinesfalls unterschätzen sollte man die Bedeutung der Photosynthese für die Sauerstoffversorgung der Welt. In dem Umfang, wie sie gegenwärtig abläuft, vermag sie im Verlauf von etwa zweitausend Jahren den gesamten in der Atmosphäre vorhandenen Sauerstoff zu erzeugen.

In der Genesis heißt es, tierisches Leben sei am fünften Tag im Wasser und am sechsten Tag auf dem festen Land aufgetreten, also nachdem am vierten Tag die Sonne an der Himmelsfeste sichtbar geworden war. Dieser Zeitablauf ist stichhaltig, wenn wir das Auftreten der Sonne und anderer leuchtender Himmelskörper in Beziehung zum Auftreten von Sauerstoff in der Atmosphäre setzen. Die Verfügbarkeit von Sauerstoff gestattete die Entwicklung von Lebensformen, die größer waren als Bakterien und Algen; sie ermöglichte überdies die Bildung der die UV-Strahlung absorbierenden Ozonschicht, dank deren das Leben aus dem Wasser an Land gehen konnte.

Da bei der Nahrungsverwertung durch anaeroben Abbau nur ein geringer Wirkungsgrad erreichbar ist, müssen zur Erzeugung der benötigten Energie große Mengen an Nahrung aufgenommen werden; nur Leben von mikroskopischer Größe läßt sich auf diese Weise erhalten. Das bei Kleinstlebewesen wie Bakterien üblicherweise gegebene große Verhältnis von Oberfläche zu

Körpervolumen ist von entscheidender Bedeutung für die Aufnahme der umfangreichen Mengen benötigter Nahrung und die Ausscheidung der entsprechend reichlich anfallenden Abbauprodukte.

Im deutlichen Gegensatz zur geringen Energieerzeugung beim anaeroben Abbau von Nahrung ist die über die Atmung freigesetzte Energieausbeute so groß, daß die aufgenommene Nahrungsmenge genügt, um den Energiebedarf großer vielzelliger Pflanzen und Tiere zu decken. Mithin konnten sich die großen Lebensformen erst nach der Anreicherung der Biosphäre mit Sauerstoff entwickeln. Sie treten im »Fossilbericht« unmittelbar nach dem geologischen Nachweis für eine sauerstoffreiche Atmosphäre auf. Dementsprechend wird das Vorkommen größerer Formen tierischen Lebens erst nach dem Erscheinen sauerstoffproduzierender Pflanzen angesetzt – sowohl aufgrund der fossilen Zeugnisse als auch der biblischen Schöpfungserzählung zufolge.

Das mit Hilfe der Photosynthese stattfindende Wachstum holt sich seine Energie aus dem Licht. Aufgrund des hohen Wirkungsgrades, der dieses Verfahren auszeichnet, entstehen dabei große Mengen organischer Materie, eine sich ständig erneuernde Nahrungsquelle für Tiere. Mit dem Beginn der Photosynthese überschritt das Leben zwei Schranken: Nunmehr war nicht nur die kontinuierliche Erzeugung von Nahrungsmitteln sichergestellt, sondern zugleich stand der zur hochgradigen Verwertung dieser Nahrung unerläßliche Sauerstoff zur Verfügung.

Das im »Fossilbericht« nach wie vor fehlende Bindeglied

Wie aber verhält es sich mit den fossilen Zeugnissen, auf die ich mich gestützt habe, um das Auftreten und die Entwicklung des Lebens auf der Erde darzustellen, und die so häufig dafür herhalten müssen, die Gültigkeit der Schöpfungserzählung zu bestreiten? Liefern sie eine befriedigende Erklärung für die Entstehung und Entwicklung des Lebens? Eine Untersuchung der Details zeigt, daß sie ebensowenig schlüssige Antworten geben wie George Walds Theorie, »von ungefähr« ablaufende Prozesse hätten zur Entstehung des Lebens auf der Erde geführt. Mit seiner Grundthese liegt Wald noch richtig: Sofern *genug* Zeit zur Verfügung steht, führen zufällig ablaufende chemische Reaktionen zur Entstehung von Leben. Er nahm an, die benötigte Zeit habe zur Verfügung gestanden. Das aber war nicht der Fall. Das Leben trat auf der soeben entstandenen Erde fast gleichzeitig auf. Wer die Annahme vertritt, fossile Zeugnisse lieferten den Beweis für die Theorie einer Evolution durch natürliche Zuchtwahl, ist in dieselbe Falle getappt wie Wald.

Zwar enthalten die bis zur Mitte des 19. Jahrhunderts gefundenen fossilen Zeugnisse Organismen, die von den ursprünglichsten bis zu den komplexesten reichen, doch klaffen zwischen ihnen beachtliche Lücken. Angesichts dieses Mangels an Kontinuität konnten die Fossilien keinen von den einfachen zu den komplexen Formen reichenden Evolutionsstrom belegen. Dieses Defizit erkannte auch Darwin, dessen Werk *Über den Ursprung der Arten* kurz zuvor erschienen war, und er gestand es ein. Er schränkte darüber hinaus die Bedeutung des Begriffs »Daseinskampf«, der zum Überleben notwendig sei, ein. Doch wie es so häufig bei Bewegungen der Fall ist, waren seine Anhänger mehr von der Richtigkeit seiner Theorie überzeugt als er selbst. In ihren Augen war die Evolution zweifelsfrei erwiesen, und sie waren sicher, daß weitere Funde die Lücken bei den fossilen Zeugnissen schließen würden, daß sie sich im Laufe der Zeit zu nahtlosen Übergängen summieren und damit die Sprünge überwinden würden, die bei zunehmender Komplexität des Lebens anfallen. Sie huldigten der Vision von einem Lebensbaum, der von den Bakterien hin zu Pflanzen, Tieren und zum Menschen führt.

Nichtsdestoweniger vermochten die im Verlauf des vorigen Jahrhunderts von den Paläontologen unternommenen intensiven Bemühungen die fehlenden Nachweise nicht beizubringen. Die im späten 19. Jahrhundert verfügbaren fossilen Zeugnisse enthalten hundertmal mehr Informationen als die zur Zeit Darwins vorhandenen, der sein Werk *Über den Ursprung der Arten* herausbrachte, als er erfuhr, daß Alfred Russel Wallace gleichfalls das Modell der Evolution durch natürliche Zuchtwahl entwickelt hatte und im Begriff stand, seine Gedanken zu diesem Thema zu veröffentlichen. Doch die bis heute vorliegenden fossilen Zeugnisse sind nicht weniger zusammenhanglos als zur Zeit von Darwin und Wallace. Damals hat man die Brüche als vorübergehend abgetan, als Schwierigkeiten, die sich lösen würden, sobald man über vollständigere paläontologische Angaben verfügte. Diese Aussicht hat einen empfindlichen Dämpfer erhalten. Wie Dr. Niles Eldredge vom Amerikanischen Museum für Naturgeschichte in New York resümiert hat: »Das Muster [bei den fossilen Zeugnissen], das zu finden man uns seit hundertzwanzig Jahren aufgefordert hat, gibt es nicht.«[6]

Was Walds Argumente angeht, widerlegen die Funde früher Mikrofossilien im wesentlichen die Möglichkeit einer Entwicklung, die »von ungefähr« stattgefunden hat, als Lösung für die Frage nach dem Leben auf der Erde. Im Hinblick auf die Vorstellung einer schrittweisen Entwicklung der Organismen zeigt die immer umfangreichere Fossilien-»Bibliothek«, daß die fossilen Zeugnisse diese Theorie *nicht* bestätigen, auch wenn die Evolutionstheorie – definiert als natürliche Zuchtwahl jener Lebensformen, die sich ihrer Umgebung am besten anpassen – ein vorzügliches Modell dafür liefert, wie sich verschiedene gegenwärtige und frühere morphologische Ausprägungen in systematischen Gruppen anordnen lassen. Zwar gehört eine schrittweise vor sich gehende Entwicklung zu den Grundzügen in Darwins Theorie, doch gibt es keinen »rhythmischen Fluß« vom Einfachen hin zum Komplexen. Da ließen sich die fossilen Zeugnisse schon besser als »Stakkato« beschreiben. Viele Paläontologen geben inzwischen bereitwillig zu, daß eine Art unterbrochene Entwicklung das Äußerste ist, was wir aus den Fossilien herauslesen können. Das Grundmuster sähe dabei so aus: Eine Art tritt auf. Innerhalb ihrer mag es zu Veränderungen kommen, doch bleibt ihre Grundstruktur erhalten, bis die Lebensform verschwindet und *unvermittelt* eine neue, andere Struktur ihren Platz einnimmt.

Kein fossiles Zeugnis belegt eine Schritt auf Schritt folgende Entwicklung einer neuen Art aus einer ihr vorausgehenden. Tatsächlich zeigt eine Darstellung der Zeugnisse, daß – soweit es die Makroevolution angeht – bei allen aufgetretenen Arten die vorherrschende Tendenz *Stillstand, nicht Veränderung* zu sein scheint.[7]

Manche Naturwissenschaftler führen das Pferd als Beispiel dafür an, daß die Fossilien auf eine schrittweise Entwicklung hinweisen. Doch zeigt eine sorgfältige Untersuchung der von »Eohippus« zu »Equus« (dem heutigen Pferd) führenden Abstammungslinie ein zielloses Auf und Ab, bei dem »manche Varianten kleiner und keineswegs größer waren als ›Eohippus‹«[8].

Dieser Mangel an paläontologischen Belegen vermochte die Begeisterung der Paläobiologen für die Evolution durch natürliche Zuchtwahl nicht zu bremsen. Inzwischen versucht man, die in den fossilen Zeugnissen fehlenden Angaben durch Herleitung von Ähnlichkeiten bei genetischen und Stoffwechselprozessen unter Organismen verschiedener Arten zu gewinnen.

Möglicherweise liegt in der Chromosomenzahl eine positive Korrelation zur zunehmenden Komplexität des Organismus, und zunehmende Komplexität könnte einen Fortschritt der neuen Form gegenüber der ihr vorausgehenden bedeuten. Mais hat 20 Chromosomen, die Maus 40 und der Mensch 46. Freilich paßt zu dieser Theorie nicht so recht, daß die Kartoffel 48 Chromosomen hat.

Man hat nach Beziehungen zwischen verschiedenen Lebensformen gesucht, indem man die jeweiligen Proteine daraufhin verglich, ob sie einander ähnelten oder nicht. Da die Proteine eines Organismus in dessen genetischem Kode festgelegt sind, implizieren Ähnlichkeiten der Proteine Ähnlichkeiten bei den Erbanlagen. Manche spezifischen Proteine aber finden sich in so unterschiedlichen Organismen wie Bakterien, dem Weizen und dem Menschen. Wie im vorletzten Kapitel gezeigt, ist die Wahrscheinlichkeit, daß zwei verschiedene Organismen zufällig nahezu identische Proteine produzieren, geringer als $1:10^{130}$, das heißt, sie beträgt annähernd Null. Dennoch verweist die Ähnlichkeit der Proteine in verschiedenen Lebensformen darauf, daß sie über einen gemeinsamen Vorfahren verfügen. Wer sich mit der biblischen Überlieferung beschäftigt, sollte diese Ergebnisse der Forschung keinesfalls ignorieren.

Den deutlichsten Hinweis auf einen gemeinsamen Vorfahren allen Lebens liefert die Ähnlichkeit des allen Lebensformen gemeinsamen genetischen Materials. Sowohl DNS als auch RNS sind so komplex, daß die Wahrscheinlichkeit, sie könnten sich im Reich der Pflanzen, Pilze und Tiere unabhängig voneinander entwickelt haben, verschwindend gering ist.

Eine einzige Urquelle für das Leben anzusetzen bedeutet für den Theologen keine größere Schwierigkeit als für den Paläontologen. Der Erde war die Fähigkeit mitgegeben, Leben »hervorzubringen« (1 Mose 1, 11. 24). Der Talmud beschreibt eine sumpfähnliche »Übergangsfläche« zwischen Erde und Wasser als den Ort, an dem das tierische Leben entstand.[9] Unser Leib ist mit der Erde so innig verbunden, daß für den ersten Vertreter der Menschheit in der Bibel der Name »Adam« gewählt wurde. Dieses Wort »adamah« bedeutet im Hebräischen »Erde« oder »Boden«. Wir erfahren, daß die Ursubstanz unseres Leibes tatsächlich die Erde ist (1 Mose 2, 5).

Auf der Linie der fossilen Zeugnisse liegend, geht die biblische Darstellung von der allmählichen Entfaltung des Lebens nicht linear vor, sondern folgt dem Modell des unterbrochenen Gleichgewichts, wie es die punktualistische Theorie vertritt. Doch besteht ein krasser Unterschied in der Art, wie Theologen und Paläontologen der Darwinschen Schule diese Unterbrechungen deuten. Der Bibel zufolge kennzeichnet das Geheiß Gottes jeweils den Übergang vom Unbelebten zum Belebten sowie das Auftreten von Pflanzen und Tieren. Die herrschenden Umweltbedingungen mögen hinsichtlich der Frage, welche Arten sich durchsetzen konnten und welche untergehen mußten, eine Rolle gespielt haben, doch nach theologischem Verständnis waren die Formen des Lebens, die in einer sich verändernden

Welt um das Überleben miteinander konkurrierten, teleologisch festgelegt. Sofern das Material, aus dem das Universum besteht, das Merkmal der Orthogenese aufweist, ist diese das Ergebnis eines in der Bibel dargelegten göttlichen Plans.

Die Annahme einer göttlichen Teleologie steht in deutlichem Widerspruch zur Theorie der zufälligen natürlichen Zuchtwahl zwischen den Arten nach Darwin. Doch haben in den letzten Jahrzehnten Modifikationen diese Theorie der natürlichen Zuchtwahl der Lehre der Bibel beträchtlich angenähert. Die deutlichste Revision besteht in der Annahme, daß *spontan* auftretende zufallsbedingte Mutationen wahrscheinlich *nicht* für Veränderungen innerhalb einer Tier- oder Pflanzenart verantwortlich sind.

Wenn sich die Merkmale einer Umgebung ändern, sehen sich die in ihr lebenden Populationen einem Streß ausgesetzt. Dabei gedeihen und überleben diejenigen, die diesen Streß am besten bewältigen. Worauf aber gehen die abweichenden Varianten zurück? Gestützt auf die Fortschritte der Molekulargenetik in den letzten dreißig Jahren, wird inzwischen die Ansicht vertreten, die angepaßte Variante[10] sei bereits im Genmaterial der Elterngenerationen enthalten gewesen und habe in vorigen Generationen in einer geringen Zahl der Angehörigen jener Population ihren Ausdruck gefunden. Sobald aufgrund der Umweltbedingungen dieses Merkmal überlebensnotwendig wurde, habe die Zahl der Individuen stark zugenommen, die dieses Merkmal aufwiesen. Diese Vorstellung der Populationsgenetiker ist die zur Zeit vorherrschende Theorie für alle Aspekte der gegenwärtigen Evolutionsforschung. Wie groß die innerhalb einer bestimmten Art mögliche genetische Abweichung ist, zeigt sich daran, daß unter den vier Milliarden Menschen keine zwei identisch sind – wenn man von eineiigen Zwillingen absieht, die aus ein und derselben befruchteten Eizelle stammen. Diese Vielfalt, die sich bei praktisch allen Lebensformen findet, erweist sich bei der Verwendung von Insektenbekämpfungsmitteln als Fluch. Daß die Stubenfliege so rasch DDT-resistent wurde, ist nicht das Ergebnis zufälliger Mutationen im genetischen Material, die etwa – gerade rechtzeitig – die erforderlichen Gegenkräfte hervorgerufen hätten. Die Resistenz war bereits im Erbgut vorhanden, als es das DDT noch nicht gab, nur prägten wenige Fliegen das entsprechende Merkmal aus. Als man DDT in der Umgebung der Fliegen zu verwenden begann, wurde dieses Merkmal »verlangt«. Folglich entwickelten sich diejenigen Nachkommen, in denen es sich ausdrückte, zur zahlenmäßig stärksten Linie. Daß Hunderte von Insektenarten chemischen Stoffen gegenüber resistent sind, die auf die Generationen vor ihnen noch giftig wirkten, ist ein ärgerlicher Beleg für diese Fähigkeit zur Veränderung innerhalb eines Morphotyps.[11]

Auch die fossilen Zeugnisse liefern Belege für solche Veränderungen, freilich nur, wenn wir *innerhalb* einer einzelnen Lebensform oder Art bleiben und dem Versuch widerstehen, der Frage, wie das »fehlende Bindeglied« zwischen verschiedenen Morphotypen aussehen müßte, eine vorgefaßte Antwort überzustülpen. Ein Beispiel dafür findet sich in der zwei Millionen Jahre alten Geschichte der Tiergattung »Homo«, bei der sich deutliche Abweichungen in der Skelettgröße erkennen lassen. Das Schädelvolumen – das einen Hinweis auf die Größe des Gehirns liefert – nahm in jener Zeitspanne von den rund 900 cm^3, die es beim »Homo habilis« hatte, auf 1400 cm^3 beim Neandertaler zu. Etwa diesen Wert weist es auch beim heutigen Menschen auf.[12]

Auch die Bibel nennt Veränderungen der Merkmale des Menschen, des einzigen Lebewesens, das im einzelnen gewürdigt wird. Am auffälligsten ist die Veränderung der Lebensdauer. In den auf Adam folgenden Generationen ist von Lebensaltern die Rede, die über das neunhundertste Jahr hinausgehen. So erreichte Methusalem laut 1 Mose 5, 27 ein Alter von neunhundertneunundsechzig Jahren. Doch zur Zeit des Königs David (etwa 1000–960 v. u. Z.) hieß es dann: »Unser Leben währet siebzig Jahre, und wenn's hoch kommt, so sind's achtzig Jahre ...« (Psalm 90, 10). Das ist die Lebensspanne, die auch uns heute im wesentlichen beschieden ist. So beträgt die durchschnittliche Lebenserwartung bei der Geburt in den Industrieländern gegenwärtig rund 71 Jahre, in Afrika sind es etwa 45 und in Asien 55 Jahre. Was ist die Ursache dieser drastischen Abnahme menschlicher Lebensdauer seit Methusalems Zeiten? Nachmanides begründet sie – in seinen Erläuterungen zu 1 Mose 5, 4 – damit, daß als Ergebnis anhaltender Veränderungen des Klimas und der Atmosphäre während und nach der Sintflut (zu Noahs Zeit[13]) körperliche Belastungen aufgetreten seien, und weist die Vorstellung zurück, Lebens- oder Ernährungsweise könnte Auslöser einer solch deutlich verringerten Lebenserwartung sein.

Daraus ersehen wir, daß auch die biblische Überlieferung von Veränderungen innerhalb einer bestimmten Art zu berichten weiß, und wir erfahren, daß diese das Ergebnis von Umwelteinflüssen sein könnten. Natürliche Kräfte beeinflussen die Entwicklung des Lebens – die biblische Überlieferung pocht allerdings darauf, daß Gott diese Kräfte an entscheidenden Stellen gesteuert hat (und noch steuert). Dieses »Und Gott sprach« kennzeichnet die Souveränität des göttlichen Willens: Gott, der die natürlichen Prozesse der Welt während der sechs Tage Schöpfung nach dem Modell des unterbrochenen Gleichgewichts voneinander abhebt.

Der springende Punkt bei der Kontroverse zwischen Theologen und Verfechtern der Evolutionslehre besteht darin, daß objektiv gesehen die fossilen Zeugnisse das Modell des unterbrochenen Gleichgewichts ebenfalls nahelegen. Plötzliche Veränderungen, zu denen es bei Gruppen von Organismen kam, während das Leben von einfachen zu komplexen Formen voranschritt, sind nämlich die Regel und nicht die Ausnahme. Eine Gruppe von Tieren tritt auf, gewinnt womöglich die Vorherrschaft, verschwindet dann aus den fossilen Zeugnissen und wird durch einen anderen Formenkreis ersetzt. In manchen Fällen werden diese Unterbrechungen in Beziehung zum Massenaussterben ganzer Artengruppen gesetzt.

Seit mit dem Beginn des Kambriums vor etwa sechshundert Millionen Jahren eine große Zahl von Lebensformen aufgetreten ist, hat es etwa fünf- bis zehnmal Massenaussterben gegeben.

Einige davon hat man auf Veränderungen im Muster der Landmassen zurückgeführt. Das Zerbrechen des frühen zusammenhängenden Kontinents, zu dem der größte Teil der Landmasse der Erde gehörte, erzeugte vor fünfhundertachtzig Millionen Jahren an den Küsten der neu entstandenen Kontinente große Flächen ausgedehnter Schelfmeere. Im von der Sonne erwärmten Wasser dieser Küstenstreifen gedieh das Leben. Ausgedehnte Ablagerungen von fossilen Meereslebewesen aus jener Zeit zeigen uns, wie fruchtbar diese Gewässer gewesen sein müssen. Zweihundertfünfzig Millionen Jahre später drängten sich die Landmassen dann erneut aneinander und bildeten den als »Pangäa« bezeichneten Urkontinent. Unter dem Druck der Landmassen verschwanden die seichten Schelfmeere, womit neun Zehntel aller im Meer lebenden Arten aus dem »Fossilbericht« getilgt wurden. Reptilien wurden die beherrschende Tiergruppe, doch fanden sich auf dem neuen Kontinent auch begrenzte ökologische Nischen für die Säugetiere.

Das wohl bekannteste Massenaussterben ist das der Dinosaurier. Sie traten vor zweihundertzwanzig Millionen Jahren auf, wurden zur stärksten Gruppe unter den Reptilien und beherrschten das Tierreich volle einhundertfünfzig Millionen Jahre lang. Nach den fossilen Zeugnissen zu urteilen, mußte man sie – wenn man unser heutiges Wissen einmal außer acht läßt – als die Tiergruppe ansehen, der die Zukunft gehörte. Ihre Position erschien unerschütterlich. Es ist keineswegs gesichert, daß es sich bei ihnen – wie gelegentlich behauptet – um »dumme« kaltblütige Reptilien handelte. Gestützt auf Ergebnisse der vergleichenden Anatomie sowie auf Untersuchungen von Gestalt und Struktur der Knochen dieser Tiere, ist Professor James Valentine von der University of California zu dem Ergebnis gekommen, daß es sich bei diesen Riesenechsen möglicherweise um lebhafte Warmblüter handelte.[14] Aus den Fossilien ersehen wir, daß es im Verlauf der einhundertfünfzig Millionen Jahre ihrer Existenz fünfmal zu extremem und dreimal zu weniger schwerwiegendem Massenaussterben kam. Die Dinosaurier überlebten alle, bis sie schließlich vor fünfundsechzig Millionen

Jahren durch ein Ereignis für alle Zeiten von der Bildfläche verschwanden, das man als »kosmische force de frappe« bezeichnen könnte. Mit ihnen gingen alle anderen Tiere unter, die mehr als etwa zehn Kilogramm wogen. Den Säugern, die sich während der Herrschaft der Dinosaurier in ihrer winzigen Nische gehalten hatten, gelang der Durchbruch an die Spitze aufgrund eben jenes Ereignisses, das ihre Konkurrenten aus dem Weg räumte. Ein Zweig der Familie der Säugetiere gedieh im ökologischen Raum, der sich jetzt neu eröffnete, besonders: die Primaten.

Wodurch wurde jenes Massensterben ausgelöst, zu dem es vor fünfundsechzig Millionen Jahren kam? Und die früheren Massensterben? Der Bericht über das, was man heute allgemein für die Ursache hält, liest sich wie eine Neuauflage von Immanuel Velikovskys *Erde in Aufruhr*.

In den fünfziger Jahren behauptete Velikovsky, mehrere aufeinanderfolgende Zusammenstöße zwischen der Erde und außerirdischen Körpern – z. B. Kometen – hätten zuerst Leben auf der Erde hervorgerufen und anschließend dessen Entwicklung beeinflußt: Die Auswirkungen dieser Wechselbeziehungen reichten bis hin zur gesellschaftlichen Form der Menschheit, wie sie in der Bibel dargestellt wird. Die herrschende naturwissenschaftliche Lehrmeinung wies den Gedanken eines so tiefgreifenden, von außerhalb der Erde kommenden Einflusses in »unsere Angelegenheiten« rundweg zurück. Doch gerade kosmische Ursachen ziehen heute Naturwissenschaftler zur Erklärung des Aussterbens der Dinosaurier und anderer Arten heran.

In weit verstreut liegenden Gebieten hat der Nobelpreisträger Luis Alvarez mit seinem Sohn Walter in Schichten von Sedimentgestein Spuren des seltenen Metalls Iridium entdeckt, das auf die Zeit des Aussterbens der Dinosaurier datiert und mit bestimmten Meteoriten in Beziehung gebracht wird. Die Alvarez-Arbeitsgruppe stieß auf eine dreißigmal höhere Iridiumkonzentration, als man sie in Sedimentgestein gewöhnlich antrifft. Ähnliche Funde, die ein Einwirken auf unsere Umwelt von außen nahelegen, wurden an verschiedenen Orten auf der ganzen Welt gemacht. Das Iridium könnte von einem Zusammenprall mit einem Meteoriten stammen, der einen Durchmesser von etwa zehn Kilometern gehabt haben dürfte. (Der Krater im Nördlinger Ries mit vierundzwanzig Kilometer Durchmesser wird beispielsweise mit einem solchen Meteoriteneinschlag erklärt.) Ein solcher Aufprall müßte zerstörerische Folgen für die Biosphäre gehabt haben. Unter anderem hätten Quadrillionen Tonnen dabei in die Stratosphäre gelangten Staubs die Strahlungsintensität des auf die Erdoberfläche gelangenden Sonnenlichts so stark verringert, daß sie nicht einmal die eines Viertelmondes erreicht hätte. Die Erde hätte eine Art ausgedehnten atomaren Winter erlebt. Die Photosyntheseleistung wäre ähnlich stark gesunken wie die Temperaturen. Unter den veränderten ökologischen Bedingungen der Erde hätten sich vor dem Aussterben, dem die Dinosaurier zum Opfer fielen, nur solche Arten retten können, die hinreichende Überlebenstechniken entwickelten.[15] Immerhin erscheinen die Eckwerte des gedachten Ablaufs so plausibel, daß ihn die angesehene Zeitschrift *Science* veröffentlichte.[16]

Mit Hilfe durch ähnliche Ursachen bewirkter Fälle von Aussterben will man heute zahlreiche Lücken und sprunghafte Veränderungen von Lebensformen erklären, die sich im »Fossilbericht« finden. Das Aussterben der Dinosaurier ist für das Auftreten des Menschen auf der Bühne Leben von besonderer Bedeutung. Zwar existierten während der einhundertfünfzig Millionen Jahre, in denen die Dinosaurier das Tierreich beherrschten, schon Säugetiere, aber die Primaten besetzten nur winzige Nischen. Erst nach dem Aussterben der Großreptilien vermochten sie ihren Einflußbereich auszuweiten.

Handelte es sich dabei um eine Phase der gelenkten Evolution, voller Wunder, die wir vielleicht als zufällig ablaufende natürliche Ereignisse mißdeuten? Verborgene Wunder sind nicht minder göttlich, als es das Auseinanderweichen der Fluten des Roten Meeres beim Auszug der Kinder Israels aus Ägypten war. Auch hier gibt es keinen unmittelbaren Beweis für ein göttliches Eingreifen. Eine Naturkraft, ein starker Ostwind, der die ganze Nacht wehte, ließ die Wasser des Meeres zurückweichen (2 Mose 14, 21). Das Phänomen erschien den Ägyptern, die den Israeliten nachsetzten, so natürlich, daß sie den Flüchtenden ohne Umschweife auf dem kurzzeitig trockenen Meeresboden folgten.

Niemand vermag mit Sicherheit auszuschließen, daß dem Sturz eines Meteoriten auf die Erde göttliches Eingreifen zugrunde lag, das die Entwicklung des Lebens zum Menschen hin steuern sollte. Schlagartige ökologische Veränderungen, ob sie nun darauf zurückgehen, daß kollidierende Landmassen eine Pangäa bilden, oder darauf, daß ein Kometenschweif durch unsere Atmosphäre zieht, könnten »zufällige« Ereignisse sein, die zu einem besonders »günstigen« Zeitpunkt eintraten. Die Schwierigkeit bei der objektiven Bewertung der fossilen Zeugnisse im Hinblick auf die Theorie von der natürlichen Zuchtwahl liegt darin, daß der Begriff »natürliche Zuchtwahl« als Mittel, das Leben in organisierte Kategorien zu bringen, so verlockend ist. Doch fehlen im »Fossilbericht« Hinweise auf eine ununterbrochene Entwicklung, bei der sich die für das Überleben geeigneteren Arten gegenüber den minder geeigneten durchsetzten. Nur indem man subjektiv eine Reihe fehlender Bindeglieder zwischen ihnen ansetzt oder eine von abrupten Sprüngen eines unterbrochenen Gleichgewichts gekennzeichnete Evolution annimmt, läßt sich ein Vorwärtsschreiten des Lebens anhand der fossilen Zeugnisse belegen. Zur Zeit sehen führende Anhänger der Evolutionslehre die zuletzt genannte Möglichkeit als zwingend an. Heißt das, daß Velikovsky innerhalb der wissenschaftlichen Gemeinde Glaubwürdigkeit erlangt hat?[17]

Wie man die fossilen Zeugnisse deutet

Subjektivität beim Auswerten der Befunde scheint unter jenen weit verbreitet zu sein, welche in der Evolution einen schrittweise ablaufenden Prozeß sehen. Dieser Subjektivismus, der erwünschte, aber keineswegs ermittelte Daten hinzufügt, hat es den Vertretern der Theorie von der natürlichen Zuchtwahl ermöglicht, ihre Behauptungen zu begründen und dementsprechend die Glaubwürdigkeit der biblischen Überlieferung in Zweifel zu ziehen, welche die Entwicklung des Lebens gemäß der punktualistischen Theorie darstellt. Ein markantes Beispiel, wie eine Ansicht an den Tatsachen vorbei vertreten wird, liefern Ernst Mayrs Publikationen.

Mayrs Renommee ist untadelig: Doktor der Zoologie an der Universität Berlin, später zweiter Kustos am Amerikanischen Museum der Naturgeschichte, emeritierter Professor der Universität Harvard. Was Ernst Mayr sagt – oder schreibt –, findet Beachtung! In einem Artikel der angesehenen Zeitschrift *Scientific American* mit dem Titel »Evolution« räumt er ein, daß die Unwahrscheinlichkeit der einzelnen Schritte, die zur Entwicklung des Menschen führten, die Vorherrschaft der Hominiden äußerst zweifelhaft mache.[18] Doch das Ziel vor Augen, zu beweisen, daß die natürliche Zuchtwahl das Erscheinen des Menschen zu rechtfertigen vermag, wischt er die Vorstellung einer göttlichen Teleologie als einen »in den meisten Religionen anzutreffenden Schöpfungsmythos primitiver Menschen«[19] vom Tisch.

Es gibt aber in Darwins Evolutionstheorie selbst einen Aspekt, der der gegenwärtigen Sicht sich ändernder Formen widerspricht. Darwin glaubte an die Vererbung erworbener Merkmale. Das würde bedeuten, daß sich der bevorzugte Gebrauch oder Nichtgebrauch eines Körperteils in der jeweils folgenden Generation in der Beschaffenheit jenes Körperteils äußerte. Wer sich ständig nach hoch im Baum hängenden Äpfeln streckt, dessen Nachkommen müßten lange Arme haben. Die Erfahrung lehrt, daß jemand, der auf diese Weise Äpfel erntet, eine geringfügige Verlängerung seines Armes erfährt – aber nichts weist darauf hin, daß Organismen, die größer sind als Mikroben, erworbene Merkmale an spätere Generationen vererben. Mayr, der Darwin hoch schätzt, erklärt dessen Überzeugung von der Vererbung erworbener Merkmale folgendermaßen: »Es handelte sich dabei um eine allgemein verbreitete Überzeugung, die fest in der Überlieferung des Volkes gründet (und sich unter anderem in der biblischen Erzählung von Jakob findet, der die gesprenkelten und die gefleckten Schafe absondert).«[20] Mayr deutete diese Episode in 1 Mose 30, 31–43, wie das nur jemand kann, der an Tatsachen mit einer vorgefaßten Meinung herangeht. Der Sinn des biblischen Textes ist durchaus klar und läßt sich sowohl im hebräischen Original wie auch in jeder Übersetzung erfassen.

Laban bittet seinen Schwiegersohn Jakob, den Lohn festzusetzen, den er für das Weiden von Labans Schafen erhalten soll. Da Jakob von Laban schon früher mehrfach betrogen wurde – unter anderem damit, daß jener dem naiven Jüngeren die Braut vertauschte –, gibt er die kluge Antwort: »Sondere alle gesprenkelten und gefleckten Schafe und Ziegen aus deiner Herde, und laß nur die weißen Tiere zurück. Ich will sodann die Herde aus weißen Tieren weiden, und jedes gesprenkelte oder gefleckte Tier, das künftig in dieser Herde zur Welt kommt, soll mir gehören. Das sei mein Lohn. Die weißen Tiere sollen alle dir gehören.« Diesem Vorschlag stimmt Laban zu und sondert noch am selben Tag alle zu kennzeichnenden Schafe und Ziegen aus – wohl damit Jakob keine Gelegenheit hatte, ihn mit üblen Tricks übers Ohr zu hauen. Die ausgesonderten Tiere gibt er seinen Söhnen, die sie drei Tagereisen von Jakob und der weißen Herde entfernt weiden sollen.

Als die Schafe und Ziegen brünstig werden, nimmt Jakob frische Ruten von Pappeln und anderem Holz, schält sie und legt sie in die Tränkrinnen der Tiere, die sich dann vor diesen geschälten Ruten begatten. Mayr deutet den Text so, daß die an den teilweise geschälten Ruten sichtbaren Streifen und Flecken für eine höhere Rate gefleckter und gestreifter Nachkommen sorgen sollten. Doch der Verfasser der Bibel war klüger, als ihm Mayr zubilligt. Wir wollen dem Text genau folgen.

Jakob, der Labans Herde bis dahin schon mehr als vierzehn Jahre lang gehütet hatte, weiß aufgrund genauer Beobachtung der Tiere, wie ihre Nachkommen aussehen. Dieses Wissen hatte er in der Vergangenheit mit Erfolg genutzt: »Denn es war wenig, was du [Laban] vor mir [Jakob] hattest, nun aber ist viel daraus geworden ...« (1 Mose 30, 30). Vierzehn Jahre Erfahrung haben Jakob gelehrt, daß weiße Tiere durchaus imstande sind, gefleckte und gestreifte Nachkommen zur Welt zu bringen. Nachdem er die Abmachung mit Laban getroffen hat, sorgt er Generation auf Generation dafür, daß die stärkeren Böcke der Herde jene Muttertiere decken, die gefleckte oder gestreifte Nachkommen werfen (1 Mose 30, 40–42). Bei den schwächeren Tieren der Herde legt er keine Stöcke in die Tränkrinne – so wird es ausdrücklich in 1 Mose 30, 42 gesagt. Nirgendwo findet sich ein Hinweis darauf, daß die Färbung oder das Muster der Ruten einen Einfluß auf die Farbe der Nachkommen gehabt habe. Raschi erklärt in seiner Erläuterung zu 1 Mose 30, 38 den Zweck der Stäbe folgendermaßen: »Wenn das Muttertier [das sich zum Trinken vorwärts beugte und dabei das Hinterteil hob] die [im Wasser gespiegelten] Ruten sah, erschrak es und wich nach hinten aus, so daß der [hinter ihr stehende] Bock mit ihm kopulierte.«[21] Damit stellt er Jakobs Absicht plastisch, wenn auch ein wenig anstößig dar: Die Ruten sollten die Kopulationshäufigkeit der von Jakob ausgewählten männlichen Tiere mit den ausgewählten weiblichen Tieren steigern. Diesem biblischen Bericht über Auslesezüchtung aus alten Zeiten hätte Mayr seine Zustimmung wirklich nicht zu versagen brauchen.

Der biblische Text ist klar. Unglücklicherweise liest ihn Mayr oberflächlich. Man kann nur darüber spekulieren, wie er mit den bisweilen recht dürftigen fossilen Zeugnissen – häufig müßte man ganze Gliedmaßen aus einem einzigen Knochensplitter rekonstruieren – umgeht.

An der Existenz von Fossilien läßt sich nicht rütteln. Man kann sie so anordnen, daß aus ihnen ein Fortschreiten von alten einfachen Formenkreisen zu den komplexen vielzelligen Bauplänen der heutigen Pflanzen, Pilze und Tiere ablesbar wird. Bedeutet dies zwangsläufig, daß der Strom des Lebens nur zufällig fließt und der Mensch nichts anderes ist als das letzte Glied in der Kette? Diesen Schluß könnten die Befunde nahelegen. Mich aber hat die kritische Sichtung der verfügbaren Daten zu einer anderen Folgerung veranlaßt, auch wenn sie zum Teil Rätsel aufgibt und an einer Stelle einen Glaubenssprung erfordert.

Die Sicht unserer Welt scheint zwischen zwei Perspektiven zu pendeln: zum einen der, daß offensichtlich natürliche Ursachen sie steuern, zum anderen einer, der zufolge sie von Willen und punktuellem Eingreifen eines Wesens gelenkt wird, das wir »Gott« nennen. Dieses alternierende Muster wirkt bisweilen wie ein Bild, das unvermittelt »umspringt«, wobei das Abgebildete zum Hintergrund wird und umgekehrt – so wie die das Auge des Betrachters narrenden Bilder des Zeichners und Malers M. C. Escher, eines Meisters solcher Vexiertechnik.

Trotz Mayrs Aussage, es sei »äußerst zweifelhaft«, trat das Leben auf der neu geschaffenen Erde fast zeitgleich in Erscheinung. Alles weist darauf hin, daß dieses erste Leben bereits in seinen einfachen Formen das überwältigend komplexe Erbmaterial enthielt, das wir als DNS und RNS kennen. Zweieinhalb Milliarden Jahre mußten vergehen, bis vielzellige Lebensformen im »Fossilbericht« auftauchten. Der Übergang vom Ein- zum Vielzeller erforderte den Fortschritt von kernlosen Bakterienzellen zu Zellen, deren genetisches Material im Kern organisiert ist. Gleichermaßen unerläßlich war der Übergang von einer anaeroben Atmosphäre, in der die Energie nur geringfügig genutzt wurde, zu einer vor der UV-Strahlung geschützten sauerstoffreichen Atmosphäre, wie wir sie heute kennen und die einen hohen Energienutzungsgrad ermöglicht.

Dem Fortschritt von ein- zu vielzelligen Organismen liegt ein komplexes Zusammenwirken von Ereignissen zugrunde. Aber wieviel komplexer war der Übergang vom Unbelebten zum Belebten, von den mineralischen Verbindungen zur verblüffenden Komplexität der DNS und RNS, die sich schon im einfachsten Bakterium findet! Der Übergang zu vielzelligen Lebewesen erfolgte zweieinhalb Milliarden Jahre nach dem ersten Auftreten von Einzellern. Der »Fossilbericht« zeigt, daß der Weg vom Unbelebten zum Belebten in einem Zehntel jener Zeit bewältigt wurde. Hätte das so rasch geschehen können, wenn dahinter »von ungefähr« wirkende, ungesteuerte Ereignisse gestanden haben sollen? Statistisch wie logisch gesehen, geht die Wahrscheinlichkeit gegen Null.

Die fossilen Zeugnisse fordern eine von drei Erklärungen heraus: Entweder wurde das Leben auf die Erde gebracht, eine ungewöhnliche Kraft (eine Superintelligenz oder ein Schöpfer?) hat es erzeugt, oder der Zufall hat den menschlichen Wahrscheinlichkeitsrechnungen einen Streich gespielt. Sofern letzteres der Fall sein sollte, erübrigt sich die Methode, Daten mit Hilfe der statistischen Theorie zu analysieren. Allerdings gründet sich die gesamte Physik auf die Statistik, denn man setzt voraus, daß das Wahrscheinliche, nicht aber das höchst Unwahrscheinliche eintritt.

Die früheren fossilen Zeugnisse erzwingen den Schluß, daß eine Kraft oder Kräfte im Spiel waren, die nicht der Natur innewohnen, wie wir sie heute kennen.

Und die fossilen Zeugnisse aus späterer Zeit? Lassen sie sich einfach damit erklären, daß die am besten angepaßten Arten in einem offen Konkurrenzkampf überlebten – ohne daß irgendwelche Einflüsse zu einem bestimmten Ziel hinlenkten? Sehen wir sie uns an. Der Zufälligkeitscharakter dieser fossilen Funde ist ebenso verwirrend wie ihr unterbrochenes Muster.

Die Erde erstarrt. Die Erosion beginnt die freiliegenden Landmassen umzugestalten. Durch Abtragung und Ablagerung des erodierten Materials entstehen die ersten Sedimentgesteine. In den frühesten von ihnen zeigen sich die ersten Spuren des Lebens. Bakterien – Prokaryonten, das heißt Lebewesen ohne Kern – bleiben zweieinhalb Milliarden Jahre lang die einzigen Vertreter des Lebens auf der Erde – die Hälfte ihrer gesamten bisherigen Existenz! Vor 1,3 Milliarden Jahren schließen sich Landmassen erstmals zu einem übergreifenden Kontinent zusammen. Zur gleichen Zeit treten kernhaltige Zellen auf, Eukaryonten, und gewinnen rasch die Oberhand. Das wird für weitere sechshundert Millionen Jahre der Status quo – noch einmal die Hälfte der Zeit zwischen der Entstehung des ersten zusammenhängenden Kontinents und heute. Die Kontinente lösen sich voneinander und werden durch die Drift auseinandergetrieben. In eben jener Zeit treten die ersten vielzelligen Lebensformen auf und werden bald zur vorherrschenden Gruppe. Während der folgenden dreihundert Millionen Jahre breiten sich zu Wasser und zu Lande Arten aus und füllen die vorhandenen ökologischen Nischen. Dann schließen sich vor zweihundertfünfzig bis zweihundertfünfundzwanzig Millionen Jahren – wieder etwa die Hälfte der Zeit, die zwischen dem Zerbrechen des Kontinents und der Gegenwart liegt – die Landmassen erneut zusammen und bilden den neuen Urkontinent Pangäa. Arten sterben in größerem Umfang aus, unter ihnen annähernd neun Zehntel der Meeresbewohner. Bald darauf – nach geologischen Maßstäben – treten Dinosaurier und Vorläufer der Säugetiere auf, wobei erstere den Kampf um die Vorherrschaft für sich entscheiden und sich diese auch nicht streitig machen lassen, als einzelne Dinosaurierarten erlöschen. Hundertfünfzig Millionen Jahre lang dominieren die großen Echsen. Säugetiere, nicht größer als Mäuse oder Eichhörnchen, die zwischen ihren Füßen umherwuseln, bleiben so klein, wie sie sind. Die Dinosaurier sind die Tiergruppe, denen die Zukunft gehört. In ihrer Umwelt setzen sie sich gegen jeden Angriff durch. Dann plötzlich ändert irgendein Ereignis – ist es wirklich irgendeines? – die Spielregeln, und eine »Force de frappe« vernichtet die Dinosaurier. Unter Umständen war es ein längerer Winter, hervorgerufen von einer durch eine Staubwolke verdunkelten Atmosphäre, die wiederum Ergebnis der Explosion eines auf die Erde aufgeprallten großen Meteoriten gewesen sein könnte. Jedenfalls verschwinden diese Tiere, und nun ist der Weg frei für die Primaten. Es sieht ganz so aus, als habe diese Säugetierordnung, der auch der später erscheinende Mensch angehört, förmlich hinter den Kulissen darauf gewartet, das Drama Leben weiterzuspielen. Eine Abfolge weiterer Umweltveränderungen, insbesondere die Zu- und Abnahme der Eisbedeckung der Erde, veranlaßt die Primaten, aus den Bäumen herabzusteigen und später vom Waldboden aus das offene Land zu erobern, wo ein aufrechter Gang von Vorteil ist.

Niemand kann beweisen, daß die göttliche »Einhauchung« die Quelle des nahezu sofortigen Auftretens von Leben auf der noch jungen Erde war oder daß ein Schöpfer die plötzlichen Veränderungen in den Umweltbedingungen gelenkt hat, von denen wir rückblickend sagen müssen, daß sie die Entwicklung des Lebens so gesteuert haben, daß Tiere entstanden, welche Menschengestalt hatten. Wohl aber können wir verneinen, daß der »Fossilbericht« einen von Zufall bestimmten Weg oder einen hemmungslosen Konkurrenzkampf aufzeigt, bei dem es um das Überleben der geeignetsten Arten ging.

Adams Zeitlinie wird überschritten

Zugespitzt lautet die Frage – und damit sind wir beim Kern der Auseinandersetzung zwischen Naturwissenschaft und Theologie –: Was ist der Ursprung des Menschen? Gewiß gibt es einen Mangel an fossilen Zeugnissen, welche Aufschluß über die verschlungenen Pfade geben, doch eine ganze Reihe von Fossilien zeigt, daß seit mindestens einer Million Jahren, vielleicht auch schon länger, Lebewesen existieren, die dem Menschen vom Aussehen her sehr ähnlich sind. Wir könnten versucht sein, die Fragmente früher fossiler Zeugnisse zu vernachlässigen. Schließlich ist ihr Alter ungewiß, man schätzt es lediglich nach dem Alter der Ablagerungen am jeweiligen Fundort. Doch aus den letzten fünfzehntausend Jahren gibt es Hunderte, ja Tausende von Fossilien, und sie lassen sich mit Hilfe der im Fossil selbst enthaltenen ^{14}C-Konzentration genau datieren. Am Rande der Arktis hat man die Überreste ganzer Dörfer gefunden[22], in denen vor neuntausend Jahren Lebewesen ähnlich den heutigen Eskimos wohnten. Zu den Funden gehören außer den Skeletten auch Reste von Kleidungsstücken und Behausungen sowie von Werkzeugen, wie sie im Alltag gesellschaftlich organisierter Menschen gebraucht werden. Ähnlich gut dokumentierte Siedlungen aus der Zeit vor Adam hat man von Frankreich bis zur Ukraine entdeckt. Dort finden sich neben Werkzeugen kunstvolle Skulpturen zahlreicher Tiere und, noch erstaunlicher, Zeichnungen, aus denen hervorgeht, daß jene Wesen über die Wahrnehmung und die Koordination von Hand und Auge verfügten, die zur Abbildung der Dreidimensionalität auf der zweidimensionalen Fläche erforderlich sind. Die Ähnlichkeit zwischen uns und den frühen Hominiden erstreckt sich auch auf das Schädelvolumen. Es hat seit dem Auftreten des Neandertalers vor hunderttausend Jahren nicht zugenommen – es gibt sogar Fossilien aus jener Zeit, bei denen es 1400 cm^3 erreicht. Das sind rund 100 cm^3 mehr als der Durchschnittswert beim heutigen Menschen und rund 300 cm^3 mehr als beim Gehirn des berühmten Autors und Nobelpreisträgers Anatole France![23]

Vor drei Millionen Jahren traten in der Gegend von Hadar in Äthiopien und in Laetoli in Tansania erstmals Tiere auf, die auf zwei Beinen aufrecht gehen konnten. Das bedeutet, daß vor drei Millionen Jahren eine Tierart herumzog, welche die Hände frei hatte, um damit Gegenstände zu greifen und zu verwenden. Dennoch wurden fast während der gesamten Zeit kaum Fortschritte bei der Verfertigung von Werkzeugen erzielt – sie blieb auf die Herstellung von Feuersteinklingen und Faustkeilen beschränkt. Dann tauchten plötzlich und in einer atemberaubenden Abfolge, die alles bis dahin Geleistete in den Schatten stellte, vor etwa vierzigtausend Jahren – oder anders ausgedrückt: nachdem neunundneunzig Prozent des Zeitraums verstrichen waren, in dem Zweifüßer über die Erde zogen – die unterschiedlichsten Arten von Werkzeug auf: steinerne Speerspitzen, Harpunen und Knochennadeln, ebenso Statuetten. Diese plötzliche Fülle materiellen Wohlstandes sowie eine Gesellschaft, der auch die Sorge für Kranke nicht fremd gewesen sein kann – das schließt man aus Funden, an denen verheilte Knochenbrüche und zahnlose Kiefer zu erkennen sind –, weisen auf eine neuartige Fähigkeit hin, das Leben der Gemeinschaft zu organisieren – vermutlich mittels einer Art Sprache.[24]

Die innere Gestaltung fossiler Knochenschädel zeigt, daß auch die aus drei Ebenen bestehende Organisationsstruktur unseres Gehirns mindestens vierhunderttausend, wenn nicht gar eine Million Jahre zurückreicht. Sein ältester Bestandteil dürfte wohl das aus zahlreichen Nerven bestehende Bläschen am oberen Ende des Rückenmarks sein. Dieser als »Hirnstamm« oder »Stammhirn« bezeichnete Bereich steuert automatische Körperfunktionen wie Atmung und Herzschlag. Eine Ebene höher liegt das »Reptilienhirn«. Dort haben die Instinkte ihren Sitz, die das Revierverhalten beeinflussen, also auch zu Kampf oder Flucht veranlassen. Diese Instinkte, die noch heute bei den Reptilien Handeln und Verhalten steuern, sind auch unser Erbteil. Auf der dritten Ebene befindet sich das Limbische System. Mit dem Auftreten dieses Gehirnabschnitts begannen sich die Säuger von ihren Vorfahren abzusetzen. Er ist der Sitz von Emotionen, insbesondere denen, die mit Liebe und Fürsorge für die Nachkommenschaft zu tun haben. Als jüngster Teil unseres Gehirns entwickelte sich die Großhirnrinde. Sie liegt über dem Limbischen System und ermöglicht uns vorausblikkende Planung, die Verwendung von Sprache sowie analytisches Denken, eine Voraussetzung für die Entwicklung mathematischen Denkens.[25]

Darin, daß das Gehirn über diese Ebenen verfügt, wobei jede spätere Stufe der vorigen überlagert ist, zeigt sich bei der Entwicklung der Gehirnmorphologie ein der Entwicklung anderer Körperfunktionen vergleichbares Muster. Wir wollen nicht vergessen, daß die Verarbeitung von Nahrungsmitteln auf der Zellebene mit Hilfe des jüngeren Stoffwechselweges des oxidativen – oder aeroben – Abbaus über die Atmung dem älteren Weg des anaeroben Abbaus (Gärung) hinzugefügt wurde. In gewissen Entwicklungsstadien einer befruchteten menschlichen Eizelle treten Kiemen und Schwanz auf, ein Beleg dafür, daß in unserem Erbgut die Fähigkeit zur Ausprägung dieser Organe nach wie vor angelegt ist. Der endgültige Aufbau unseres Körpers geht zum Teil auf Bausteine solcher früherer Formen zurück. So besitzen Delphine und Wale wie eh und je in den Vorderflossen Knochen in gleicher Zahl und Anordnung, wie sie sich in Unterarm und Hand ihrer Vorfahren befanden. Das Gen – oder der Gen-Ort – für diesen Aufbau wurde im Erbgut dieser Säuger ebenso beibehalten, wie der Mensch nach wie vor über das Gen für Kiemen und Schwanz verfügt.

Angesichts dieser additiven Art der Entwicklung müssen wir uns der ernüchternden Einsicht stellen, daß sich unser Gehirn *qualitativ* nicht von dem vieler in der Hierarchie unter uns rangierender Tiere unterscheidet. Zwar ist die Großhirnrinde beim Menschen größer als bei allen anderen Tieren, was uns befähigt, Sprache zu formulieren und mit abstrakten Begriffen zu operieren, doch ist sie ebenso aufgebaut wie bei anderen Säugern, ob nun Nagetiere oder Affen. Bei allen Tieren dieser Klasse besteht sie aus flächig nebeneinander angeordneten, senkrechten Säulen von jeweils 0,2 bis 0,3 Millimeter starken, miteinander verbundenen Nervenzellen. Jede dieser Säulen bildet eine Art Baustein.

Die Möglichkeit, diese Bausteine seitlich miteinander zu verbinden, brachte die Erweiterung der geistigen Fähigkeiten hervor, ohne daß sich die innere Grundstruktur von Hirn und Nervensystem änderte. Zum Durchbruch im gesellschaftlichen Verhalten, den die gesprochene und geschriebene Sprache bewirkte, gelangten der Mensch und seine menschenähnlichen Vorfahren nicht etwa durch eine qualitative Veränderung der Gehirnfunktion, sondern durch die Zunahme der Zahl dieser Bausteine. Von ihnen besitzen wir Milliarden.

Der Stand der Dinge ist unabweisbar. Wir kommen letztlich nicht umhin, anzuerkennen, daß es vor Adam und Eva eine Form tierischen Lebens gegeben hat, die dem Menschen sehr ähnlich war. Dies steht nicht im Widerspruch zur biblischen Überlieferung. Die Tatsache einer *gerichteten* Evolution des Menschen, die auf die Urmaterie zurückgeht, liegt durchaus in ihrem Rahmen.

In der biblischen Schöpfungserzählung werden die von Gott bewirkten Unterbrechungen im Strom des Lebens anhand des Stufenplans verdeutlicht, dem zufolge am Anfang erst das Universum und dann die Möglichkeit geschaffen wurde, daß aus Materie tierisches Leben und später menschliches Leben entstand. Die Zäsuren werden durch das zehnmalige »Und Gott sprach« markiert. Daß die ausführlichste Darstellung im ersten Kapitel der Genesis der Erschaffung des Menschen gilt, läßt den Schluß zu, daß seine Entstehung das Ziel ist, das durch diese Unterbrechungen erreicht werden sollte.

Dazu, daß Gott am sechsten Tag – im Raum-Zeit-Bezugssystem des Schöpfers – beschloß, den Menschen zu erschaffen, heißt es in der Bibel zunächst, es sei seine Absicht gewesen, den Menschen nach seinem »Bild« und gleich seiner »Gestalt« zu *machen* (1 Mose 1, 26). Im darauffolgenden Vers lesen wir: »Und Gott *schuf* den Menschen ihm zum Bilde, zum Bilde Gottes schuf er ihn; männlich und weiblich schuf er sie.« Das Auftreten sowohl des Verbs »machen« wie auch des Verbs »schaffen« erweckt den Anschein, daß bei der Entstehung des ersten Menschen Machen *und* Schaffen eine Rolle spielten. Später (in 1 Mose 2, 7) heißt es ausdrücklich, die Menschen seien aus einer bereits existierenden Substanz *gebildet* worden, und zwar aus derselben wie die »Tiere des Feldes« und die »Vögel des Himmels« (1 Mose 2, 19). Doch wird an dieser Stelle ein zuvor nicht erwähnter Akt angesprochen: Gott haucht seinem Geschöpf eine »nešamah« (seinen »Odem«, eine »Seele«) ein, und aus dem Menschen wird ein belebtes Wesen.

Nachmanides stellt in seinem *Kommentar zur Schöpfungsgeschichte* wie Maimonides in seinem *Führer der Unschlüssigen* nachdrücklich fest: Alles Materielle, das schließlich existieren sollte, ist aus dem abgeleitet, was im ersten Augenblick der Schöpfung erschaffen wurde. Das war die einzige Erschaffung von Materie.[26] Aus jener ätherischen Masse reiner Energie sollten später Steine, Galaxien und Menschen entstehen. Wir sind – wie schon gesagt – Produkte des Urknalls und bestehen buchstäblich aus Sternenstaub. Alles im Zusammenhang mit dem Menschen stehende Materielle wurzelt tief im Universum.

Nicht unsere körperlichen Merkmale machen die Besonderheit des Menschen aus. Alle Primaten haben greifende Vordergliedmaßen und zwei einander überschneidende Gesichtsfelder. Die auf die Schädelform zurückgehende Lage der Luftröhre ermöglicht seit über hunderttausend Jahren artikuliertes Sprechen. Das Schädelvolumen, mittels dessen man auf die Gehirngröße schließen kann, hat sich bei dem Primaten, den wir als »Homo sapiens« bezeichnen, in den letzten hunderttausend Jahren nicht wesentlich verändert.

Da uns anerkanntermaßen nicht unsere körperliche Beschaffenheit einzigartig macht und überdies Theologen wie Naturwissenschaftler dahingehend übereinstimmen, daß der Stoff, aus dem der Mensch geschaffen ist, denselben Ursprung hat wie alle andere Materie des Universums, bedeutet es theologisch kein Problem, sich die physische Gestalt des Menschen als durch einen evolutionären Prozeß herangebildet vorzustellen. So kommentiert schon Nachmanides zu 1 Mose 1, 26, daß das »wir« in »Und Gott sprach: Wir wollen Menschen machen...« auf gemeinsame »Beiträge« Gottes und der bereits existierenden Erde hinweist. Hier wiederholt Nachmanides, daß ausschließlich am ersten Tag die Materie aus dem Nichts erschaffen wurde.[27] Danach sei alles aus den bestehenden Elementen gebildet worden. Aus diesem Grund steht geschrieben, daß Wasser und Land auf Gottes Weisung hin – entsprechend einer Unterbrechung – Leben *hervorbringen* sollten.

Doch verbindet den Menschen und seine Vorfahren, auch wenn sie physisch miteinander verwandt sind, *keine* »spirituelle« Evolutionslinie. In unserem Bezugssystem von Raum und Zeit hat »Homo sapiens« rund dreihunderttausend Jahre vor dem Erscheinen des Menschen die Erde durchstreift. Der Neandertaler scheint vor rund hunderttausend Jahren damit begonnen zu haben, seine Toten zu bestatten. Auch wenn deren fossile Überreste, wie auch die des jüngeren Cro-Magnon, rein äußerlich dem Menschen immer mehr ähneln, je näher wir an die Gegenwart heranrücken, hat sich keiner von beiden zu Menschen nach unserem heutigen Verständnis entwickelt.

An einem entscheidenden Schnittpunkt des Weges ist vor etwa 5700 Jahren eine Quantenveränderung eingetreten. Sie ist der Grund für die in der Bibel angeführte Teilhabe Gottes und der Erde an der Erschaffung des Menschen. So eng ist die Beziehung des Menschen zur Erde, daß der für den ersten Vertreter der Spezies gewählte Name »Adam« dem hebräischen Wort für »Erdreich« entspricht.

Alle Tiere bekamen einen »Lebensatem« eingehaucht, auf hebräisch »nefeš«. Das Tier, aus dem Adam entstehen sollte, bildete dabei keine Ausnahme. Doch gab der Schöpfer der körperlichen Gestalt, welche Adams »nefeš« enthielt, einen zusätzlichen »Geist« mit, eine »Seele«, die »nešamah«. Sie unterscheidet seither den Menschen von den anderen Tieren. »Da bildete Gott Jehova den Menschen [adam], Staub von der Erde [adamah], und blies den Odem des Lebens [nešamah] in seine Nase, und also ward der Mensch ein lebendiges Wesen [nefeš]« (1 Mose 2, 7).

Dazu merkt Maimonides in seinem Buch *Führer der Unschlüssigen* folgendes an: Zu Adams Lebzeiten hätten auch Tiere existiert, welche ihrer Gestalt wie ihrer »Klugheit« nach menschenähnlich gewesen seien, denen aber das »Bild« gefehlt habe, das den Menschen in einzigartiger Weise von anderen Tieren unterscheidet, da nur er nach Gottes »Bild« geschaffen wurde.[28]

Zu 1 Mose 2, 7 führt er aus, der Mensch habe sich über drei deutlich voneinander unterschiedene Stufen entwickelt. Das »Material« von Adams Leib sei anfänglich unbelebte Materie gewesen (»Staub von der Erde«, 1 Mose 2, 7). Im ersten Stadium habe eine Kraft gewirkt, welche Wachstum hervorgebracht habe »wie bei einer Pflanze«. Dann sei der Mensch durch weitere Einwirkung Gottes imstande gewesen, sich zu bewegen, zuerst wie die Fische und anschließend wie die Landtiere.[29]

Hier, bei der Kommentierung von 1 Mose 2, 7, bezieht sich

Nachmanides auf 1 Mose 1, 20 sowie 1, 24. Diese beiden Verse beschreiben die Abfolge, in der das Leben zuerst im Meer und danach auf dem Land auftritt. Das Tier, dem es bestimmt gewesen sei, später der Mensch zu werden, so Nachmanides, habe bereits den physischen Aufbau und die Wahrnehmungskraft eines Menschen besessen, bevor es das einzigartige Merkmal des Menschseins erworben habe. Erst später habe ihm Gott seinen »Geist« eingeblasen, die »nešamah«. Nachmanides schließt mit der Anmerkung, die grammatische Konstruktion des Verses – gemeint ist 1 Mose 2, 7 – weise darauf hin, daß rationales Argumentieren, Sprache und alle anderen Fähigkeiten des Menschen zwar nicht »Teil« des göttlichen Geistes, der allein dem Menschen zuteil wurde, seien, wohl aber auf diesen zurückgingen. Gottes unmittelbarer, neu geschaffener Beitrag, eben dieser Geist, sei dem Menschen erst zuteil geworden, nachdem er physisch voll entwickelt gewesen sei. Dieser Beitrag habe keinerlei körperliche Attribute besessen. Die dem Menschen von Gott eingehauchte »nešamah« sei der letzte Schöpferbeitrag beim Verfertigen (Machen) und Erschaffen des Menschen gewesen.

Zwar folgt die stufenweise Entwicklung des Menschen, wie Nachmanides sie beschreibt, einem evolutionären Modell, doch läßt die von ihm vorgetragene kurze Version – wie immer, wenn er sich mit »geheimen« Angelegenheiten der Thora beschäftigt – nicht den Schluß zu, daß es sich hier um die einzig richtige Darstellung der gesteuerten Entwicklung von Leben aus der unbelebten Materie hin zum Menschen handelt.

Der Verfasser der Schöpfungserzählung sagte ausdrücklich, der Mensch sei nach dem »Bild« und in der »Gestalt« Gottes gemacht *und* geschaffen worden (1 Mose 1, 26). Bedeutet das, daß es zwischen dem Menschen und Gott eine physische oder äußerliche Ähnlichkeit gibt? Nach dem der jüdisch-christlichen Überlieferung zugrundeliegenden Gottesbild ist der Schöpfer kein leibliches Wesen, so daß sich jede physische Analogie verbietet. Dieser scheinbare Widerspruch zwischen Gottes Unkörperlichkeit und dem, daß er den Menschen nach seinem »Bild« gemacht habe, findet sich in der Grundbedeutung des hebräischen Wortes für »Bild« aufgelöst, welches das Wort »Gestalt« im biblischen Text (1 Mose 1, 26) modifiziert. Diese Grundbedeutung ist »Schatten«. Der Mensch als Gottes Schatten projiziert dessen Handeln in diese Welt, so wie wir auch Gott an seinem Eingreifen in unsere Welt »abzulesen« vermögen.

Gestützt auf die wörtliche Bedeutung von 1 Mose 2, 7 und 2, 19, kann man sagen, daß Mensch, Landtiere und Vögel *gebildet* wurden, und zwar aus ein und derselben Substanz: der Erde. In beiden Versen gibt es einen wichtigen Unterschied bei der Schreibweise von »gebildet«. Obwohl Tempus und Person des Verbs »bilden« in beiden Fällen identisch und beide Verse gleich aufgebaut sind, wird dem Wort für »gebildet« an der Stelle, welche die Entstehung des Menschen beschreibt, ein zusätzlicher und grammatikalisch nicht erforderlicher hebräischer Buchstabe eingefügt. Dabei handelt es sich um »jōd«, den ersten Buchstaben im hebräischen Namen Gottes, der auch als dessen Kurzform Verwendung findet. Die Hinzufügung dieses eigentlich entbehrlichen »jōd« soll unterstreichen, daß Gott beim *Bilden* des Menschen mit diesem auf einzigartige Weise in Beziehung trat.

So beginnt die Beschreibung des Fortschritts in die Zivilisation, wie ihn die Bibel schildert, mit Adam. Das Ewige und das Irdische finden sich im Menschen aufs innigste verbunden. Seit Adam ist Gottes Bezugssystem für Raum und Zeit dasselbe wie das auf der Erde.

10

Die innere Einheit unseres Universums: Auf der Suche nach einer Ursache

Obwohl die theistische Darstellung unseres Universums vor Jahrtausenden entstand und sie keine Beziehung zu heute herrschenden naturwissenschaftlichen Ansichten hatte, paßt sie genau zu den Erkenntnissen der modernen Kosmologie.

Können wir aufgrund der zusammengetragenen Befunde im begrenzten Raum der Schöpfung die Existenz eines unendlichen Schöpfers bejahen? Dann könnten wir möglicherweise erfahren, ob es einen über unsere unmittelbaren Wünsche hinausreichenden Sinn des Lebens gibt oder nicht. Wir wollen kurz die Schlüsselfragen aufgreifen, bevor wir die Hauptereignisse, die unseren Weg vom Urknall bis zum heutigen Universum kennzeichnen, noch einmal Revue passieren lassen:

1. Handelt es sich um ein Bündel kohärenter Ereignisse, bei denen es *eine* kausale Erklärung für die Art und Weise gibt, wie sie in Wechselbeziehung zueinander stehen? Dann hätten wir es mit einem geplanten zusammengehörigen Ganzen zu tun. Oder sind es lauter Einzelereignisse, die keinerlei kausale Beziehung zusammenhält? Dann hätte der Zufall Regie geführt.
2. Machen die Einzigartigkeit des Universums und die Komplexität des Lebens unsere Existenz so »unwahrscheinlich«, daß eine Erklärung nötig ist, um diese Existenz zu begründen?
3. Ist die biblische Betrachtungsweise dieser Ereignisse den von

der Naturwissenschaft dafür gelieferten Erklärungen hinreichend ähnlich, daß diese Ähnlichkeit einer Erläuterung bedarf?

Das erste der von uns behandelten kosmischen Ereignisse lag sogar um eine Winzigkeit vor dem Urknall: die Aufblähung des Universums, die nach gegenwärtigen Schätzungen von 10^{-35} bis 10^{-32} Sekunden nach dem Urbeginn dauerte. Diese einmalige, ungeheuer schnell erfolgende Ausdehnung brachte das Universum auf einen Kurs, dessen Ziel »Leben« hieß. Es war nicht der Beginn eines vorausbestimmten Weges hin zum Menschen; eher läßt er sich im Bild eines erstklassigen Billardspielers veranschaulichen, der seine Bälle mit einem Stoß über die Spielfläche verteilt: Je geschickter er dabei vorgeht, desto besser ist seine Ausgangsposition für ein Spiel, das er gewinnen kann, doch eine Erfolgsgarantie ist nicht gegeben.

Die während dieser Aufblähungsphase unglaublich rasch ablaufende kurze Ausdehnung vergrößerte das Volumen, welches das Universum einnahm, von Bruchteilen eines »Kubikmikrons« auf die im Vergleich dazu gewaltige Größe einer Pampelmuse. Dabei handelte es sich um ein einmaliges Ereignis, das die im Universum enthaltene Menge von Materie und Antimaterie für alle Zeiten festlegte, und es setzte diese Materie zu einem Zeitpunkt in Bewegung, als alles hinreichend verdichtet war, um Einfluß auf das künftige Strömen von Materie und Energie zu nehmen. Damit wurde der Bau des Universums determiniert, das wir heute messen. Der Urbeginn des Universums kennzeichnete den Ausgangspunkt von Raum, Materie und Zeit. Die Grundlage für alles Material im Universum, das es je geben wird, wurde am Anfang gelegt. Während sich das Universum ausdehnte, gerann die anfängliche ätherische Substanz zu atomaren Teilchen – wie Neutronen und Protonen – und schließlich zu der faßbaren Materie, die wir heute kennen.

Was sagen die alten Bibelgelehrten über diese Frühphase unseres Universums? Anfänglich habe es sich auf ein Raumvolumen konzentriert, das kleiner war als ein Senfkorn; es machte die Gesamtheit alles Existierenden aus. Raum wie Zeit nahmen in diesem Augenblick ihren Anfang. Ein einmaliges Ereignis brachte das noch sehr junge Universum auf seinen zum Leben hin gerichteten Weg. Die Bibel nennt dieses beispiellose Phänomen den »Wind Gottes« (1 Mose 1, 2). Während der darauffolgenden Ausweitung des Universums nahm das ätherische Material der Schöpfung die Gestalt der Materie an, die wir kennen. Der Schöpfungsakt brachte alles hervor, was es in unserem Universum je gegeben hat, gibt oder geben wird. Selbst ein eingefleischter Vertreter rein naturwissenschaftlichen Denkens muß einräumen, daß diese althergebrachte Sicht sehr gut zu der von der modernen Kosmologie vertretenen paßt.

Obwohl Photonen – die Materie, aus der das Licht besteht – die Hauptbestandteile des Universums waren (und sind), war es im jungen Universum dunkel. Die Photonen befanden sich in einer durcheinanderwirbelnden Suppe, in der sie fortwährend mit den Unmengen freier Elektronen zusammenstießen. Erst nach einigen hunderttausend Jahren gingen die im Universum herrschenden Temperaturen auf einen Wert zurück, der es den Elektronen ermöglichte, sich in festen Umlaufbahnen (Schalen) um Atomkerne zu bewegen. Mit dieser Anbindung von Elektronen an atomare Umlaufbahnen hörten die Zusammenstöße von Photonen und Elektronen auf. Jetzt, da sich die Photonen frei bewegen konnten, tauchten sie das Universum in grelles Licht.

Die Bibel schildert ähnliches. Bei der Schöpfung, erfahren wir, war das Universum, obwohl voller Energie, in Finsternis getaucht. Herkömmlicherweise wird diese Energie als »schwarzes Feuer« beschrieben. Licht und Materie waren einen unbestimmten Zeitraum hindurch miteinander vermischt. Erst nachdem es zur Ausdehnung des Universums gekommen war, fand die Scheidung des Lichtes von der Finsternis statt (1 Mose 1, 3–4).

Im frühen Universum entsprach dem Chaos ungeheuer heißer und turbulent vermischter Materie das strenge »Regiment« der Energie, die auf das winzige Volumen konzentriert war, welches das Universum damals einnahm. Während es sich ausdehnte, kam es an bestimmten Stellen des Universums zu einem Übergang vom Chaos zum Kosmos. Die Abkühlung – Folge jeder Ausdehnung – sorgte dafür, daß sich die Materie zuerst zu Atomen und später zu den großen Systemen organisierte, die wir Sterne und Galaxien nennen. Die Alchemie der Atomöfen im Inneren der Gestirne wandelte die Materie in die für das Leben erforderlichen Elemente um. Über Äonen hinweg entstand auf der Erde – und vielleicht auch auf den Planeten anderer Sterne – die Symphonie Leben. Es handelte sich um eine majestätische Ordnung im Rahmen dessen, was einst ein zufälliges Gemisch von Teilchen gewesen war.

Auch in der biblischen Schöpfungserzählung werden wir Zeugen eines Übergangs vom Chaos zum Kosmos. Jeder »Tag« kennzeichnet eine Epoche, einen Übergang von Unordnung zu immer größerer Ordnung des Materials im Universum. Auf diesen Übergang weisen »Abend« und »Morgen« hin, deren Grundbedeutung im Hebräischen »Unordnung« und »Ordnung« ist. »Und es ward Abend, und es ward Morgen« sagt uns, daß Gott jeweils das an einer bestimmten Stelle innerhalb des Universums herrschende Durcheinander durch Ordnung ersetzte.

In großer Hellsichtigkeit für die Beschaffenheit der Welt am Ende der sechs Schöpfungstage übersetzt Onkelos das »Und siehe, es war sehr gut« in 1 Mose 1, 31 mit »Und es war eine geeinte Ordnung«. Das physikalische Universum war für die Erschaffung des Menschen bereitet. Nicht mehr der Materie innewohnende Kräfte, die bis dahin die Schlüsselrolle in der Schöpfungsgeschichte gespielt hatten, beherrschten die Szene: Von jenem Zeitpunkt an dominierte das Wechselspiel zwischen dem freien Willen des Menschen und seinem Wissen vom Willen des Schöpfers. Dieses Wechselspiel würde sich auf künftige Ereignisse auswirken.

Aufgrund wissenschaftlich ermittelter Daten setzen Kosmologen den Beginn des Universums auf eine Zeit von vor fünfzehn Milliarden Jahren fest. Aus biblischer Sicht beträgt das Alter des Universums die sechs Tage der Schöpfungserzählung bis hin zu Adam zuzüglich der 57 seither verstrichenen Jahrhunderte. Aber die Bibel spricht die Sprache des Menschen. Kann der Mensch Milliarden von Jahren mit seinem Verstand erfassen? Zu Moses Lebzeiten sicher noch weniger als heute! Einstein mit seinem Relativitätsgesetz lehrte uns, daß es keinen absoluten Ablauf der Zeit gibt. Die Zeit ist flexibel wie die Schwerkraft und die Geschwindigkeit der Bewegung über eine Grenze hinweg, welche den Beobachter vom Gegenstand der Beobachtung trennt. Noch bevor sich die Erde herausbildete, gab es im gerade entstehenden Universum derartige Grenzen in großer Zahl. Sie trennten die Sterne voneinander, die später Teile ihrer Masse zur Erde beisteuern sollten. Möglicherweise haben die Überbleibsel einer Myriade von Supernovae den Nebeln Materie geliefert, aus denen später unser Sonnensystem entstand. Da jeder dieser Sterne seine eigene Masse und Geschwindigkeit besaß, gab es auch für jeden von ihnen eine eigene kosmische Uhr, die mit einer jeweils anderen Geschwindigkeit lief – mit Unterschieden, die sich zwischen sechs Tagen und fünfzehn Milliarden Jahren bewegen konnten. Es gibt für die Erde oder ihre Materie nicht *ein* »richtiges« Alter. Die Zeitangaben Tage, Jahre oder auch Jahrmilliarden entspringen relativer Beobachtung und gelten jeweils nur für einen bestimmten Ort. Solange Beobachter und Beobachtetes nicht in ein einziges Bezugssystem von Raum und Zeit integriert sind, gibt es keine Eins-zu-eins-Beziehung. Für den Schöpfer und das von ihm Erschaffene kam es vor etwa 5700 Jahren zur Zusammenführung ihrer Bezugssysteme, als der Mensch in der Gestalt Adams und Evas das »Bild« Gottes in sich aufnahm.

Im Rahmen der in einem Universum und auf einem Planeten möglichen unendlichen Vielfalt von Umweltbedingungen sind die physikalischen Gesetze des Universums wie auch die Lage der Erde mit ihrem gemäßigten Klima, ihrer geringen Vulkantätigkeit und ihrer Fülle an Kohlenstoff sowie in flüssiger Form verfügbarem Wasser den Erfordernissen des Lebens optimal angepaßt. Das Leben tritt nahezu unmittelbar, nachdem die Erde »zur Ruhe gekommen« ist, in Erscheinung – als hätte es auf sein Stichwort gewartet. Das geschieht sogar so rasch, daß sich die Herausbildung des Lebens aus unbelebter Materie auf der

Erde nach den Gesetzen der Statistik auf keine »wie von ungefähr« ablaufenden chemischen Reaktionen zurückführen läßt. Die Organismen des Lebens sind einfach zu komplex, als daß man ihre Entstehung durch Abläufe erklären könnte, zu denen es in einem Bad anorganischer chemischer Stoffe zufällig kam. Das unvermittelte Auftreten der ersten Lebensformen weist auf die überraschenden Veränderungen in den folgenden voraus. Die fossilen Zeugnisse – zwischen denen zahlreiche durch das Aussterben von Arten und das darauffolgende Auftauchen neuer Arten gekennzeichnete Unterbrechungen liegen – führen, wie von unsichtbarer Hand gesteuert, zum Erscheinen des Hominiden und schließlich des Menschen. Dieser Prozeß läßt sich unmöglich als linearer Vorgang beschreiben, den das Überleben der jeweils geeignetsten Arten bestimmt.

Weder Paläontologen noch Archäologen oder Mathematiker verfügen über eine sich auf in der Natur bekannte Phänomene stützende angemessene Theorie dafür, daß das Leben fast sogleich auf der Erde auftrat. Die im Muster des »Fossilberichts« immer wieder anzutreffenden Unregelmäßigkeiten werden Katastrophen zugeschrieben, von denen einige im Weltraum stattgefunden haben sollen. Die biblische Überlieferung vertritt von vornherein ein unterbrochenes, ein Stufenmodell. Immer dann, wenn in den ansonsten natürlich dahinfließenden Strom der Ereignisse der Schöpfer eingreift, kommt es zu gleichsam höherschnellenden, abrupten Veränderungen. Die von Gott bewirkten Unterbrechungen im Ablauf der Schöpfungsgeschichte sind an der zehnmaligen Wiederholung von »Und Gott sprach« zu erkennen.

Im Hinblick auf diesen kurzen Abriß der naturwissenschaftlichen und theologischen Positionen zur Entstehung des Menschen können wir die eingangs gestellten Fragen beantworten. Für den seriösen Naturwissenschaftler *müssen* sich die Ereignisse, die im Universum stattgefunden haben, zu einem zusammenhängenden Ganzen fügen, einfach deshalb, weil es nichts außer dem gesamten Universum als Gegenstand der Untersuchung gibt. Die Naturgesetze, nach denen die in den Atomen wirkenden elektromagnetischen Grundkräfte wie die der Schwerkraft funktionieren, stellen die ausschließlichen Wirkungsmechanismen dar, die den Übergang der Materie aus ihren früheren Erscheinungsformen »Chaos« und »Äther« zu den hochorganisierten Phänomenen des Lebens gesteuert haben – aus naturwissenschaftlicher Sicht.

Tatsächlich könnten wir – sieht man einmal vom Beginn des Universums und der Entstehung des Lebens ab – mittels der Naturgesetze alles erklären, was wir im Universum sehen. In letzterem Fall kann der Zufall das Leben nur hervorgebracht haben, wenn wir die höchst unwahrscheinliche Abfolge »von ungefähr« stattfindender Ereignisse als Möglichkeit zulassen. Das aber würde – wie schon erwähnt – bedeuten, daß wir dem statistischen Verfahren jeden Wert absprechen. Außer im Bereich der Atomphysik, wo die Quantenmechanik die statistische Wahrscheinlichkeit verändern kann, beruhen gerade die Gesetze der Physik, welche die Entstehung von Sternen, Galaxien und Elementen prognostizieren, darauf, daß nicht das Unwahrscheinliche eintritt, sondern das Wahrscheinliche. Andernfalls könnte die Physik abdanken. Es ist so, als sagten wir, daß ein Buch auf einem Regal von selbst nach oben springt. Das *kann* sogar geschehen, und *wird* auch geschehen, wenn wir lange genug warten – darauf, daß sich bei allen Molekülen, aus denen das Papier besteht, die willkürlich ablaufenden Schwingungen zusammenfinden und nach oben ausrichten. Da das möglicherweise nur ein einziges Mal in einer Myriade von Milliarden Jahren geschieht, kann es natürlich auch gerade jetzt geschehen. Nur wird das nicht der Fall sein. Die Statistik lehrt uns, daß es zu einem Ereignis, das *theoretisch* geschehen kann, in *Wirklichkeit* wohl nicht kommt, wenn die Wahrscheinlichkeit seines Eintretens äußerst gering ist.

Weil die Naturgesetze das Entstehen des Lebens auf der Erde nicht erklären können, bemüht man zur Erklärung der Entwicklung, die zum Leben führte, zufällige, nicht kohärente Ereignisse. Doch darf es *keinen Platz* für zufällige, nicht kohärente Ereignisse geben. Wenn wir das Universum in seiner Gesamtheit und Ganzheit ernst nehmen, müssen Ereignisse in Beziehung zueinander stehen.

Die Einsicht, daß die im Universum ablaufenden Ereignisse in ein schlüssiges, zwingendes Ganzes integriert sein müssen, hat zahlreiche Naturwissenschaftler dazu veranlaßt, außerirdische Eingriffe oder Einflüsse heranzuziehen, um das Auftreten von Leben auf der Erde zu erklären. Der Nobelpreisträger Francis Crick legt dar, das Leben sei so komplex, daß es auf der Erde habe »ausgesät« werden müssen, um dort in Erscheinung treten zu können. Der bedeutende Naturwissenschaftler Sir Fred Hoyle versichert, eine solche »Aussaat« *müsse* stattgefunden haben, und zwar durch eine göttliche oder eine übernatürliche Kraft. Eine Physik, die für den Faktor Gott offen ist, kann auch eine Brücke zur Erklärung der den Urbeginn des Universums auslösenden Ursache bauen.

Ist die Komplexität des Lebens – wie es in unserer zweiten Frage heißt – so groß, sind unsere Existenz und die unseres in einzigartiger Weise gut angepaßten Universums so »unwahrscheinlich«, daß die dahinterstehende Ursache einer Erklärung bedarf? Ich glaube nicht, daß wir die Komplexität des Lebens oder die Wunder des Universums zum Beweis göttlicher Lenkung bei unserer Entstehung bemühen können. Für jemanden, der sich angesichts einer Apfelblüte anheischig macht, genau vorauszusagen, was für ein Apfel sich – nach Aussehen, Gewicht und Zuckergehalt – aus ihr entwickeln wird, beträgt die Wahrscheinlichkeit, mit seiner Voraussage recht zu behalten, annähernd Null. Aber jeder Apfel wächst nach einem genau festgelegten »Programm«, das sein Aussehen, Gewicht und seinen Zuckergehalt bestimmt. Seine Erscheinung ist nichts Ungewöhnliches, wenn man einmal davon absieht, daß das Leben selbst ungewöhnlich ist.

Ungezählte Kräfte haben zusammengewirkt, um genau diesen einen Apfel heranzubilden — ebenso wie durch das Zusammenwirken vieler Kräfte ein Mensch entsteht und wie einst das Universum entstand. Es wäre naiv, rückblickend zu spekulieren: Da die Wahrscheinlichkeit, die dagegen spricht, daß gerade dieser Apfel entstand, ungeheuer groß war, muß ihn Gott genau so gestaltet haben, wie er ist. Ein Apfel mußte aus der Blüte entstehen, und er entstand – ausgelöst allein durch die DNS oder durch göttliches Eingreifen. Populationsgenetik und Molekularbiologie zeigen, daß im Erbgut einer Blüte eine nahezu unendliche Vielzahl von Möglichkeiten angelegt ist. Weder in der Größe des Apfels noch in der Einzigartigkeit des Universums liegt der *Beweis* für eine göttliche Kraft. Man kann lediglich sagen: Wir wären einfach nicht hier, um diese Fragen zu stellen, wenn unser Universum weniger wunderbar wäre.

Da die Bibel häufig in knapper und verdichteter Form berichtet, läßt sich auch unmöglich *beweisen,* daß in einzelnen Aussagen der Schöpfungserzählung bereits bewußt vorweggenommen wurde, was heute Erkenntnisstand der modernen Kosmologie ist. Bemerkenswert sind jedenfalls die Parallelen. Inzwischen decken sich die Positionen der Naturwissenschaft mit denen der Theologie bzw. mit Aussagen der Bibel vor allem deshalb, weil die Naturwissenschaft gelernt hat, die Welt besser zu verstehen.

Nach Ansicht vieler Menschen – in der aufgeklärten westlichen Welt möglicherweise der meisten – beschreiben die Gesetze der Physik das Universum mit hinreichender Genauigkeit. Auch wenn der Laie den Weg der Natur von ihren Uranfängen bis heute unter Umständen nicht versteht, nimmt er doch an, daß Naturwissenschaftler das Rätsel gelöst haben. Wie selbstverständlich vertrauen wir darauf, daß Fachleute uns die Lösungen liefern, und wir stellen sie nicht in Frage. Wir gießen Milch über unser Frühstücksmüsli, das uns mit den nötigen Ballaststoffen versorgen soll, ohne besorgt zu sein, daß die Kühe Tuberkulose haben könnten: Die Naturwissenschaftler haben die biologischen Kenntnisse und die Ingenieure die technischen Verfahren zur Verfügung gestellt, mit deren Hilfe allmorgendlich keimfreie Milch auf unseren Tisch kommt. Die Schwierigkeiten sind gelöst. Zwar verstehen wir nicht, wie das alles im einzelnen miteinander zusammenhängt, doch wir können ruhig schlafen, weil es Fachleute mit dem nötigen Wissen gibt.

Ähnlich verhält es sich mit dem Urknall, der Entstehung und Entwicklung des Lebens sowie einer ganzen Anzahl damit verbundener Fragen. Wir brauchen uns keine grauen Haare wachsen zu lassen, wenn wir nicht (genau) sagen können, welche Beziehung zwischen dem Urknall und unserem Dasein besteht oder inwiefern die Entwicklung des Lebens im »Fossilbericht« erkennbar wird. Die Fachleute wissen es schon.

Das aber gilt, wie wir gesehen haben, leider *nicht* für die Schlüsselereignisse. In Wahrheit liefern uns die Naturgesetze *keine* Erklärungen für die Kräfte, die das Universum herangebildet haben. Eben diese Gesetze sind *außerstande,* das zentrale Phänomen Leben selbst zu erklären, konkret: wie es eigentlich zu diesem Leben gekommen ist.

Das führt den unvoreingenommenen Beobachter zu der Erkenntnis, daß die Ursachen unserer Existenz anderswo zu suchen sind. Die biblische Überlieferung wie auch die moderne Kosmologie, die sich *unabhängig voneinander* entwickelt haben, liefern auf die Schlüsselfragen ähnliche Antworten. Diese Ähnlichkeit spornt die Suche nach einer Erklärung an. Nur göttliche Inspiriertheit der in der Bibel enthaltenen Aussagen würde die Gesetze der Physik einbeziehen und kann die verblüffende Ähnlichkeit erklären. Die Einzigartigkeit und Genauigkeit der vielfältigen, mitunter schwer zu entschlüsselnden Angaben rechtfertigen es, das Buch der Bücher in den Bereich des Göttlichen zu verweisen.

11

Ein allmächtiger Gott in einem begrenzten Universum

Einstein stellte einst die Frage: »Welche Wahlfreiheit hatte Gott beim Bau des Universums?« Falls die Theorie vom offenen Universum stimmt, hatte Er bei der Wahl der Anfangsbedingungen keinerlei Freiheit.

Hawking

Weiter sprach der Herr zu Mose: Ich habe dieses Volk durchschaut. Ein störrisches Volk ist es. Jetzt laß mich, damit mein Zorn gegen sie entbrennt und sie verzehrt. Da versuchte Mose, den Herrn, seinen Gott, zu besänftigen, und sagte: ... Denk an deine Knechte, an Abraham, Isaak und Jakob, denen du mit einem Eid bei deinem eigenen Namen zugesichert und gesagt hast: Ich will eure Nachkommen zahlreich machen wie die Sterne am Himmel, und: Dieses Land, von dem ich gesprochen habe, will ich euren Nachkommen geben, und sie sollen es für immer besitzen. Da ließ sich der Herr das Böse reuen, das er seinem Volk angedroht hatte.

2 Mose 2, 9–11 a. 13–14

Wenn wir uns im Licht der naturwissenschaftlichen Entdeckungen mit der Geschichte des Universums beschäftigen, sehen wir uns einigen Tatsachen gegenüber, die Fragen aufgeben. Da sind einmal die mathematisch komplexe Singularität unendlich hoch verdichteter Materie und unendlich geringer physikalischer Abmessungen im Augenblick des Urknalls sowie die außergewöhnliche Unwahrscheinlichkeit der Entstehung von Leben. Nicht nur ist das Erscheinen des Lebens als solches unwahrscheinlich, auch daß es nahezu sogleich nach der Verfestigung und Abkühlung unseres einst flüssigen Planeten auftrat, läßt sich mit den Gesetzen der Physik nicht erklären. Dasselbe gilt für die Unterbrechungen zwischen den einzelnen Belegen im »Fossilbericht«. Immerhin ist er jetzt sehr viel vollständiger und ausgefeilter als zu Darwins und Wallace' Lebzeiten. Mit den neuen fossilen Funden – heute sind es weit mehr, als zu Darwins Zeiten bekannt waren – wuchs auch die Zahl der Sprünge in der Entwicklung des Lebens von den einfachen zu den komplexen Formen. Nun beruht Darwins Evolutionstheorie auf dem Grundsatz, daß die Natur keine Sprünge macht; doch gerade diese sind für jeden deutlich erkennbar. Inzwischen akzeptieren deshalb viele Paläontologen die punktualistische Theorie – oder Theorie des unterbrochenen Gleichgewichts –, da eine linear verlaufende Evolution einfach nicht mehr haltbar ist.

Bedeutet das, daß wir zur Erklärung unseres Daseins notwendigerweise einen Schöpfer fordern müssen? Oder ist unsere Existenz – wie auch die Existenz eines für das Leben geeigneten Universums – ein zwangsläufiges Phänomen? Die Antwort auf diese Fragen ist so subjektiv, daß Papst Pius XII. im Jahr 1951 gesagt hat: »Wahre Naturwissenschaft entdeckt Gott immer mehr. Es ist so, als warte er hinter jeder geschlossenen Tür, die von der Naturwissenschaft geöffnet wird.« Und George Wald sah 1954 die Ergebnisse der Naturwissenschaft – zumindest was die Biochemie des Lebens anbelangt – in geradezu entgegengesetztem Licht: »Der eigentliche Held im Stück [bei der Erzeugung der ersten Lebensform] ist die Zeit... Es ist belanglos, was wir, auf die Erfahrung des Menschen gestützt, als unmöglich ansehen. Ein so langer Zeitraum läßt das ›Unmögliche‹ möglich, das Mögliche wahrscheinlich und das Wahrscheinliche so gut wie sicher erscheinen. Man muß nur warten: Dann tut die Zeit selbst die Wunder.«[1]

Wir wollen annehmen, daß es zumindest vorstellungsweise bei den Vorgängen im Universum, wie die Theorien der modernen Kosmologie sie beschreiben, Raum für einen Schöpfer gibt. Wie sähen die Merkmale einer göttlichen Kraft aus? Wäre Gott durch die Naturgesetze des Universums so eingeengt, daß er als Schöpfer nicht mehr allmächtig ist – was unserem herkömmlichen Bild von Gott widersprechen würde?

Das Leben, wie wir es kennen, ist so speziell, so komplex organisiert und so wenig widerstandsfähig, daß es lediglich in einem äußerst begrenzten Rahmen von Umweltbedingungen gedeihen kann. Damit die komplexen und vielfältigen Moleküle des Lebens entstehen können, sind große Mengen von Wasserstoff, Kohlenstoff und Sauerstoff erforderlich. Die beiden letztgenannten Elemente wurden beim Urknall nicht erzeugt. Das Universum, das später das Leben nähren sollte, war auf eine Alchemie angewiesen, die aus Wasserstoff und Helium, den Bausteinen des Urbeginns, die schwereren Elemente des Lebens bilden konnte. Wasser im flüssigen Zustand wird als Medium für die Reaktionen des Lebens gebraucht. Flüssig aber ist es ausschließlich in einem schmalen Temperaturbereich, der 100° C umfaßt. Benötigt wird also eine langfristig verfügbare Energiequelle, die über Jahrmilliarden hinweg konstant Energie zur Verfügung stellt, um das Wasser zu erwärmen und Brennstoff zu liefern, damit sich das Leben von einfachen zu komplexen Formen hin zu entwickeln vermag. Entstehen kann eine solche langfristig nutzbare Energiequelle nahezu ausschließlich im Inneren eines Sterns, doch begleiten zerstörende ultraviolette und kosmische Strahlen das wärmende Sternenlicht. Also brauchte der Ort, der dem Leben als mögliche Heimstatt dienen konnte, ein »Fenster«, das einerseits Licht durchließ, zugleich aber die UV-Strahlung abschirmte. Außerdem benötigte diese Heimstatt einen Schutzschild, der imstande war, den ständigen Schauer tödlicher kosmischer Strahlung abzuwehren.

Diese Erfordernisse betreffen ausschließlich die makroskopischen Merkmale des Universums. Auf der atomaren Ebene sind die Anforderungen an das Leben ähnlich genau umrissen. Die Kräfte, welche Protonen und Neutronen in Form von Atomkernen zusammenhalten, müssen hinreichend stark sein, um die stabilen Einheiten zu erzeugen, die wir als Elemente bezeichnen, gleichzeitig aber schwach genug, um den spontanen Zerfall einiger der Kerne dieser Elemente zu ermöglichen. Sie lieferten die Energie für die Vulkane, durch welche Dämpfe und Gase aus dem Erdinneren nach außen gelangten und die Entstehung der Biosphäre ermöglichten, jener dünnen Schicht von Wasser und Luft, in der wir zusammen mit allen anderen Lebensformen gedeihen. Auch der Elektromagnetismus, die Kraft, welche Elektronen aneinanderbindet und damit die chemischen Eigenschaften der Atome bestimmt, ist genau ausgewogen. Er muß so schwach sein, daß Elektronen zu benachbarten Atomen und Ionen wandern können, und stark genug, um diese nebeneinanderliegenden Atome zu Molekülen zu verbinden, der Grundlage aller festen und flüssigen Stoffe. Obwohl die Schwerkraft die rätselhafteste und zugleich schwächste der vier im Universum auftretenden Grundkräfte ist, übt sie über große Entfernungen die stärkste Wirkung aus und gestaltet damit die Makrostruktur des Universums. Bei einer erheblich stärkeren Schwerkraft wäre die Existenzdauer der Sterne viel zu kurz, als daß sich biologisches Leben entfalten könnte. Da die Schwerkraft dafür sorgt, daß Planeten, Sterne und Galaxien auf ihrer Reise durch den Raum Verbindung zueinander behalten, würde ihre Zu- oder Abnahme zu instabilen Umlaufbahnen führen, auf denen die Planeten spiralförmig von ihrem Stern fort oder auf ihn zu torkelten.

Soll das Universum so komplizierte Ordnungen wie lebende Zellen und Sterne mit einem Alter von Milliarden Jahren entwickeln, müssen die in ihm geltenden Naturgesetze in ihrem Verhältnis genau aufeinander abgestimmt sein, ebenso wie die Größenordnung der auf der Ebene von Materie und Energie wirkenden Grundkräfte nur geringe Abweichungen zuläßt. Sind Gott durch diesen zwar engen, aber natürlichen Rahmen, in den das Leben passen muß, die Hände gebunden?

In gewissem Sinne muß die Antwort ja heißen. Die Physik des Universums bietet nicht viele Variationsmöglichkeiten, die es erlauben, daß durch die zeitliche Entwicklung eines Universums und einer Biologie der Weg bis zum Menschen durchlaufen werden kann. Selbstverständlich hätte sich dieser Gott entschließen können, kein Universum zu schaffen, das imstande ist, Menschen hervorzubringen. Dann gäbe es keine Fragen, welchen Zwängen Gott unterliegt, denn es gäbe uns nicht, um die Fragen zu stellen!

Andererseits könnte man sagen, daß die Art von Universum, das den Menschen hervorzubringen und zu beherbergen vermag, die Wahlmöglichkeiten für das Vorgehen auf dem Weg dorthin nicht nur einengte, sondern daß vielmehr die Existenz des Menschen für Gott von *wesentlicher Bedeutung* sei. Die biblische Vorstellung setzt einen Schöpfergott an, dessen Allmacht auf keinerlei Hilfe von außen angewiesen ist — und gleichzeitig lassen sich im Universum Hinweise auf einen Schöpfer beobachten, die den Gedanken nahelegen, daß unsere Existenz das Ergebnis eines göttlichen Wunsches ist.

Als sich Mose darum bemühte, Gott zu verstehen, bat er ihn: »Laß mich doch deinen Weg [eigentlich *Pfad*] wissen und dich erkennen« (2 Mose 33, 13). Da nun die Eigenschaften eines allmächtigen und unendlichen Gottes nicht erfahrbar sind, sagte Gott zu Mose, um dessen Bitte zu erfüllen: »Ich will vor deinem Angesicht alle meine *Güte* lassen vorübergehen« (2 Mose 33, 19).

Der Sinn dieser Stelle ist schwer auszumachen. Was ist mit dieser »Güte« gemeint? Sicherlich kann sie sich nicht auf physische Qualitäten Gottes beziehen; Gott hat keinen Körper. Vielleicht hilft uns hier 1 Mose 1, 31 weiter, wo mit Bezug auf Gott ebenfalls der Begriff »gut« verwendet wird. An dieser Stelle heißt es: »Und Gott sah an alles, was er gemacht hatte, und siehe, es war sehr gut.« Hier bezieht sich »gut« auf die Qualität von Gottes Schöpfung: das Universum, das Leben und den Menschen.

An der parallelen Verwendung des Begriffs »gut« in 2 Mose 33, 19 und 1 Mose 1, 31 kann man erkennen, daß »alle meine Güte« eher auf die Art der Schöpfung, auf ihre sorgfältig ausgewogenen Wechselbeziehungen abhebt – so wie es Onkelos in seiner Übersetzung von 1 Mose 1, 31 verdeutlicht: »Und Gott sah an alles, was er gemacht hatte, und siehe, es war eine geeinte *Ordnung*.«

»Ich will vor deinem Angesicht alle meine Güte [hier zu lesen als: meine ganze Schöpfung] lassen vorübergehen«: Die bloße Tatsache der Schöpfung und der damit verbundene Übergang vom Nichtsein zum Sein und zu Lebendem sind gut.

Da das Sein an sich von Gott als gut angesehen wird, *mußte* er in gewisser Hinsicht ein Universum schaffen, in dem das Sein sich entfalten und eine große Bandbreite von Existenzformen annehmen konnte. So, wie unser Universum aussieht, trägt es das göttliche Gütesiegel, und zwar in der bestvorstellbaren Weise. Bibel und Kosmologie beschreiben die Entstehung des Seins als eine Entwicklung von der gestaltlosen Leere, wie sie in 1 Mose 1, 2 berichtet wird, bis hin zur vielgesichtigen Einheit des heutigen Universums. In diesem Sinne der Begrenztheit mag Gott darauf eingeschränkt gewesen sein, nicht einfach *ein* Universum zu schaffen, sondern *unser* Universum!

Tut sich hier nicht ein Widerspruch in sich selbst auf? Der bloße Gedanke, daß ein Schöpfer eingeschränkt ist, eine Tat zu vollbringen, bedeutet einen Verstoß gegen die Allmacht, die ihm definitionsgemäß zusteht.

Die Thora scheute nicht davor zurück, sich ausgerechnet in puncto Allmacht in scheinbare Widersprüchlichkeiten zu verstricken. Da sollte in Israel eine Königsherrschaft errichtet werden – und was tut die Bibel? Sie legt klare Vorschriften und Beschränkungen fest, denen der König unterworfen ist (5 Mose 17). Was könnte widersinniger sein als ein König, der Beschränkungen unterworfen ist! Schließlich galt es als selbstverständlich, daß ein königlicher Herrscher in Sachen Gesetz allmächtig war.

Ähnlich nennt die Thora Beschränkungen, denen auch Gott unterworfen ist. Dabei handelt es sich aber nicht um dem Schöpfer a priori anhaftende Mängel, vielmehr sind es Eigenschaften, die Gott dadurch zufließen, daß er sich im Universum offenbart.

An dieser Stelle ist es unabdingbar, daß wir uns mit dem Gesetzesverständnis des Alten Testaments näher befassen. Die Schriftgelehrten sagen, die Erzväter Abraham, Isaak und Jakob hätten die Gesetze der Thora erfüllt. Dennoch heißt es von Abraham, er habe seinen Gästen bei ein und derselben Mahlzeit Milch und Fleisch vorgesetzt (1 Mose 18, 8) – was die Rabbiner späterer Zeiten verboten. Manche Bibelexegeten versuchen, weil sie dieser offenkundige Verstoß gegen das Gesetz stört, ausführlich klarzustellen, wie es dazu hatte kommen können. In ähnlicher Weise verstößt Jakob gegen ein ausdrückliches Verbot (3 Mose 18, 18), wenn er die Schwestern Lea und Rahel heiratet.

Wenn die Schriftgelehrten sagen, die Erzväter hätten das Gebot der Thora erfüllt, heißt das nicht unbedingt, daß diese Männer und ihre Schüler allen gottesdienstlichen und gesetzlichen Vorschriften bis aufs I-Tüpfelchen nachkamen. Die Thora, welche die Erzväter befolgten, umfaßte, was sich aus der Befolgung der einzelnen Gesetze ergab. Dazu paßt auch die eigentliche Bedeutung des Wortes »Thora«. Es heißt »Unterweisung«, »Zeigen oder Lehren des Weges«, *nicht* aber »Gesetz«, eine höchst einseitige, wenn nicht gar fehlerhafte Übersetzung.

Die in der Thora enthaltenen Gesetze und Einzelvorschriften sind eine Hilfe. Sie weisen den Weg zur Harmonie unter den Menschen sowie zwischen der Schöpfung und dem Schöpfer. Das wichtigste Gebot der Thora besteht darin, daß man seinen Nächsten lieben soll wie sich selbst. Die Erzväter waren dank ihres ausgeprägten Gespürs imstande, diese Ziele zu verstehen und nach ihnen zu trachten, auch wenn sie nicht im Besitz des eigentlichen Thoratextes waren.

Die Anweisungen der Thora, vor allem jene, die sich mit den Beziehungen der Menschen untereinander beschäftigen, spiegeln die Handlungsweise des Schöpfers gegenüber der Schöpfung wider. Sie finden sich in 5 Mose 6, 18 in der Forderung zusammengefaßt, man solle tun, »was recht und gut ist«. Warum »recht« *und* »gut«? Genügt es denn nicht, gerecht zu sein? Offenkundig war der Verfasser des Textes nicht dieser Ansicht. Gerechtigkeit allein genügt nicht – Güte muß sie ergänzen. Darin liegt die Essenz der Attribute Gottes, die Mose enthüllt wurden, als Gott »all seine Güte« an ihm vorübergehen läßt: »Jahwe ist ein barmherziger und gnädiger Gott, langmütig, reich an Huld und Treue. Er bewahrt Tausenden Huld, nimmt Schuld, Frevel und Sünde weg, läßt aber (den Sünder) nicht ungestraft« (2 Mose 34, 6b–7b).

Da wir Gottes Wege an den Wegen des Universums wie auch an den Weisungen der Bibel abzulesen vermögen, muß zwischen seiner Handhabung des Universums und den Geboten der Thora Übereinstimmung herrschen. Daß Jahwe ein zuverlässiger Bündnispartner ist, macht das eigentliche Wesen des jüdischen Gottes aus. Gerade die Unbeständigkeit der heidnischen Gottheiten veranlaßte deren Anhänger zu extremen Handlungen. So verstümmelten sie beispielsweise ihre eigenen Körper (1 Könige 18, 28) und brachten jenen Gottheiten ihre Kinder zum Opfer (5 Mose 12, 31). Solche barbarischen Verhaltensweisen waren nichts anderes als verzweifelte Versuche, die »launischen« Gottheiten zu besänftigen.

Daß sich Gott an die in der Bibel festgelegten Vorschriften selbst hält, setzt ihm in der Tat Grenzen; er ist gehalten zu tun, was »recht und gut« ist. Abraham berief sich auf Gottes Treueversprechen, um mit ihm wegen der Vernichtung der in der Stadt Sodom wohnenden Gerechten (1 Mose 18, 23–32) zu rechten – und hatte Erfolg! Und als sich das Volk Israel ein Goldenes Kalb gemacht hatte und Gott drohte, eben die Menschen zu vernichten, die Mose aus Ägypten herausgeführt hatte (2 Mose 32, 7–14), erinnerte Mose, im Besitz der Thora, ihn an sein Versprechen, die Nachkommen Abrahams, Isaaks und Israels zu einem großen Volk zu machen und ihnen das Land Kanaan und die umliegenden Länder zu geben. Gewiß hatte Gott die Macht, diese Menschen zu vernichten, doch wäre dies dem göttlichen Versprechen zuwidergelaufen. Sofern das dem getreuen Abraham gegebene Versprechen eingelöst werden sollte – und das ist ja der eigentliche »Bund« zwischen Gott und Abraham –, konnte er die Kinder Israels wohl bestrafen, aber auf keinen Fall vernichten (1 Mose 32, 33). Also gewährte Gott die von Mose vorgebrachte Bitte.

Und noch einmal: Bei ihrem Zug durch die Wüste begehrten die Israeliten gegen Jahwe auf. Erneut wird ihnen die Vernichtung durch Gott angedroht. Mose kontert, dann würden die anderen Völker sagen: »Weil Jahwe *nicht imstande war*, dieses Volk in das Land zu bringen, das er ihnen mit einem Eid zugesichert hatte, hat er sie in der Wüste abgeschlachtet« (4 Mose 14, 16).

Vor der Aussicht, die umliegenden Völkerschaften könnten behaupten, die Vernichtung der Kinder Israels gehe auf seine Unfähigkeit zurück, das Volk nach Kanaan zu bringen, gab Gott nach (4 Mose 14, 20–24). In diesem Fall waren seine Wahlmöglichkeiten durch seine eigene Absicht begrenzt: seine Macht im Universum zu zeigen.

Da sich uns Gottes Macht lediglich durch das Medium seiner Schöpfung offenbart, ist es dem Menschen nicht gegeben, das Ausmaß dieser Macht zu erfassen. Selbst Mose, Gottes vertrauter Diener, war dazu nicht imstande. Die Kinder Israels weinten und sprachen: »Wenn uns doch jemand Fleisch zu essen gäbe! Wir denken an die Fische, die wir in Ägypten umsonst zu essen bekamen, an die Gurken und Melonen, an den Lauch, an die Zwiebeln und an den Knoblauch« (4 Mose 11, 4b–5).

Jetzt, in der Wüste, war vergessen, daß sie noch, während sie diese Köstlichkeiten verzehrten, »unter der Sklavenarbeit stöhnten« (2 Mose 2, 23). Jetzt war ihnen nur eines wichtig: Fleisch statt Manna! Da sprach Gott zu Mose: »Zum Volk aber sollst du sagen: Heiligt euch für morgen, dann werdet ihr Fleisch zu essen haben. Denn ihr habt dem Herrn die Ohren vollgeweint und gesagt: Wenn uns doch jemand Fleisch zu essen gäbe! Denn in Ägpyten ging es uns gut. Der Herr wird euch Fleisch zu essen geben. Nicht nur einen Tag werdet ihr es essen, nicht zwei Tage, nicht fünf Tage, nicht zehn Tage und nicht zwanzig Tage, sondern Monate lang...« (4 Mose 11, 18–20a). Und Mose sprach: »Sechshunderttausend Mann zu Fuß zählt das Volk, bei dem ich lebe, und du sagst: Ich gebe ihnen Fleisch, daß sie Monate lang zu essen haben? Selbst wenn man alle Schafe und Rinder für sie schlachtet, reicht das für sie? Wenn man alle Fische des Meeres für sie fängt, reicht das für sie? Der Herr antwortete Mose: Ist etwa der Arm des Herrn zu kurz?« (4 Mose 11, 21–23a).

Die Schlichtheit von Gottes Antwort zeigt, über welch ehrfurchtgebietende Macht der Schöpfer verfügt. »Ist etwa der Arm des Herrn zu kurz?«: Gibt es etwas, das außerhalb seiner Macht liegt? Die Antwort heißt nein. Mose war nicht fähig, das zu begreifen, denn letztlich ist der Mensch nicht imstande, das Unendliche zu quantifizieren – weder auf mathematischer noch auf philosophischer Ebene.

So überrascht es nicht, daß Naturwissenschaftler im Universum auf Wirkungsmechanismen stoßen, die als Begrenzungen von Gottes Macht erscheinen. Hierbei kommt aber viel mehr zum Vorschein, was den Menschen kennzeichnet: nämlich, daß er lediglich dann Eigenschaften des Schöpfers in den Blick bekommt, wenn es um dessen Beziehung zu seiner Schöpfung und seinen Geschöpfen geht. Unsere Begrenztheit reduziert sogleich alles möglicherweise Unendliche auf die Endlichkeit unseres Seins. Theologisch gesehen bereitet es keine Schwierigkeiten, Einschränkungen der göttlichen Wahlmöglichkeiten zu akzeptieren, *sofern* Gott den Wunsch hat, für das Funktionieren des Universums Gesetze festzusetzen.

Wir sehen uns aber noch einer weiteren Schwierigkeit gegenüber. Wurde das Universum, nachdem die Grundsätze für seine Funktionsweise festgelegt waren, wie ein Uhrwerk aufgezogen und dann sich selbst überlassen, so daß es ohne Eingriffe von außen ablief? Zwei Vertreter der Darwinschen Evolutionstheorie glauben, Beweise dafür gefunden zu haben, daß das Universum tatsächlich in ausschließlich von den Naturgesetzen bestimmten Bahnen voranschreitet. Ernst Mayr und George Gaylord Simpson gründen ihre Behauptung auf die von der Paläontologie unterbreiteten Belege.[2] Bei der Untersuchung von Einzelheiten der fossilen Zeugnisse – beispielsweise des Prozesses, der zur Entstehung eines ausgeprägten Merkmals eines Skeletts geführt hat – werde keineswegs eine glatte oder in nur eine Richtung weisende Entwicklung erkennbar. Tendenzänderungen, Umkehrungen und sogar das Aussterben während eines Entwicklungsprozesses seien bei den fossilen Zeugnissen so gang und gäbe, daß sie eher die Regel als die Ausnahme darstellten. Falls es eine teleologische Steuerung der Evolution durch Gott gebe, müßten Umkehrungen Irrtümer oder Veränderungen seines anfänglichen Vorhabens bedeuten. Laut Howard Van Tills wäre das ein Hinweis auf eine »funktional unvollständige« Schöpfung. Das aber, so Mayr und Simpson, sei auf jeden Fall mit der herkömmlichen Vorstellung von einem allmächtigen Schöpfer unvereinbar.

(Theologischerseits ist eine evolutionäre Entwicklung allerdings keineswegs ein Postulat. Die Entwicklung der Welt über die Zeit hinweg wird als gegeben angenommen. Das ergibt sich aus den Anfangskapiteln des 1. Buchs Mose.)

Haben Mayr und Simpson nun tatsächlich eine Unvereinbarkeit entdeckt, die der biblischen Überlieferung zuwiderläuft, oder gewissermaßen einen »Wankelmut« Gottes aufgespürt? Lesen wir, was die Bibel selbst dazu sagt: »Als der Pharao das Volk [Israel] ziehen ließ, führte sie Gott nicht den Weg ins Philisterland, obwohl er der kürzere war. Denn Gott sagte: Die Leute könnten es sonst, wenn sie Krieg erleben, bereuen und nach Ägypten zurückkehren wollen. So ließ sie Gott einen Umweg machen, der durch die Wüste am Schilfmeer führte« (2 Mose 13, 17–18a). Diese Änderung des vorgesehenen Weges täuschte den Pharao, der dachte: »Die Israeliten haben sich im Lande verlaufen, die Wüste hat sie eingeschlossen« (2 Mose 14, 3).

Sie täuschte auch die Israeliten: »Als der Pharao sich näherte, blickten die Israeliten auf und sahen plötzlich die Ägypter von hinten anrücken. Da erschraken die Israeliten sehr und schrien zum Herrn. Zu Mose sagten sie: Gab es denn keine Gräber in Ägypten, daß du uns zum Sterben in die Wüste holst? (2 Mose 14, 10–11a).

Ägypter wie Israeliten hatten den Zweck des Umwegs, den die soeben befreiten Sklaven geführt wurden, falsch verstanden. Es ging dabei keineswegs so aufs Geratewohl zu, wie es den Anschein hatte. »Mose aber sagte zum Volk: Fürchtet euch nicht! Bleibt stehen, und schaut zu, wie der Herr euch heute rettet« (2 Mose 14, 13a). Die Menschen mußten also an die Möglichkeit der Rettung glauben und den ersten Schritt tun, wenn sie ihrer teilhaftig werden wollten. »Der Herr sprach zu Mose: Was schreist du zu mir? Sage den Israeliten, sie sollen aufbrechen. Und du heb deinen Stab hoch, streck deine Hand über das Meer...« (2 Mose 14, 15–16).

Der Auszug aus Ägypten hatte – nach Gottes Plan – eine ganze Reihe von Zielen, die nicht alle auf den ersten Blick erkennbar waren. Teilweise ließen sie sich am besten erreichen, wenn der Weg über eine Strecke führte, bei der die Israeliten sozusagen in ihren eigenen Fußspuren zurückkehrten. Doch: »Ich will das Herz des Pharao verhärten, so daß er ihnen nachjagt; dann will ich am Pharao und an seiner ganzen Streitmacht meine Herrlichkeit erweisen, und die Ägypter sollen erkennen, *daß ich der Herr bin«* (2 Mose 14, 4). Dieses hier klar ausgesprochene Ziel Gottes, das einen »Umweg« bedingte, hatte offenkundig weder etwas unmittelbar mit den Israeliten noch mit dem Pharao zu tun; wohl aber war es von Anbeginn des Auszugs Leitfaden der hintergründigen göttlichen Vorgehensweise und nicht ein Nachtrag zu einem ursprünglich »funktional unvollständigen« Plan, der diesem angefügt wurde, um ihn nachzubessern.

Da das Göttliche in der Natur oft nicht auf Anhieb erkennbar ist, sind wir auf Orientierungshilfe durch die Bibel angewiesen, um die Wege des Schöpfers nachzuvollziehen. Weder die Begrenzung der Wahlmöglichkeiten beim vom Menschen wahrgenommenen Wirken Gottes in der Gestaltung des Universums noch die Enthüllung fragmentarischer paläontologischer Zeugnisse, die auf verschlungene Pfade hinweisen, stehen im Widerspruch zur traditionellen Vorstellung von Gottes Rolle im Universum. Sofern Naturwissenschaftler Beweise dafür finden wollen, daß Gott nicht im Universum anwesend ist, müssen sie auf der Suche nach Belegen, mit Verlaub, tiefer schürfen.

Interessanterweise meinten klassische Philosophen wie Pierre-Simon de Laplace (1749–1827) gleichfalls, die Gesetze des Universums schränkten Gott auf die wenigen Möglichkeiten ein, welche die Komplexität des Lebens hervorzubringen vermochten. Infolge dieser »Zwänge« könne jeder, dem die Bedingungen und Wirkungsmechanismen des Universums zu einem beliebigen Zeitpunkt bekannt seien, alle künftigen Ereignisse voraussagen. Damit sei der freie Wille Gottes ausgeschaltet. Es gebe lediglich einen vorherbestimmten Weg – und habe stets nur den einen gegeben –, der aus der Vergangenheit in die Gegenwart und von dort in die Zukunft führe. Da jede Handlung und jedes Ereignis eine Reaktion auf frühere sei, könnten wir unter Verwendung der Naturgesetze in die Zukunft schauen, vorausgesetzt natürlich, der Zustand des Universums lasse sich zum jetzigen Zeitpunkt genau ermitteln. Das ist die Philosophie des Determinismus. Zumindest in der Theorie schien sie nachvollziehbar zu sein. Erst zu Anfang unseres Jahrhunderts, hundertfünfzig Jahre nachdem Laplace seine Theorie formuliert hatte, setzte das Prinzip der Unschärferelation der Genauigkeit Grenzen, mit der sich die Bedingungen irgendeines bestimmten Teilchens messen lassen. Die Erkenntnis, daß diese Unschärfe das gesamte Universum betrifft, brachte das Gedankengebäude des Determinismus zum Einsturz. Da sich der Zustand des Universums bisher unter keinen Umständen genau definieren läßt, nicht einmal theoretisch, kann man auch über die Zukunft keine letztgültigen Aussagen machen.

In jüngerer Zeit hat man sogar festgestellt, daß die Vorhersagbarkeit der Zukunft noch stärker eingeschränkt ist, als das Prinzip der Unschärferelation zunächst aufdeckte. Die Unschärferelation beschäftigt sich auf der Ebene des Atomkerns mit Systemen sowie mit der Unschärfe von Positionen und Geschwindigkeiten in dieser Welt des Kleinsten. Im größeren Maßstab, also etwa wenn es um Menschen geht, wären wir unter Umständen noch imstande vorauszusagen, was die Zukunft bringt.

Aber selbst bei Verwendung der genauesten Instrumente bleiben auch bei Objekten höherer Größenordnung hinsichtlich Lage und Geschwindigkeit winzige Unsicherheiten. Diese Unsicherheiten verstärken sich jedesmal, wenn das untersuchte Objekt in eine Wechselbeziehung mit einem anderen Objekt oder einer anderen Kraft tritt. Schon sehr bald ist ein Maß an Unsicherheit erreicht, welches die Größe des gemessenen Systems übersteigt. Voraussagen, die ja künftige Ereignisse beschreiben sollen, die auf Abfolgen von Wechselbeziehungen zurückgehen – wir können unschwer die künftige Lage eines Objektes vorhersagen, das sich im Zustand vollständiger Ruhe befindet und in keinerlei Wechselbeziehung zu seiner Umgebung tritt, doch sind solche Angaben nicht von besonderem Interesse –, sind wegen des zunehmenden Unsicherheitspotentials nicht mehr zuverlässig. Spätere Ereignisse in unserem Wirklichkeitssystem reagieren äußerst empfindlich auf die Bedingungen der Gegenwart.[3]

Edward Lorenz vom M. I. T. gehört zu denen, die in jüngster Zeit die Frage nach der Verstärkung der Unsicherheit auf ihre meteorologische Relevanz untersucht haben. Er kommt zu dem Schluß, daß trotz der Verfügbarkeit von Satelliten und zahlreichen Wetterstationen auf der Erde, mit deren Hilfe meteorologische Daten gesammelt werden, über zwei oder drei Wochen hinausreichende Wettervorhersagen keine höhere Trefferquote haben als eine willkürlich getroffene Auswahl aus einem Stapel alter Wetterkarten.[4]

Erkenntnistheoretisch bedeutet das letztlich: Wir können über unsere Zukunft nichts wissen.

Wir leben in einer Welt, in der das Sein an sich gut ist. Die durchaus unvollkommenen Umstände unserer Lebenswelt sind keine der Welt immanenten Eigenschaften. Der gesamte Fluß der Materie über die Äonen hinweg beschrieb zumindest in unserem »Winkel« des Universums einen Weg von der Unordnung hin zur Harmonie. So viel ist bereits gut, daß das Schlechte davon absticht. Das gibt uns Anlaß zu Optimismus. Noch haben wir die Möglichkeit, das Rennen gegen die Ideologie, Macht sei gleichbedeutend mit Recht, zu gewinnen. Diese Vorstellung, Macht rechtfertige es, andere zu beherrschen, ist eine Art Sozialdarwinismus.

Allerdings beruft sich diese Ideologie zu Unrecht auf die Biologie. In der Natur ist Altruismus – das heißt, ein Tier hilft einem anderen, ohne als Gegenleistung dafür einen erkennbaren Vorteil zu erlangen – weit verbreitet. Dieses Phänomen findet sich zwischen Vertretern unterschiedlichster Arten.[5] Ein solch gebendes Verhalten fordern wir als Alternative. Das Prinzip der Ausbeutung und die Orientierung an »Eliten« bewirken, daß Zivilisationen einen Weg eingeschlagen haben, der auch künftig – wie schon in der Vergangenheit – zu physischem Niedergang und geistigem Verfall führen wird. Den Altruismus dagegen kennzeichnen genau jene Eigenschaften, die Mose – und den Menschen als »Krone der Schöpfung« ganz allgemein – auszeichnen: »Aber Mose war ein sehr sanftmütiger Mann, sanftmütiger als alle Menschen auf Erden« (4 Mose 12, 3). Oder: »Es ist dir gesagt, Mensch, was gut ist, und was der Herr von dir fordert! Was anders als Recht tun, Liebe üben und demütig wandeln mit deinem Gott?« (Micha 6, 8). Und im Talmud steht geschrieben: »... überall dort, wo du die Größe Gottes findest, findest du auch Gottes freundliche Güte.«[6]

Als Individuen können wir uns innerhalb unserer Gesellschaft an den einfühlsamen Tugenden des Altruismus orientieren. Das befähigt uns, die überfließende Güte an unsere Umgebung weiterzugeben. Der freie Wille befähigt uns zu selbstbestimmtem Handeln. Darüber hinaus besitzen wir als einzige Spezies die Unterscheidungsgabe von Gut und Böse.

»Alsdann werden der Blinden Augen aufgetan und der Tauben Ohren geöffnet werden; alsdann wird der Lahme hüpfen wie ein Hirsch, und der Stummen Zunge wird lobsingen; ... das Volk, das in der Finsternis wandelt, sieht ein großes Licht, über den Bewohnern des Todesschattenlandes geht eine Leuchte auf« (Jesaja 35, 5–6; 9, 1).

Nachwort

Mit Hilfe der »alten« Theologie und der neuzeitlichen Kosmologie haben wir den Weg von den Uranfängen des Universums bis zum Auftreten des Menschen auf der Erde verfolgt. Zweifler mögen darüber die Stirn runzeln; man kann sich allerdings auch so blindwütig in die eigenen Vorstellungen verrennen, daß man ihre Berührungspunkte mit »realistischen« Positionen der Gegenseite nicht mehr wahrnimmt.

Es ist für den sich an der Bibel orientierenden Menschen nicht leicht, sich darauf einzulassen, daß seit hunderttausend Jahren Tiere von der Familie der Hominiden existieren und daß deren Skelette denen des heutigen Menschen sehr ähnlich sind. Doch die fossilen Belege dafür sind zwingend. Es wäre nicht nur dumm, sondern auch für das eigene Erkennen hinderlich, vor dieser Tatsache die Augen zu verschließen.

Ebenso schwer muß dem Zweifler das Eingeständnis fallen, daß eine Entstehung von Leben durch ungesteuerte chemische Reaktionen aus unbelebter Materie in höchstem Maße unwahrscheinlich ist – doch hat naturwissenschaftliches Instrumentarium, die mathematisch vorgehende statistische Analyse, diese Unwahrscheinlichkeit bewiesen. Tatsächlich liegt in den Ergebnissen der Naturwissenschaft eine Herausforderung für den glaubenden wie für den nichtglaubenden Menschen.

Ähnlich stellt die biblische Überlieferung eine Herausforderung für all jene dar, die sich mit einem wortwörtlichen Verständnis des biblischen Textes zufriedengeben. Zweifler, Agnostiker und Glaubende bringen sich damit gleichermaßen um eine

Fülle von Informationen. Die Bibel spricht die Sprache der damaligen Menschen, und das kann auch gar nicht anders sein. Ihre Botschaft mußte sowohl für die eben der Knechtschaft entronnenen Sklaven, die am Sinai standen, einen Sinn ergeben als auch für spätere Generationen die Tiefe der Bedeutung bewahren. Wenn wir dem Rechnung tragen, können wir in Ausdeutungen der Bibel, die Feinheiten des Wortlauts und der Textgestalt zu erschließen versuchen, weit mehr sehen als tendenziöse »Annäherungen durch Interpretation« oder Hirngespinste.

Der größte Irrtum seines Lebens, sagte Einstein, sei sein Beharren auf dem Standpunkt gewesen, das Universum sei statisch und dehne sich nicht aus. Die biblische Überlieferung hätte den Axiomen seiner Relativitätstheorie, denen zufolge sich das Universum im Zustand der Ausdehnung befindet, Flankenschutz geben können. Die später entdeckte kosmische Hintergrundstrahlung von 3,5 K bestätigte die Theorie des sich ausdehnenden Universums.

Fossilien der Cro-Magnon-Kultur finden sich von Frankreich bis in die Ukraine verstreut. Die Behauptung, die Sintflut zu Noahs Zeiten habe die Fossilien so verändert, daß sie als Mittel archäologischer Forschung unbrauchbar sind, erscheint einer Generation von Bibelgelehrten, die nicht nur die Bibel, sondern auch Naturwissenschaften studiert haben, kaum mehr glaubwürdig. Auf solche Argumente sind nur Menschen angewiesen, die nicht bereit sind, alte Bibeldeutungen ernst zu nehmen. Die Existenz von Tieren, die vor Adam lebten und in ihrem Äußeren wie in ihrer Intelligenz dem Menschen ähnlich waren, wurde vor tausend Jahren von Bibelgelehrten ebenso diskutiert wie von Archäologen in den letzten hundert Jahren. Aus heutiger Sicht haben beide Seiten recht: Die sechs Schöpfungstage nach Gottes Uhr und die fünfzehn Milliarden Jahre in unserem Raum-Zeit-Bezugssystem sind deckungsgleich.

Wenn wir je zu einem mit allen uns verfügbaren Angaben vereinbaren Verständnis unserer kosmischen Ursprünge gelangen wollen, müssen Zweifler, die mir links und rechts über die Schultern schauen, einander ebenso sorgfältig in den Text sehen.

Anhang

Wie sich die Bewegung auf die Fortpflanzungsgeschwindigkeit einer Energiewelle auswirkt (vgl. Kapitel 2)

Michelson und Morley unternahmen den Versuch, zu messen, auf welche Weise die Bewegung der Erde durch einen imaginären Äther die Lichtgeschwindigkeit beeinflußt. Da unser Planet die Sonne mit annähernd 30 km/Sek. umkreist, müßte eine Messung des Lichts parallel und senkrecht zur Richtung der Umlaufbahn einen Unterschied der Lichtgeschwindigkeit ergeben, sofern das Licht auf seinem Weg denselben Gesetzen unterliegt wie andere Wellen.

Zur Erläuterung sei auf ein uns allen vertrautes Beispiel zurückgegriffen. Schall, der bei unbewegter Luft erzeugt wird, entfernt sich mit einer konstanten Geschwindigkeit von seiner Quelle, unabhängig von der Geschwindigkeit, welche die Quelle gegenüber der Luft hat. Wird beispielsweise auf Meereshöhe die Hupe eines geparkten Autos betätigt, pflanzt sich der von ihr erzeugte Schall mit einer Geschwindigkeit von rund 300 m/Sek. fort. Wird die Hupe betätigt, während sich das Fahrzeug mit 30 m/Sek. bewegt, steigert sich die Geschwindigkeit des Schalls nicht etwa um diese 30 auf 330 m/Sek., sondern bleibt gleich. Diese 300 m/Sek. sind die absolute Geschwindigkeit, mit der sich Schallenergie in der Luft fortpflanzt, und ebenso beträgt die Geschwindigkeit, mit der sich elektromagnetische Strahlung – z. B. das Licht – fortpflanzt, stets etwa 300 000 000 m/Sek. Befindet sich nun 300 Meter entfernt eine glatte, feste Wand, an der sich der Schall bricht, kann er zu seiner Quelle zurückkehren. Das ist die Ursache des Echos. Bei ruhiger Luft dauert es zwei Sekunden, bis das Echo die ursprüngliche Schallquelle erreicht (300 m/Sek. zur Wand hin + 300 m/Sek. von der Wand zurück = 1 + 1 = 2 Sekunden). Analoges hat Michelsons und Morleys Experiment für das Licht nachgewiesen. Zwar pflanzt sich Licht stets mit der gleichen Geschwindigkeit fort, aber es gibt einen entscheidenden Unterschied. Im Experiment wurde angenommen, daß sich die Geschwindigkeit, mit der sich die Erde um die Sonne dreht, auswirkt.

Wir wollen einmal sehen, wie sich der Wind auf die Fortpflanzungszeit von Schall auswirkt. Nehmen wir an, ein Wind von 100 m/Sek. weht der Schallquelle genau entgegen. In diesem Fall würde uns das Echo erst nach 2,25 Sekunden erreichen (300 Meter geteilt durch [300–100 m/Sek. zur Wand] + 300 Meter geteilt durch [300 + 100 m/Sek. zurück von der Wand] = 1,5 + 0,75 = 2,25 Sekunden). Der Wind hat sich also auf die für Hin- und Rückweg benötigte Zeit ausgewirkt. Piloten, die stets auf der gleichen Route fliegen, kennen diesen Einfluß des Windes auf die für den Hin- und Rückflug jeweils benötigte Zeit sehr gut. Die Bewegung der Erde durch den »Äther« müßte sich in Michelsons und Morleys Experiment auf die für den Hin- und Rückweg des Lichts erforderliche Zeit ähnlich auswirken. Eine solche Auswirkung aber hat sich nicht gezeigt.

Einstein schloß daraus, daß es keinen »Äther« gibt!

Umwandlungen von Masse, Länge und Zeit, wie sie in der speziellen Relativitätstheorie beschrieben werden (vgl. Kapitel 2)

Fünf Jahre nachdem Michelson und Morley ihre Ergebnisse vorgelegt hatten, aus denen hervorging, daß die Bewegungsrichtung des Lichtes seine Geschwindigkeit nicht beeinflußt, versuchte George F. Fitzgerald auf recht ungewöhnliche Weise, die paradoxen Ergebnisse zu erklären. Er stellte die Behauptung auf, der »Äther«, durch den sich die Erde bewegt, habe eine Wirkung auf uns, auch wenn wir nicht imstande seien, diesen »Äther« wahrzunehmen. Der Druck dieses »Äther«-Windes komprimiere Materie in der Bewegungsrichtung gerade so sehr, daß das Licht in dieser Richtung einen etwas geringeren Weg zurücklege als senkrecht zur Bewegungsrichtung. Diese Zusammenziehung lasse sich natürlich nicht messen, da unsere Meßinstrumente ebenfalls dem Druck des »Äthers« ausgesetzt seien und sich um denselben Bruchteil zusammenzögen. Das Ausmaß der Zusammenziehung verhalte sich proportional zur Geschwindigkeit des Objekts durch den »Äther«. Diese geringe Kontraktion hat 1893 Hendrik A. Lorentz mit Hilfe der inzwischen als »Lorentz-Transformation« bekannten Formel mathematisch quantifiziert:

$$X = X_o\ [1-(v/c)^2]^{0,5}$$

In Worten ausgedrückt lautet die Formel: Die neue Länge eines Objekts *(X)* ist gleich dessen ursprünglicher Länge *(X_o)* multipliziert mit der Quadratwurzel aus 1 minus der Geschwindigkeit *(v)* des Objekts zum Quadrat geteilt durch die Lichtgeschwindigkeit *(c)* im Quadrat. Verblüffend! Wenn der Wert *v* Lichtgeschwindigkeit erreicht, haben wir 1–1. Der Wert geht auf Null zurück!

Angesichts der grundlegenden Bedeutung dieser Art von Transformation entwickelte Einstein die Gleichungen für die relativistischen Veränderungen bei den Dimensionen von Masse und Raum.

Alle mathematischen Aussagen, mit deren Hilfe die relativistischen Veränderungen in Masse, Raum und Zeit beschrieben werden, ähneln der Lorentz-Transformation. Die relativistische Masse *(m)* ist:

$$m = m_o\ [1-(v/c)^2]^{0,5}$$

Die relativistische Länge *(x)* ist:

$$x = x_o \, [1-(v/c)^2]^{0,5}$$

Der relativistische Ablauf der Zeit *(Δt)* ist:

$$\Delta t = \Delta t_o \, [1-(v/c)^2]^{0,5}$$

Die relativistische Lichtgeschwindigkeit *(c)* ist:

$$c = c_o$$

Das bedeutet, die Lichtgeschwindigkeit bleibt ungeachtet der Geschwindigkeit *(v)* konstant. Die als Masse eines Objekts enthaltene Energie wird durch die bekannte Gleichung

$$E = mc^2$$

wiedergegeben.

Beziehungen zwischen Masse und Energie: eine Erläuterung von $E = mc^2$ (vgl. Kapitel 2)

Die Energie der Sterne und die im Inneren unserer Erde aus dem Zerfall von Kernen schwerer Elemente entstehende Wärme haben ihren Ursprung in ein und demselben Phänomen: der Umwandlung von Masse in Energie. Das im Inneren von Sternen durch Verschmelzung zweier Wasserstoffkerne mit Neutronen entstehende Helium hat ein geringfügig geringeres Gewicht als die Summe der Masse der atomaren Teilchen, aus denen es entstand. Entsprechendes gilt für den Zerfall schwerer Elemente. Beim Zerfall eines Uranatoms in mehrere leichtere Elemente ist die Summe der Massen der dabei neu entstandenen Teilchen geringer als die Masse des Ausgangsstoffs Uran. Die Masse (das heißt das, was wir im Alltag »Gewicht« nennen), die bei diesem Prozeß wie auch bei der Verschmelzung »verlorengeht«, wird in großem Maßstab in Energie umgewandelt.

Die Dichte der in Gestalt von Materie auftretenden Energie ist so groß, daß durch die Umwandlung eines einzigen Gramms Materie – und zwar jeder beliebigen – in reine Energie Hitze freigesetzt wird, die 34 Milliarden Gramm – also etwa 30 Millionen Liter – Wasser verdampfen läßt. Diese Äquivalenz von Masse und Energie kennen wir von der gewaltigen Detonationskraft von Kernwaffen. Zündete man – hoffentlich beim Versuch, die Kernkraft auf friedliche Weise zu nutzen – eine Wasserstoffbombe mit einer Leistung von 20 Megatonnen im Weltraum, würde sie lediglich 900 Gramm Wasserstoff in reine, ungeheuer heiße Energie umwandeln und dabei dieselbe Wirkung erzielen wie 20 Milliarden Kilogramm TNT, die man gleichzeitig zündete. Die gleiche Reaktion wie bei der H-Bombe, nämlich die Verschmelzung von Wasserstoff zu Helium, findet im Inneren unserer Sonne und der meisten anderen Sterne statt.

Außerdem geht die bei exothermen chemischen Reaktionen freigesetzte Energie darauf zurück, daß die Masse der Reaktionspartner – oder Substrate – zum Teil in Energie umgewandelt wird. Doch ist diese Energie von so geringer Dichte, daß keine noch so empfindliche Waage eine Veränderung der vor der chemischen Reaktion vorhandenen Masse gegenüber der danach vorhandenen anzeigen würde. Selbst bei der mit großer Energiefreisetzung verbundenen chemischen Reaktion, in der Wasserstoffgas mit Sauerstoff verbrannt wird, um Wasserdampf zu bilden (wir nutzen diese Reaktion zum Antrieb von Raketenmotoren), wird Masse nicht so rasch in Energie umgewandelt, daß wir die Veränderung unmittelbar messen können. Von jeweils 18 Gramm entstandenem Wasserdampf werden lediglich 2,7 milliardstel Gramm – oder 2,7 Nanogramm – der Substrate (Wasserstoff und Sauerstoff) in ihre Energieform umgewandelt. Dabei entsteht eine Wärmeleistung von 57 780 Kalorien.

Indem man das in der Natur vorkommende Stickstoffisotop ^{14}N – das chemische Kürzel N für Stickstoff geht auf die lateinische Bezeichnung »Nitrogenium« zurück – mit Deuteronen bombardiert, entsteht in einer Reaktion, bei der für jedes entstandene ^{15}N-Atom eine Energie von 8,6 Millionen eV freigesetzt wird, ein anderes Stickstoffisotop, nämlich ^{15}N. Von jeweils 15 Gramm ^{15}N werden 9,2 tausendstel Gramm – oder 9,2 Milligramm – Substrate in ihre Energieform umgewandelt. Normalerweise ist bei der atomaren Reaktion die pro Gewichtseinheit von Substraten freigesetzte Energie – und dementsprechend die in Energie umgewandelte Masse – etwa einmillionmal größer als bei der chemischen Reaktion.

Daß bei der Freisetzung von Energie ein Verhältnis von $10^6:1$ zwischen nuklearen und chemischen Reaktionen besteht, hängt mit der Quantenmechanik zusammen. Eine chemische Reaktion verändert die Anordnung von Elektronen, die sich auf einer Umlaufbahn um einen Kern befinden, während eine atomare Reaktion die Struktur des Atomkerns verändert. Die Energie, mit der Elektronen auf einer bestimmten Umlaufbahn gehalten werden, beträgt etwa 0,25 eV, während die bei der Neuanordnung der Teilchen eines Kerns zu beobachtenden Energieveränderungen in der Größenordnung von hunderttausend bis zu mehreren Millionen eV liegen. Das zur Erklärung des Verhältnisses von $10^6:1$.

In den Anfängen unseres Universums standen die Umwandlung von Energie in Masse wie auch die von Masse in Energie gleichermaßen im Vordergrund. Heute sehen wir die Ergebnisse der Umwandlung von Masse in Energie in Form von Licht und Wärme, die Sonne und Sterne aussenden. Die Auswirkungen einer Umwandlung von Energie in Masse sehen wir auf Fotos, die in physikalischen Hochenergielabors gemacht werden.

Die Bedeutung der Bibel (vgl. Kapitel 1)

Für unsere Untersuchung der Schöpfungserzählung und des Urknalls ist die Erkenntnis, daß sich manche Aussagen der Bibel bei oberflächlichem Lesen nicht erschließen, von entscheidender Bedeutung. Die Suche nach darin enthaltenen Aus-

Tabelle 5:
Die Beziehung zwischen Wellenlängen, Frequenzen und »schwarzer Temperatur« von Photonen (elektromagnetische Strahlung)

Energie Wellenlänge (Meter)	Frequenz der Energie (Schwingungen pro Sekunde in Hertz)	»Schwarze Temperatur« (K)	Alltagsbezeichnung des Photons
10^{-15}	10^{23}	$< 5 \times 10^{8}$	Gammastrahlen
10^{-10}	10^{18}	10^{7}	Röntgenstrahlen
			sichtbares Licht
10^{-5}	10^{13}	1000	Infrarot
			Radar
			Mikrowellen
1	10^{8}	$< 0{,}01$	Fernsehen
			Rundfunk (UKW)
			Rundfunk (KW, LW, MW)
10^{5}	10^{3}		

sagen, die über den buchstäblich verstandenen Text hinausgehen, war von Anfang an Bestandteil theologischer Anstrengungen. Hinter solchen Deutungen steckt mehr als die bloße Laune des Deutenden. Jede Erkenntnis, die jene alten Bibelkundigen vortragen, hat ihre eigene Geschichte und einen spezifischen Hintergrund, und sie stützen sich auf minimale grammatikalische Abweichungen, ungewöhnliche Buchstabenformen, ja sogar auf geringfügige Unterschiede bei der Kalligraphie der Bibel, also des Textes, wie er vorliegt.

Stellvertretend für Tausende von Feinheiten, die sich in der Bibel finden, seien hier zwei Beispiele angeführt. Ich habe sie ausgewählt, weil sie für Laien wie Fachleute gleichermaßen leicht nachvollziehbar sind.

Die fünf Bücher des Mose sind folgendermaßen eingeteilt: 1 Mose oder Genesis, 2 Mose oder Exodus, 3 Mose oder Leviticus, 4 Mose oder Numeri, 5 Mose oder Deuteronomium. Im Hebräischen tragen diese fünf Bücher den Sammelnamen »Thora« (hebräisch »Torh«). Sehen wir uns an, wann der hebräische Buchstabe T in der *hebräischen* Fassung der Genesis auftritt. Von diesem T aus zählen wir 49 Buchstaben ab und notieren den nächsten, also den 50. Diesen Vorgang wiederholen wir dreimal. Es ergibt sich: *Torh.* Wir wiederholen den Vorgang im Buch Exodus. Das Ergebnis ist dasselbe: *Torh.* Dann im Buch Leviticus. Das Ergebnis: eine sinnlose Buchstabenfolge! Doch nehmen wir den ersten Buchstaben des aus vier Buchstaben bestehenden Namens für Gott, der aus den ersten drei Konsonanten des hebräischen Namens für Gott und den Vokalen des hebräischen Wortes für Herr besteht (in der deutschen Umschrift »Jehova«). Dann zählen wir sieben Buchstaben ab und wiederholen den Vorgang dreimal. Das Ergebnis: *Jehova* (im Hebräischen *JHVH).* Jetzt das Buch Numeri. Zwar ergibt sich auch hier das Wort »Torh« mit dem bereits bekannten Abstand von 49 Buchstaben, aber von hinten nach vorn gelesen. Das heißt, es wendet sein »Gesicht« dem *Jehova* des 3. Buchs Mose zu. Wiederholen wir das Verfahren im Buch Deuteronomium. Auch hier wendet *Torh* sein »Gesicht« *Jehova* zu. Wie eine Klammer steht das Wort »Thora« um den Namen Gottes und kehrt ihm stets das »Gesicht« zu.

Warum nun wird ein Abstand von 49 Buchstaben eingehalten, worauf der nächste Buchstabe aus dem Wort »Thora« folgt? In 3 Mose 23, 15 findet sich die Aufforderung, von Passah – also dem jüdischen Osterfest – 49 Tage abzuzählen und am nächsten – dem 50. – Tag zu feiern, an welchem der Übergabe der Thora am Sinai gedacht wird.

Warum die sieben Leerräume, um Gottes Namen zu buchstabieren? Die Zahl Sieben spielt in der Thora eine besondere Rolle. Der Sabbat ist der siebte Tag der Woche und der erste, der im

TORH
(auf deutsch Thora)

תורה
(Thora auf hebräisch)

T

בראשית ברא אלקים את השמים ואת הארץ

49 Buchstaben

O

והארץ היתה תהו ובהו וחשך על פני תהום ורוח אלקים

מרחפת על פני המים ויאמר אלקים יהי אור ויהי

49 Buchstaben

R

אור וירא אלקים את האור כי טוב ויבדל אלקים בין

49 Buchstaben

H

האור ובין החשך ויקרא קלהים לאור יום ולחשך

קרא לילה ויהי ערב ויהי בקר יום אחד

Alten Testament geheiligt wird – nach dem »Vorbild« Gottes, der selbst nach sechs Tagen Schöpfung am siebten ruhte (siehe 1 Mose 2, 2–3).

Durch die Form des schriftlichen Textes, die eigentliche Kalligraphie, werden »Mitteilungen« auf noch ausgeklügeltere Weise weitergeleitet. Ohne die alte Tradition, dergestalt »Mitteilungen« von einer Generation an die nächste weiterzugeben, hätte man sich wohl kaum die Mühe gemacht, die schriftliche Gestalt des Textes so gewissenhaft beizubehalten.

In 4 Mose 9, 10 erfahren wir, daß es unter ganz besonderen Umständen gestattet war, das Passahfest am vierzehnten Tag des *zweiten* Monats im Jahr statt an dem Tag zu feiern, da der Exodus tatsächlich stattgefunden hatte, nämlich dem vierzehnten Tag im ersten Monat, dem Frühlingsmond Nisan: »Und der Herr redete zu Mose und sprach: Sage den Kindern Israels und sprich: Wenn jemand von einem Entseelten unrein wird oder fern auf der Reise ist, es sei bei euch oder euern Nachkommen, der soll gleichwohl das Passah dem Herrn halten. Im zweiten Monat, am vierzehnten Tage...« (4 Mose 9, 9–11).

In diesen Versen findet sich nichts Ungewöhnliches – außer einer einzigen Hinzufügung: Hier wird *stets* ein Punkt über dem letzten Punkt des hebräischen Wortes »rehoka« gemacht, das wörtlich soviel bedeutet wie »fern«, »weit«. Müßte man das Wort ausschließlich in diesem Sinne verstehen, gäbe es keinen Anlaß, es mit einem Punkt zu versehen. Also muß eine andere Bedeutung gemeint sein. Der herkömmlichen Bedeutung nach könnte man vermuten, daß mit der Aussage »von einem Entseelten unrein« jemand gemeint ist, der in jüngster Zeit Berührung mit einem Leichnam hatte. Wer unrein ist, muß sich reinigen, bevor er Passah feiern kann. Doch ist an dieser Stelle keine Rede von einer Berührung mit einem Leichnam, wohl aber einige Verse vorher.

Hier nun könnte die Punktierung des Wortes für »fern« den Sinn haben, daß irgendeine Beziehung zwischen dem Zustand des Fern-auf-der-Reise-Seins und der Unvollkommenheit der Seele besteht. Raschi kommentiert diesen Vers knapp: »Der Punkt auf ›rehoka‹ sagt uns, [daß dieses Wort] nicht unbedingt ›weit entfernt‹ bedeutet, sondern auch zutrifft, wenn sich jemand während der ganzen Zeit des [Passah-]Opfers unmittelbar außerhalb des Zugangs zum Hof [des Tempels] befindet.« Das scheint eine recht freie Auslegung des Wortes »fern« zu sein. Welchen Grund gäbe es, angesichts der wenigen Schritte, die nötig sind, die Schwelle zu überschreiten und den Tempelhof zu betreten, von »fern« zu sprechen?

Die Bibelgelehrten erkannten, daß für eine Beteiligung am

Fest, das den Weg aus der Sklaverei bis zur Offenbarung am Sinai in der Erinnerung nachvollzieht, mehr nötig ist als bloße körperliche Anwesenheit. Auch heute noch wird von allen Teilnehmern erwartet, daß sie auch wirklich das Gefühl haben, aus der Sklaverei aufgebrochen zu sein. Um diese Stufe geistlicher Teilhabe zu erreichen, bedarf es der Vorbereitung. Wer sich am vierzehnten Tag des Nisan innerlich »fern« befand, bekam dreißig weitere Tage für die Einstimmung ins Bewußtsein des Exodus zugebilligt.

Die Frage der Wahrscheinlichkeit: Wie man die Wahrscheinlichkeit eines zufällig eintretenden Ereignisses berechnet (vgl. Kapitel 7)

In diesem Buch habe ich verschiedene Naturwissenschaftler zitiert, die behaupteten, gewisse Eiweißmoleküle oder das Leben hätten über lange geologische Zeiträume hinweg ausschließlich durch Zufall entstehen können. Um zu veranschaulichen, wie unwahrscheinlich das zufällige Eintreten eines solch komplexen Ereignisses ist, lohnen sich Wahrscheinlichkeitsberechnungen anhand ausgewählter Beispiele.

Nehmen wir unser Dezimalsystem mit seinen zehn Ziffern von Null bis Neun. Die Wahrscheinlichkeit, aus einem Stapel von zehn Karten, die jeweils eine dieser Ziffern tragen, eine bestimmte davon, beispielsweise die Drei, zu ziehen, beträgt 1:10. Bei hundert von Null bis Neunundneunzig numerierten Karten beträgt diese Wahrscheinlichkeit 1:100, bei tausend Karten 1:1000 usw. Man beachte die Beziehung zwischen der Wahrscheinlichkeit, daß das Ereignis eintritt, und der Art, wie sich die Zahlen verändern. Für jede Stelle einer Zahl gibt es zehn Möglichkeiten (Null bis Neun). Bei einer einstelligen Zahl beträgt also die Wahrscheinlichkeit, eine bestimmte Ziffer zu ziehen, $1:10^1$. (Der Exponent gibt an, wie viele Nullen auf die Eins folgen. Daher ist 10^1 gleich 10.) Bei einer zweistelligen Zahl beläuft sich diese Wahrscheinlichkeit auf den Wert $1:10^2$ und bei einer dreistelligen auf $1:10^3$. Das heißt: Die Wahrscheinlichkeit verändert sich mit jeder zusätzlichen Stelle um das Zehnfache.

Ein anderes Beispiel: Unser Alphabet umfaßt (ohne ß und die Umlaute ä, ö, ü) 26 Buchstaben. Es ist also ein 26er-System, so daß mit jedem zusätzlichen Buchstaben die Wahrscheinlichkeit, einen bestimmten Buchstaben zu finden, um den Faktor 26 abnimmt. Folglich beträgt die Wahrscheinlichkeit, aus allen Buchstaben des Alphabets auf das B zu stoßen, 1:26 und die Wahrscheinlichkeit, irgendein aus zwei Buchstaben bestehendes Wort zufällig zu schreiben, $1:(26 \times 26)$, also $1:26^2$ (= 1:676). Bei einem aus drei Buchstaben bestehenden Wort erreicht die Wahrscheinlichkeit bereits den Wert 26^3 (= 1:17 576).

Wir wollen an dieser Stelle einmal dem häufig dargestellten Denkspiel »Affen hämmern nach Belieben auf einer Schreibmaschine herum« mathematisch auf den Grund gehen. Darauf bezieht sich Stephen Hawking in seinem Buch *Eine kurze Geschichte der Zeit* anläßlich der Frage nach der Möglichkeit, ob der Zufall unser Universum und den Menschen hätte hervorbringen können. »Es ist etwa so wie bei den wohlbekannten Affenhorden, die auf Schreibmaschinen herumhämmern – zwar bringen sie meist nur sinnlose Buchstabenfolgen zustande, doch ganz selten wird dabei durch bloßen Zufall eins von Shakespeares Sonetten herauskommen.« Dieses »ganz selten« wollen wir auf seinen Wahrscheinlichkeitswert untersuchen.

Shakespeares 18. Sonett beginnt mit dem wohlbekannten Vers »Soll ich dich einem Sommertag vergleichen?« (»Shall I compare thee to a summer's day?«) und endet mit:

> »Solange Menschen atmen, Augen sehn,
> So lang lebt *dies* und heißt dich fortbestehn.«
> (»So long as men can breathe or eyes can see,
> So long lives this, and this gives life to thee.«)

Seine 14 Verse umfassen im Originaltext 488 Buchstaben. Wenn wir einmal die Leerräume zwischen den Wörtern außer acht lassen, beträgt die Wahrscheinlichkeit, diese 488 Buchstaben durch Zufall so zusammenzustellen und daß dabei das Sonett herauskommt, $1:26^{488}$, im uns geläufigeren Dezimalsystem ausgedrückt: $1:10^{690}$ – eine Eins mit 690 Nullen! Eine schwache Vorstellung von der Ungeheuerlichkeit dieser Zahl bekommen wir, wenn wir uns vor Augen führen, daß die fünfzehn Milliarden Jahre, die seit dem Urknall verstrichen sind, »nur« 10^{18} Sekunden entsprechen.

Um durch Zufall eines von Shakespeares Sonetten zu schreiben, müßten alle Affen sowie sämtliche anderen Tiere auf der Erde auf Schreibmaschinen, die aus dem gesamten Eisen im Universum hergestellt wurden, über einen Zeitraum hinweg herumhämmern, der weit über die seit dem Urknall verstrichene Zeit hinausreicht – und dennoch wäre die Aussicht, daß dabei ein Sonett herauskommt, verschwindend gering. Würde pro Sekunde ein Buchstabe angeschlagen und nähme man an, daß dabei kurze, einfache Sätze mit lediglich 16 Buchstaben entstünden, würde es zwei Millionen Milliarden Jahre dauern, bis alle denkbaren Kombinationen durchprobiert wären.

Die Kraft, welche die Ähnlichkeiten bei so komplexen Formen wie den nahezu identischen Proteinen in Bakterien, Weizenkörnern und Menschen hervorgebracht hat, kann nicht der Zufall gewesen sein, vor allem deswegen nicht, weil sich das Leben auf wenige Grundvariationen der Funktion beschränkt – von denen eine das auf DNS und RNS beruhende Erbgut allen auf Erden anzutreffenden Lebens ist. Für den Zufall stand schlicht nicht genug Zeit zur Verfügung.

Glossar

Absoluter Nullpunkt:
Der Ausgangspunkt der thermodynamischen Temperaturskala, der mit O K angegeben wird. (Das K steht für Kelvin und wird stets ohne Gradzeichen verwendet, vergleiche → Kelvin-Temperaturskala.) Er bezeichnet die tiefste überhaupt mögliche Temperatur, die auf unserer Temperaturskala minus 273,15° C entspricht. »Absolut« nennt man ihn, weil er aus den Gesetzen der → Thermodynamik abgeleitet ist und nicht auf besonderen Meßverfahren beruht. Bei dieser – praktisch nicht erreichbaren – Temperatur besäße kein Stoff mehr irgendeine Wärme.

Allgemeine Relativitätstheorie:
Die von Albert Einstein zwischen 1906 und 1916 entwickelte Theorie, der zufolge sich die Schwerkraft sowie ähnlich wirkende Kräfte – beispielsweise Beschleunigung – auf das Raum-Zeit-Kontinuum auswirken. Im Rahmen dieses Buches ist von besonderer Bedeutung, daß nach dieser Theorie Veränderungen der Schwerkraft die Geschwindigkeit beeinflussen, mit der die Zeit abläuft.

Antimaterie:
Materieteilchen, die in → Masse und Spin mit anderen Teilchen identisch sind, aber bei der elektrischen Ladung und anderen Merkmalen das den zugehörigen Materieteilchen entgegengesetzte Vorzeichen aufweisen. Beispiele: → Elektronen und Anti-

Elektronen, → Protonen und Anti-Protonen. Stößt ein Teilchen mit seinem Antiteilchen zusammen, entstehen aus ihrer Masse → Photonen mit einer Gesamtenergie, die ihrer Gesamtmasse entspricht.

Atomkern:
Aus → Protonen und → Neutronen bestehender innerster Teil eines Atoms, den die → starke Wechselwirkung zusammenhält.

Biosphäre:
Die Gesamtheit des von Lebewesen bewohnten Teils der Erde. Zu ihr gehören die Ozeane, die Binnengewässer, das feste Land sowie die unteren Bereiche der Atmosphäre.

Bronzezeit:
Kulturperiode zwischen dem Ende des 3. und dem Beginn des 1. Jahrtausends v. u. Z. Kennzeichnend für sie ist, daß bei archäologischen Funden erstmals Gegenstände aus Kupfer und Bronze auftreten. Abgelöst wurde sie in Europa in den ersten Jahrhunderten v. u. Z. durch die Eisenzeit.

Deuterium:
Eine seltene Erscheinungsform des Wasserstoffs. Seine Kerne bestehen aus einem → Proton und einem → Neutron, während → Wasserstoff in seinem Kern üblicherweise lediglich ein Proton besitzt.

Doppler-Effekt:
Die Veränderung der → Frequenz beliebiger Energiewellen, beispielsweise Schall- oder Lichtwellen. Sie geht zurück auf eine relative Bewegung zwischen dem Empfänger und der Quelle, von der die Welle ausgeht.

Elektromagnetische Kraft:
Eine der Grundkräfte des Universums. Sie ist etwa 100mal schwächer als die → starke Wechselwirkung und sorgt dafür, daß

sich Teilchen mit entgegengesetzter elektrischer Ladung anziehen.

Elektron:
Das → Elementarteilchen mit der kleinsten → Masse. Es ist negativ geladen und kreist um den positiv geladenen → Atomkern.

Elektronvolt (eV):
Diese Energieeinheit gibt an, welche Energie ein → Elektron gewinnt, wenn es ein Spannungsgefälle von einem Volt durchläuft. Bedenkt man, daß ein Objekt mit einer Masse von 2 g, das sich mit einer Geschwindigkeit von 1 cm/Sek. bewegt, bereits über etwa 10^{12} eV verfügt, wird klar, daß 1 eV eine winzige Energiemenge ausmacht.

Elementarteilchen:
Nach herrschender Auffassung nicht weiter teilbares Teilchen.

Entropie:
Das Maß der in einem System herrschenden Unordnung. Eine Zunahme an Entropie bedeutet, daß die Unordnung innerhalb eines Systems zunimmt. Der zweite Hauptsatz der → Thermodynamik besagt, daß es keine Reaktion gibt, die zur Abnahme des Gesamtbetrags der Entropie führt; wohl aber nimmt sie bei jedem Prozeß zu.

Fossil:
Die eigentliche Wortbedeutung »das Ausgegrabene« (von lateinisch »fodere«) verdeutlicht, worum es sich handelt: Überreste von Tieren oder Pflanzen aus der erdgeschichtlichen Vergangenheit. Fossilien können in Gestalt von Abdrücken oder Versteinerungen, aber auch als Körperfossilien auftreten. (Ein Beispiel dafür wären die in Bernstein eingeschlossenen Hartteile von Tierkörpern.) Ein Sonderfall sind die im sibirischen Permafrostboden erhaltenen Mammutleichen.

Frequenz (einer Welle):
Die Häufigkeit, mit der die Kämme beliebiger Wellen einen bestimmten Punkt passieren. Sie wird als Zahl der Schwingungen pro Sekunde gemessen; die Maßeinheit dafür ist »Hertz«. Vergleiche → Wellenlänge.

Gammastrahlen:
Eine Klasse elektromagnetischer Strahlen. Auch das sichtbare Licht besteht aus einer solchen Strahlung, nur ist seine → Wellenlänge deutlich energieärmer als die der Gammastrahlung.

Gewicht:
Die von der Schwerkraft auf einen Gegenstand ausgeübte Kraft. Sie ist proportional zu seiner → Masse, aber nicht mit ihr identisch.

Halbwertszeit:
Der Zeitraum, innerhalb dessen die Hälfte der zu seinem Beginn vorhandenen → Atomkerne zerfällt. Mithin bleibt nach einer Halbwertszeit die Hälfte der Atomkerne übrig, nach zwei Halbwertszeiten ein Viertel (0,5 × 0,5) usw.

Helium:
Das zweitleichteste und zweithäufigste Element im Universum. Die Kerne bestehen aus zwei → Protonen und zwei → Neutronen.

Impuls:
Maß für die Neigung eines Körpers, seine lineare Bewegung beizubehalten.

Isotropie:
Die Richtungsunabhängigkeit der physikalischen und chemischen Eigenschaften von Stoffen. Hier vor allem die Richtungsunabhängigkeit des physikalischen Raums.

Katalysator:
Ein Stoff, der die Geschwindigkeit einer Reaktion verändert oder Reaktionen in bestimmte Richtungen drängt (meist beides), ohne sich in seiner Menge zu verändern, so daß er sich immer wieder für diese Reaktionen verwenden läßt. Lebende Organismen sind zwingend darauf angewiesen, daß Katalysatoren die biologischen Reaktionen inner- und außerhalb ihrer Zellen beschleunigen.

Kelvin-Temperaturskala:
Eine Temperaturskala, deren Nullpunkt gleich dem → absoluten Nullpunkt der Temperatur ist. Im Unterschied dazu fällt der Nullpunkt der Celsius-Skala mit dem Schmelzpunkt von Eis zusammen, der bei einem Luftdruck von 1 Bar, wie er an der Erdoberfläche herrscht, bei 273,15 K liegt.

Kernsynthese:
Die Erzeugung von → Atomkernen aus den Elementarbausteinen → Protonen und → Neutronen. Beim → Urknall kam es zur Kernsynthese von → Helium; die nahezu aller anderen Elemente fand und findet im Inneren von Sternen statt.

Kinetische Energie (Bewegungsenergie):
Die Energie, die ein Körper aufgrund seiner Bewegung besitzt. Sie spielt eine entscheidende Rolle in der Quantenmechanik, allerdings hat die Relativitätstheorie die »klassische« kinetische Energie eines Körpers, der sich im Verhältnis zu einem Bezugssystem bewegt, revidiert.

Kosmische Hintergrundstrahlung (kosmische Urstrahlung):
Diese Radiowellenstrahlung im Bereich der Zentimeterwellen erfüllt das gesamte Weltall isotrop strahlend. Sie gleicht der »schwarzen Strahlung« im Inneren eines Hohlraums, dessen Wände eine Temperatur von 3 K besitzen. Arno Penzias und Robert Wilson erhielten im Jahr 1964 den Nobelpreis für die Entdeckung dieser Hintergrundstrahlung.

Kosmologie:
Die Lehre von den Eigenschaften, beispielsweise Ausdehnung und Struktur, sowie den Anfängen des Weltalls (Universum oder Kosmos).

Kritische Dichte:
Der Mindestwert, den die gegenwärtige kosmische Dichte haben muß, wenn die Expansion des Universums aufhört, damit ihr eine Kontraktion folgen kann. Sollte die kosmische Dichte die kritische Dichte übertreffen, wäre das Universum, räumlich gesehen, endlich.

Lichtgeschwindigkeit:
Die der → speziellen Relativitätstheorie zugrundeliegende Konstante (299 792 km/Sek.). Mit Lichtgeschwindigkeit bewegen sich Gravitonen, → Neutrinos und → Photonen (das Licht).

Lichtjahr:
Die Entfernung, die das Licht in einem Jahr zurücklegt (rund $9{,}5^{12}$ km).

Masse:
Eine der Grundgrößen der Physik. Die Menge der in einem Objekt enthaltenen Materie, der häufig auch annähernd ihr → Gewicht entspricht. Die sogenannte *träge Masse* eines Körpers ist das Maß des Widerstandes, den er gegen eine Änderung des gegenwärtigen Bewegungszustands aufbringt.

Mischna:
Ein Bestandteil des → Talmud, der die → Thora kommentiert und interpretiert. Die Mischna ist die schriftliche Fixierung des mit der Thora auf dem Sinai gegebenen mündlichen Gesetzes und enthält Äußerungen zu religiösen und anderen Vorschriften und Bräuchen, die zum Teil nicht aus einer buchstäblichen Lektüre des Thoratextes hervorgehen. Sie entstand im Zeitraum von 300 v. u. Z. bis 200 u. Z. Um das Jahr 200 u. Z. hat sie der

Überlieferung nach Rabbi Yehuda Ha-Nassi redigiert. Das Wort »Mischna« bedeutet soviel wie »mündliche Lehre, Wiederholung«.

Morphologie:
Der Zweig der Biologie, der sich mit Gestalt und Aufbau von Pflanzen und Tieren beschäftigt.

Myon (gelegentlich auch als *μ-Meson* bezeichnet):
Ein in der Natur durch den Zusammenstoß von → Photonen und → Atomkernen nahe der obersten Schicht der Erdatmosphäre erzeugtes → Elementarteilchen. Es besitzt wie das → Elektron eine negative Ladung, ist aber 207mal so schwer. Seine → Halbwertszeit beträgt 1,5 μs.

Neutrino:
Ein masseloses, elektrisch neutrales Teilchen, das lediglich der → schwachen Wechselwirkung und der Schwerkraft unterliegt. → Supernovae erzeugen Neutrinos in großer Zahl.

Neutronen:
→ Elementarteilchen von etwas höherem Gewicht als → Protonen. Es hat die Ladung 0 und gehört zu den Elementarteilchen, die sich in den Kernen aller Atome finden, die schwerer als → Wasserstoff – das leichteste Atom – sind. Als Teil eines → Atomkerns ist das Neutron stabil; nicht an einen Atomkern gebundene Neutronen hingegen sind instabil und haben eine durchschnittliche → Halbwertszeit von etwa 15 Minuten.

Newtonsche Mechanik:
Eine Beschreibung der physischen Welt, bei der in allen Systemen der Ablauf der Zeit unabhängig von relativen Beziehungen zwischen diesen Systemen identisch ist.

Nukleosynthese:
Ein anderer Begriff für → Kernsynthese.

Ontogenie (Ontogenese):
Der Werdegang eines einzelnen Lebewesens von der befruchteten Eizelle bis zum Alterstod. Die Aussage »Die Ontogenie wiederholt die Phylogenie (Stammesentwicklung)« bedeutet, daß in bestimmten Entwicklungsstadien eines Organismus Embryo und Fetus Körperteile und Merkmale besitzen, die sich während der Stammesentwicklung in ihren Vorläufern befanden. So besitzt der menschliche Fetus in bestimmten Wachstumsstadien Kiemenspalten wie ein Fisch, später ein in drei Kammern gegliedertes Herz wie ein Reptil und danach einen Schwanz, ähnlich wie nichthominide Säuger.

Orthogenese (Orthogenie):
Eine Hypothese, der zufolge die – im Verlauf der Generationen erfolgende – stammesgeschichtliche Entwicklung der Lebewesen durch zielgerichtete innere Faktoren zu einer dem Beobachter möglicherweise unbekannten Endform hin vorherbestimmt ist.

Photon:
Das mit einer Lichtwelle verbundene Teilchen der elektromagnetischen Strahlung (die sich unter anderem in Form von Licht zeigt). Licht kann entweder als Energiewelle oder als Strom einzelner → Photonen beschrieben werden.

Proton:
Ein positiv geladenes Teilchen, das sich in allen → Atomkernen findet und diesen seine positive Ladung gibt.

Pulsierendes Universum:
Eine Variante des → Standardmodells des Universums, die besagt, das Universum habe eine unendliche Zahl von Ausdehnungs- und Kontraktionszyklen hinter sich und werde sich auch

weiterhin ausdehnen und zusammenziehen, wobei jeden dieser Zyklen ein → Urknall kennzeichne. Nach dieser Theorie gibt es im Universum weder Anfang noch Ende.

Radioaktivität:
Der spontane Zerfall eines → Atomkerns in kleinere Kerne, bei dem Energie in Form von Alpha-, Beta- und Gammastrahlen – letzteres ist die elektromagnetische Strahlung – freigesetzt wird.

Raum-Zeit-Kontinuum:
Eine Betrachtungsweise der Welt, welche die vier Dimensionen Länge, Breite, Höhe und Zeit gleichzeitig einbezieht. Daher ist das Raum-Zeit-Kontinuum vier- und nicht dreidimensional, wie wir es üblicherweise handhaben, wenn wir den Raum unabhängig von der Zeit beschreiben.

Rotverschiebung:
Der → Doppler-Effekt bewirkt, daß das Spektrum einer sich vom Beobachter entfernenden Lichtquelle stärker rot erscheint, als wenn es zwischen der Quelle und dem Beobachter keine relative Bewegung gegeben hätte. Zu diesem Phänomen kommt es durch die Verschiebung der Spektrallinien zum langwelligen Ende des Spektrums hin. Die Rotverschiebung im Licht eines Sterns weist darauf hin, daß sich dieser von der Erde fortbewegt.

Ruheenergie:
Die Energie, die freigesetzt würde, ließe sich die gesamte → Masse eines im Ruhezustand befindlichen Teilchens entsprechend Einsteins Formel $E = mc^2$ in ihre gesamte Energie umsetzen.

Ruhemasse:
Die → Masse eines im Ruhezustand befindlichen Teilchens.

Schwache Wechselwirkung:
Eine der Grundkräfte der Natur. Sie ist 100 000mal schwächer als die → starke Wechselwirkung und bewirkt den Zerfall von → Atomkernen und freien → Neutronen.

Schwarze Temperatur:
Die Temperatur, auf die man einen vollständig schwarzen Körper (schwarzer Strahler, schwarzer Körper, Planckscher Strahler) erwärmen müßte, damit dieser eine bestimmte Wärmestrahlung abgibt. Beispielsweise ist eine Strahlung mit der → Wellenlänge 7,35 cm gleich der Strahlung eines auf 3,5 K erwärmten schwarzen Körpers.

Schwarzes Loch:
Bezeichnung für einen durch Schwerkraftkollaps gänzlich in sich zusammenstürzenden Stern. Dazu gehört auch der sehr kleine Raum um ihn herum, aus dem wegen hoher Schwerkraft und starker Raumkrümmung keinerlei Strahlung mehr nach außen dringen kann, auch keine → Photonen.

Spezielle Relativitätstheorie (spezielle Relativität):
Die Beschreibung physikalischer Systeme, in denen eine zwischen ihnen stattfindende relative Bewegung die Wahrnehmung der Größe, → Masse und des Zeitablaufs beeinflußt. Sie wurde 1905 von Albert Einstein veröffentlicht.

Standardmodell des Universums:
Eine Beschreibung der Anfänge und Entwicklung des Universums, die weithin als richtig angenommen wird (daher die Bezeichnung »Standard«-Modell). Es besagt, daß Raum, Materie und der Ablauf der Zeit im Augenblick des → Urknalls gleichzeitig auftraten. Seit dem Urknall befindet sich das Universum im Zustand der Expansion. Das Standardmodell sagt nichts darüber, ob diese Expansion für alle Zeiten weitergehen wird oder nicht.

Starke Wechselwirkung:
Die stärkste der vier allgemeinen Klassen von Wechselwirkungen der → Elementarteilchen. Sie wirkt auf Entfernungen von 10^{-15} m und bindet die Teilchen an die → Atomkerne.

String-Theorie:
Eine neuere *theoretische* Beschreibung des Universums, die der Materie – wie beispielsweise → Protonen und → Elektronen – sowie den Kräften – wie beispielsweise Schwerkraft und Elektromagnetismus – des Universums 10 Dimensionen zuspricht. Dabei lassen sich vier im Alltag als Länge, Breite, Höhe und Zeit wahrnehmen. Von den übrigen sechs Dimensionen wird angenommen, daß sie zwar existieren, aber wegen ihrer geringen Ausdehnung nicht meßbar sind.

Supernova:
Die Explosion eines Sterns. Gewöhnlich werden während der ersten Tage einer solchen Explosion ungeheure Energiemengen freigesetzt. Eine 1987 beobachtete Supernova war so stark, daß sie sich auf der Erde mit bloßem Auge wahrnehmen ließ, obwohl sich der Stern 170 000 → Lichtjahre von ihr entfernt befand.

Talmud:
Das Wort bedeutet »Lehre« oder »mündlich überliefertes Gesetz«. Eine Sammelbezeichnung für die beiden großen Literaturwerke des Judentums, die → Mischna und die Gemara (rabbinische Kommentare zur Mischna). Da der knappe Stil, in dem die Mischna geschrieben wurde, ihr Verständnis erschwerte, wurde zur Erläuterung ihrer Grundgedanken die Gemara hinzugefügt. Der Text des (Jerusalemer) Talmud wurde um das Jahr 500 u. Z. abgeschlossen.

Teleologie:
Die Lehre von der Zielgerichtetheit, beispielsweise eines Vorgangs, wobei unerheblich ist, ob das Ziel bekannt ist oder

nicht. In der Natur könnte man den Weg des Lebens von einfachsten zu höheren Formen als teleologisch bestimmt ansetzen.

Thermodynamik:
Der Teil der Physik, der sich mit Vorgängen oder Beziehungen von Wärme und Materie beschäftigt.

Thora:
Das Wort bedeutet »Weisung«, »Gesetz« und bezieht sich auf die fünf Bücher des Mose: Genesis, Exodus, Leviticus, Numeri, Deuteronomium. Nach dem Auszug aus Ägypten wurde die Thora – so die Überlieferung – vor etwa 3400 Jahren auf dem Berg Sinai Mose offenbart.

Ultraviolette Strahlung (UV-Strahlung):
Eine Form elektromagnetischer Strahlung, deren → Wellenlänge kürzer als die des sichtbaren Lichts ist. In starken Dosierungen, wie beispielsweise außerhalb der Erdatmosphäre, kann UV-Strahlung tödlich wirken.

Unschärferelation:
Man kann nicht Position und zugleich Geschwindigkeit eines Teilchens mit absoluter Genauigkeit angeben: Je genauer man die eine Größe kennt, desto größer wird die Ungewißheit mit Bezug auf die andere.

Urknall:
Die »Explosion«, die der Theorie nach am Anfang des Universums stand. Seit dem Urknall hat sich das Universum von dem winzigen Volumen, das es anfänglich besaß, stets weiter ausgedehnt.

Wasserstoff:
Das leichteste und häufigste chemische Element im Universum. Sein Kern besteht aus einem einzigen → Proton; vergleiche auch → Deuterium.

Wellenlänge:
Bei einer Welle der Abstand zwischen zwei benachbarten Wellenkämmen oder Wellentälern. Kehrwert der → Frequenz. Beispielsweise beträgt die Wellenlänge des roten Lichts ungefähr 0,7 μm oder 700 nm (Nanometer).

Zentrifugalkraft:
Eine vom Menschen wahrnehmbare Kraft, die bei Richtungsänderung einer geradlinigen Bewegung den Eindruck hervorruft, als werde ein Objekt – beispielsweise man selbst – nach außen getrieben. Insassen eines Autos spüren diese Wirkung in scharfen Kurven. Diese Kraft existiert aber nicht wirklich, es handelt sich lediglich um eine auf die Massenträgheit der Insassen zurückgehende Empfindung. Diese Massenträgheit strebt danach, die geradlinige Bewegung fortzusetzen, während das Auto die Insassen zwingt, die Kurve mitzugehen.

Anmerkungen

Biblische Texte wurden unterschiedlich nach der Luther-Bibel, der Zürcher Bibel, der Stuttgarter Bibel und der Einheitsübersetzung zitiert. Maßgebend war dabei das Bemühen, anhand der jeweiligen Wahl der Übersetzung der theologischen Linie des Autors bestmöglich zu entsprechen. Gelegentlich erwies es sich als notwendig, der wortwörtlichen Übersetzung des Autors nach dem hebräischen Original zu folgen. Soweit es sich nicht um detailrelevante oder theologisch umstrittene Bibelstellen handelt, erhielt die moderne Einheitsübersetzung den Vorzug.

Schwankungen in der Bezeichnung des jüdischen Gottes (Jahwe, Jehova) ergeben sich aus der Verwendung unterschiedlicher Übersetzungen.

Kursivschrift in Bibelzitaten besagt immer Hervorhebung durch den Autor (Anm. d. Verlages).

Einleitung

1 Da dieses Buch keiner bestimmten Religion verpflichtet ist, werden Daten nicht mit dem Zusatz »v. Chr.« oder »n. Chr.« angegeben, sondern mit dem Zusatz »v. u. Z.« (= vor unserer Zeitrechnung) und »u. Z.« (= unserer Zeitrechnung).

2 *Babylonischer Talmud*, Traktat Sabbat 31a.

1
Die Suche

1 *Babylonischer Talmud,* Traktat Avoth 2, 19.
2 Die in diesem Buch angeführten paläontologischen und archäologischen Datierungen sind Durchschnittswerte aus einer Vielzahl von Quellen, wie z. B. Fachbüchern, naturwissenschaftlichen Zeitschriften und persönlichen Nachforschungen in Museen. Die Bibliographie enthält eine Auswahlliste der veröffentlichten Quellen.
3 Die moderne Exegese unterscheidet zwei Schöpfungserzählungen: die jüngere, sogenannte priesterschriftliche Beschreibung 1 Mose 1, 1–2,4a (um 500 v. u. Z.) und die ältere, jahwistische Darstellung 1 Mose 2, 4b–25 (um 900 v. u. Z.). Der Autor trifft diese Unterscheidung nicht, sondern verwendet »Schöpfungserzählung« im ganzheitlichen Sinn, was aus seiner Sicht nur folgerichtig ist, da er den traditionellen Standpunkt vertritt, die fünf Bücher des Mose seien diesem vor 3400 Jahren am Berg Sinai (von Gott) geoffenbart worden (vgl. Glossar, Stichwort »Thora«), womit sich weitere textgeschichtliche Fragestellungen erübrigen (Anm. d. Verlages).
4 Geologen sprechen in Anlehnung an die englische Ausgangsform »fossil record« vom »Fossilbericht«. Dieser Begriff wird nachstehend in Anführungszeichen verwendet.
5 *Babylonischer Talmud,* Traktat Sanhedrin 64b.
6 Maimonides, *Mischna* 4, 10, sowie *Führer der Unschlüssigen,* Teil 3, Kapitel 51.
7 *Babylonischer Talmud,* Traktat Sanhedrin 34a.
8 Nach den Anfangsbuchstaben des Namens *Ra*bbi *M*ose *b*en *M*aimon wird er auch »Rambam« genannt. Er stammt aus Córdoba und wirkte in Spanien und Ägypten (Anm. d. Übersetzers).
9 Nach den Anfangsbuchstaben des Namens *Ra*bbi *M*ose *b*en *N*ahman auch als »Ramban« bekannt. Er wirkte gleichfalls in Spanien und ging später, als ihn der König verbannte, nach Palästina (Anm. d. Übersetzers).
10 Als »Steady-State-Theorie« (wörtlich: Theorie des ständig unverändert bleibenden Zustands) wird die von Bondi, Gold und Hoyle entwickelte kosmologische Lehre bezeichnet, der zufolge sich die durchschnittlichen Eigenschaften des Weltalls nicht mit der Zeit ändern. Damit die Dichte bei einer beständigen Expansion des

Weltalls konstant bleibt, muß fortwährend neue Materie erzeugt werden (Anm. d. Übersetzers).

11 Ein solches »Krönchen« findet sich beispielsweise im Hebräischen bei den Worten auf S. 85. Mit Hilfe dieser Markierungen, hoch- oder tiefgestellter sowie seitenverkehrter Buchstaben (häufig wurden sie auch mit einem darüber gestellten Punkt gekennzeichnet) machten die »soferim« (Schreiber des Buches), denen es nicht gestattet war, am Text etwas zu ändern, auf orthographische Weise textkritische Andeutungen. Einige Beispiele: nehoset = neḥošet (S. 53), hokmah nistarah = ḥokmah nistarah (S. 95), merahefet = meraḥefet (S. 130) (Anm. d. Übersetzers).

12 *The New York Times,* 4. November 1980, S. C3.

2
Die sich dehnende Zeit

1 Raschi, *Kommentar zu 1 Mose 1, 1.*

2 Nachmanides, *Kommentar zur Thora,* Schöpfungsgeschichte 5, 4.

3 Thomas (Hrsg.), *Archaeology and Old Testament Study* (Archäologie und Exegese des Alten Testaments).

4 Newton, *Mathematische Grundlagen der Naturphilosophie.*

5 Cohen, *The Birth of a New Physics* (Entstehung einer neuen Physik).

6 Pagels, *Perfect Symmetry* (Vollkommene Symmetrie).

7 Shankland, »The Michelson-Morley experiment« (Michelsons und Morleys Experiment), in: *American Journal of Physics,* 32 (1964), S. 16.

8 Hermann, *The Genesis of the Quantum Theory (1899–1913)* (Entstehungsgeschichte der Quantentheorie).

9 Ebd.

10 Hafele und Keating, »Around-the-world atomic clocks: observed relativistic time gains« (Beim Flug mit Atomuhren um die Welt beobachtete Zeitmessung auf der Grundlage der Relativitätstheorie), in: *Science* 117 (1972), S. 168.

11 Ebd.

12 Woosley und Phillips, »Supernova 1987A!«, in: *Science* 240 (1988), S. 750.

13 Die Bedeutung des Wortes »nefeš« ist außerordentlich komplex. Eigentlich heißt es soviel wie: »Person«, »Selbst«, »lebendiges We-

sen« im Sinne einer individuellen Persönlichkeit, das »Ich« mit aller Lebenskraft und Lebensfreude (Anm. d. Übersetzers).

14 Eigentlich »Atem«, »Wind«, »(Lebens-)Hauch« (Anm. d. Übersetzers).

15 Maimonides, *Führer der Unschlüssigen,* Teil 1, Kapitel 67.

3
Eine dunkle Ahnung vom Ausmaß der Expansion: Der Urknall im Senfkorn

1 Diese Fassung (aus L. Feuchtwangers *Der Jüdische Krieg)* scheint hier treffender als das in den üblichen Bibelübersetzungen zu findende »... gebärde dich nicht so weise; warum willst du dich zugrunde richten?« (Anm. d. Übersetzers).

2 Eine Darstellung der Ergebnisse dieses Kongresses findet sich in: Hawking, *A Brief History of Time* (Eine kurze Geschichte der Zeit), S. 115–116.

3 Nachmanides, *Kommentar zur Thora,* Schöpfungsgeschichte 1, 4. 5.

4 Maimonides, *Führer der Unschlüssigen,* Teil 2, Kapitel 13.

5 Eine Beschreibung dieser »Faden-Theorie« findet sich u. a. in F. David Peat, *Superstrings. Kosmische Fäden. Die Suche nach der Theorie, die alles erklärt.* Weitere deutsche und englische Titel finden Sie in der Bibliographie.

6 Weinberg, *Die ersten drei Minuten,* S. 21.

7 *Babylonischer Talmud,* Traktat Chagigah 2, 1.

8 Maimonides, *Führer der Unschlüssigen,* Teil 2, Kapitel 27.

9 Dieses ausschließlich zur Bezeichnung göttlichen Schaffens verwendete Wort bedeutet ein analogieloses Schaffen. Die vom Autor angegebene Übersetzung ist eine zulässige Interpretation der Bibelstelle (Anm. d. Übersetzers).

10 Gore, »The once and future universe« (Universum einst und künftig), in: *National Geographic* 163 (1983), S. 741.

11 Cohen und Drubkin, *A Source Book in Greek Science* (Ein Quellenbuch zur Naturwissenschaft Griechenlands).

12 Nachmanides, *Kommentar zur Thora,* 1 Mose 1, 1.

13 Zwei lesbare und lesenswerte Darstellungen dieser Theorie finden

sich in: Hawking, *A Brief History of Time,* und Weinberg, *Die ersten drei Minuten.*
14 Nachmanides, *Kommentar zur Thora,* Einleitung.

4
Anfänge

1 Bondi, *Cosmology.*
2 Steven Weinberg, *Die ersten drei Minuten,* S. 21.
3 Eine ausgezeichnete Darstellung ihres Beitrags zur Kosmologie findet sich in: Steven Weinberg, *Die ersten drei Minuten.*
4 Texte, die sich mit der »kritischen Dichte« beschäftigen, finden sich in den in der Bibliographie zitierten Werken zur Kosmologie sowie in nachstehenden Zeitschriften-Aufsätzen: Gore, »The once and future universe«, in: *National Geographic* 163 (1983), S. 704, und Rothman, »Cosmic lithium suggests the universe is open« (Das Vorhandensein von Lithium im Weltraum weist auf ein offenes Universum hin), in: *Scientific American* 261 (August 1989), S. 16.
5 Woosley und Weaver, »The great supernova of 1987«, in: *Scientific American* 261 (August 1989), S. 36.
6 Weinberg, *Die ersten drei Minuten,* S. 161.
7 Whitrow, *The Structure and Evolution of the Universe* (Struktur und Entwicklung des Universums), sowie Albert Einstein, *Grundzüge der Relativitätstheorie.*

5
Gesucht: Ein großes Universum

1 Nachmanides, *Kommentar zur Thora,* 1 Mose 1, 4.
2 Genesis Rabba, *A commentary on the book of Genesis* (Ein Kommentar zur Genesis), aus dem 5. Jahrhundert.
3 Im Hebräischen gibt es keine Flexion der Nomina; Beziehungen werden mit Hilfe unveränderlicher Partikeln erläutert, die mit einem Nomen verbunden sind. Das hier angeführte »et« bezeichnet ein Objekt – in der Regel das Akk.-Objekt (Anm. d. Übersetzers).
4 *Babylonischer Talmud,* Traktat Chagigah 12a.
5 Guth und Steinhardt, »The inflationary universe« (Die Aufblähung des Universums), in: *Scientific American* 250 (Mai 1984), S. 116.

6 Maimonides, *Führer der Unschlüssigen,* Teil 1, Kapitel 40.

7 Das gilt, wie der Autor sagt, für die Genesis. In der hebräischen Bibel kommt der Stamm »rhp«, von dem diese Verbalform (genau: ein Partizip) abgeleitet ist, dreimal vor: 1 Mose 1, 2; 5 Mose 32, 11 und Jesaja 23, 9. Die Grundbedeutung ist unklar; nach der auch vom Autor genannten Stelle 5 Mose 32, 11 faßt man das Wort als »schweben« auf (Anm. d. Übersetzers).

8 »Ruach« kann gleichermaßen »Wind«, »Atem« oder »Geist« heißen; auf jeden Fall handelt es sich um eine unsichtbar wirkende physische oder psychische Kraft (Anm. d. Übersetzers).

6
Abend und Morgen: Vom Chaos zur Ordnung

1 Das Wort »Targum« bedeutet einfach »Übersetzung«. Die Targumin waren – sehr freie – Übertragungen der alttestamentlichen Texte aus dem Hebräischen ins Aramäische und hatten ihre Wurzeln in einer zunächst mündlichen Simultanübersetzung der gottesdienstlichen Lesungen. Das *Targum Onkelos* ist die alte und im synagogalen Gottesdienst gebrauchte Übersetzung der Thora durch Onkelos (Anm. d. Übersetzers).

2 Nachmanides, *Kommentar zur Thora,* 1 Mose 1, 5.

3 Diese Bedeutung von »boqer« beruht auf einer älteren Hypothese zur außerordentlich komplizierten Etymologie des Wortes, die heute kaum noch vertreten wird (Anm. d. Übersetzers).

4 Onkelos, *Übersetzung der Thora,* 1 Mose 1, 31.

7
Die Entstehung des Lebens: Zufall und Wahrscheinlichkeit

1 Eine ausführliche Behandlung der Fragen, die Millers Aufsatz aufwirft, findet sich in: Dickerson, »Chemical evolution and the origin of life« (Chemische Evolution und der Ursprung des Lebens), in: Dobshansky u. a., *Evolution,* S. 30.

2 Taylor, *The Great Evolution Mystery* (Das große Geheimnis der Evolution), S. 166–169.

3 Wald, »The origin of life« (Die Entstehung des Lebens), in: *Scientific American* 191 (August 1954), S. 48.
4 Bargoorn, »The oldest fossils« (Die ältesten Fossilien), in: *Scientific American* 224 (Mai 1971), S. 30; Schopf, »The evolution of the earliest cells« (Die Entwicklung der frühesten Zellen), in: *Scientific American* 239 (September 1978), S. 84.
5 Crick und Orgel, »Directed panspermia« (Gesteuerte Panspermie), in: *Icarus* 19 (1973), S. 341; sowie Hoyle und Wickramasinghe, *The Origin of Life* (Die Entstehung des Lebens).

8
Die Erde: Wiege des Lebens

1 Die Werte in Tabelle 4 sind nach Angaben berechnet, die sich in Dickerson, »Chemical evolution and the origin of life« (Chemische Evolution und die Entstehung des Lebens), finden sowie auch in Dobzahnsky u. a., *Evolution.*
2 Schwartz, »Muddy evidence« (Unsichere Belege), in: *Scientific American* 260 (Juni 1989), S. 13.
3 Von Arx, *An Introduction to Physical Oceanography* (Eine Einführung in die physikalische Ozeanographie).

9
Der Mensch: Leib *und* Seele

1 Eldredge und Gould, in: *Models in Paleobiology* (Modelle der Paläobiologie), Hrsg. von T. Schopf, S. 82–115; sowie Gould und Eldredge, »Punctuated equilibria: the tempo and mode of evolution reconsidered« (Das Gleichgewicht der abgesetzten Entwicklung: neue Erwägungen zur Geschwindigkeit und Art der Evolution), in: *Paleobiology* 3 (1977), S. 115.
2 *The New York Times,* 4. November 1980, S. C 3.
3 Crick und Orgel, »Directed panspermia«, in: *Icarus* 19 (1973), S. 341.
4 Nachmanides, *Kommentar zur Thora,* 1 Mose 1, 11.
5 Ebd., 1 Mose 1, 6.
6 *The New York Times,* 4. November 1980, S. C 3.

7 Ridley, »Evolution and gaps in the fossil record« (Evolution und Lücken bei den fossilen Zeugnissen), in: *Nature* 286 (1980), S. 444.
8 Taylor, *The Great Evolution Mystery* (Das große Geheimnis der Evolution), S. 230.
9 *Babylonischer Talmud,* Traktat Chullin 27b.
10 In der Fachsprache »adaptive Variation« (Anm. d. Übersetzers).
11 Eine anschauliche Einführung in die Populationsgenetik findet sich bei Francisco J. Ayala, »Mechanisms of evolution« (Mechanismen der Evolution), in: *Scientific American* 239 (September 1978), S. 56–69 (dt. Übersetzung unter dem Titel »Evolution«, in: *Spektrum der Wissenschaft,* 1982, S. 20–30, Vorr. E. Mayr).
12 Weaver, »The search for our ancestors« (Die Suche nach unseren Vorfahren), in: *National Geographic* 168 (1985), S. 560.
13 Nachmanides, *Kommentar zur Thora,* 1 Mose 5, 4.
14 Valentine in Dobzhansky u. a., *Evolution,* S. 66.
15 Gore, »Extinctions: what caused the earth's great dyings?« (Untergang von Arten: Was verursachte das große Sterben auf der Erde?), in: *National Geographic* 175 (1989), S. 662.
16 L. Alvarez u. a., »Extraterrestrial cause for the Cretaceous-Tertiary extinction« (Außerirdische Ursache für das Artensterben in der Kreidezeit/Tertiärgrenze), in: *Science* 208 (1980), S. 1095.
17 Gould, *Hen's Teeth and Horse's Toes*: dt.: »Hühnerzähne und Pferdezehen«, in: S. J. Gould, *Wie das Zebra zu seinen Streifen kam,* Basel 1986.
18 Mayr in Dobzahnsky u. a., *Evolution,* S. 8.
19 Ebd., S. 4.
20 Ebd.
21 Raschi, *Kommentar zur Thora,* 1 Mose 30, 38.
22 White, »Visual thinking in the Ice Age« (Visuelles Denken in der Eiszeit), in: *Scientific American* 261 (1989), S. 94; und Putnam, »The search for modern humans« (Die Suche nach den modernen Menschen), in: *National Geographic* 174 (1988), S. 439.
23 Weaver, »The search for our ancestors« (Die Suche nach unseren Vorfahren), in: *National Geographic* 168 (1985), S. 560; Dubos, *Celebration of Life* (Das Leben wird gefeiert), S. 20; sowie Gould, *Ever Since Darwin,* S. 181 (dt.: *Darwin nach Darwin,* S. 153).
24 Garrett, »Where did we come from?« (Woher sind wir gekommen?), in: *National Geographic* 174 (1988), S. 434.

25 Lampert und Branwell (Hrsg.), *The Brain* (Das Gehirn).

26 Nachmanides, *Kommentar zur Thora,* 1 Mose 1, 1; 1, 2; 1, 4;1, 26; sowie Maimonides, *Führer der Unschlüssigen,* Teil 1, Kapitel 27 und 29.

27 Nachmanides, *Kommentar zur Thora,* 1 Mose 1, 26.

28 Maimonides, *Führer der Unschlüssigen,* Teil 1, Kapitel 7.

29 Nachmanides, *Kommentar zur Thora,* 1 Mose 2, 7.

11
Ein allmächtiger Gott in einem begrenzten Universum

1 Wald, »The origin of life« (Der Ursprung des Lebens), in: *Scientific American* 191 (August 1954), S. 48.

2 Mayr in Dobzhansky u. a., *Evolution,* S. 6.

3 Gleick, *Chaos: Making a New Science* (Chaos: Eine neue Naturwissenschaft entsteht).

4 Gibbons, »Chaos and the real world« (Chaos und die wirkliche Welt), in: *Technology Review* 91 (Juli 1988), S. 10–11.

5 Das Auftreten des Altruismus in der Natur findet sich in nachstehenden Werken untersucht: Stephen J. Gould, *The Panda's Thumb* (dt. *Der Daumen des Panda, Betrachtungen zur Naturgeschichte,* Birkhäuser, Basel 198); Taylor, *The Great Evolution Mystery* (Das große Geheimnis der Evolution); Smith, *The Evolution of Behavior* (Die Evolution des Verhaltens); sowie Gerald S. Wilkinson, »Food sharing in vampire bats«, in: *Scientific American* 262 (Februar 1990), S. 76 (dt.: »Soziales Blutspenden bei Vampiren«, in: *Spektrum der Wissenschaft* 4/90, S. 100–107).

6 *Babylonischer Talmud,* Traktat Megillah 31a.

Bibliographie

1. Zur Bibel

(Die in diesem Teil der Bibliographie enthaltenen Werke werden nach dem Alter der Originalquelle aufgeführt, in den anderen Teilen alphabetisch.)

The Holy Scriptures, Jerusalem 1969 (Hebräisch und Englisch).

Rosenbaum, M., und Silbermann, A., *Pentateuch mit Onkelos' Übersetzung* (ins Aramäische), und *Raschis Kommentar*, Jerusalem 1973 (Hebräisch und Englisch).

The Babylonian Talmud, Jerusalem 1978 (Aramäisch).

Mose Ben Maimon (Maimonides), *Führer der Unschlüssigen*. Übs. u. Komm. v. Adolph Weiss, Hamburg 1972.

Nachmanides, *Commentary on the Torah*. Hrsg. v. C. Chavel, Jerusalem 1958 (Hebräisch).

–, *Commentary on the Torah*. Übs. und hrsg. v. C. Chavel, New York 1971 (Englisch).

2. Zur Kosmologie und Physik

Atkins, K., *Physik. Die Grundlagen des physikalischen Weltbildes*. Aus d. Amerik. übs. u. bearb. v. Hans Sichting, Berlin ²1986.

Badash, L., »The age-of-the-earth debate«, in: *Scientific American* 261 (August 1989), S. 90–96.

Bloxham, J., und Gubbins, D., »The evolution of the earth's magnetic field«, in: *Scientific American* 261 (Dezember 1989), S. 68–75.

Bondi, H., *Cosmology*, Cambridge (England) 1960.

Cohen, I. B., *The Birth of a New Physics*, New York 1985.

Cohen, M., und Drabkin, I., *A Source Book in Greek Science*, Cambridge, Mass., 1958.

Crease, R., und Mann, C., *The Second Creation*, New York 1986.

Davies, Paul, und Brown, Julian, *Superstrings. Eine allumfassende Theorie?* Aus d. Engl. v. Hanspeter Herbst, Basel 1989.

Dickson, F., *The Bowl of Night*, Cambridge, Mass., 1968.

Einstein, A., *Über die spezielle und die allgemeine Relativitätstheorie*, Wiesbaden [23]1988.

Einstein, A., siehe auch Lorentz.

French, A. P., *Albert Einstein – Wirkung und Nachwirkung*. Aus d. Amerik. v. Sylvia Oeser, Wiesbaden 1985.

Gibbons, A., »Chaos and the real world«, in: *Technology Review* 91 (1988), S. 10–11.

Gleick, James, *Chaos – die Ordnung des Universums. Vorstoß in Grenzbereiche der modernen Physik*. Aus d. Amerik. v. Peter Prange, München 1988.

Gore, R., »The once and future universe«, in: *National Geographic* 163 (1983), S. 704–749.

–, »Our restless planet: earth«, in: *National Geographic* 168 (1985), S. 142–181.

Guth, A., und Steinhardt, P., »The inflationary universe«, in: *Scientific American* 250 (Mai 1984), S. 116–128.

Hafele, J., und Keating, R., »Around-the-world atomic clocks: predicted relativistic time gains«, in: *Science* 177 (1972), S. 166–168.

–, »Around-the-world atomic clocks: observed relativistic time gains«, in: *Science* 177 (1972), S. 168–170.

Hawking, S., *Eine kurze Geschichte der Zeit. Die Suche nach der Urkraft des Universums*. Übs. v. Heiner Kober, Reinbek 1988.

Hegstrom, R., und Kondepudi, D., »The handedness on the universe«, in: *Scientific American* 262 (Januar 1990), S. 108–115.

Hermann, A., *The Genesis of the Quantum Theory (1899–1913)*, Cambridge, Mass., 1971.

Kirshner, R., »Supernova – death of a star«, in: *National Geographic* 173 (1988), S. 618–647.

Lewis, G., und Randall, M., *Thermodynamics*, New York 1961.

Lorentz, Hendrik, Einstein, Albert, und Minkowski, Hermann, *Das Relativitätsprinzip*, Stuttgart [9]1990.

Newton, Isaac, *Mathematische Grundlagen der Naturphilosophie*. Hrsg. u. aus d. Lat. übs. v. Ed Dellian, Hamburg 1988.

Pagels, H. R., *Perfect Symmetry,* New York 1985.
Peat, F. David, *Superstrings. Kosmische Fäden. Die Suche nach der Theorie, die alles erklärt.* Aus d. Amerik. v. Heiner Kober, Hamburg 1989.
Rothman, T., »Cosmic lithium suggests the universe is open«, in: *Scientific American* 261 (August 1989), S. 16.
Schilpp, P. A. (Hrsg.), *Albert Einstein als Philosoph und Naturforscher.* Philosophen des 20. Jahrhunderts, 1. Aufl. Stuttgart 1955.
Schwartz, B., »Muddy evidence«, in: *Scientific American* 260 (Juni 1989), S. 13.
Shankland, R., »The Michelson-Morley experiment«, in: *American Journal of Physics* 32 (1964), S. 16–20.
Taylor, E. F., und Wheeler, J. A., *Spacetime Physics,* San Francisco 1966.
Velikovsky, Immanuel, *Erde im Aufruhr,* Berlin 1983.
Von Arx, Wm., *An Introduction to Physical Oceanography,* Reading, Mass., 1962.
Weinberg, Steven, *Die ersten drei Minuten. Der Ursprung des Universums.* Aus d. Amerik. v. Friedrich Griese, München ^{6}1986.
Whitrow, G., *The Structure and Evolution of the Universe,* New York 1959.
Woosley, S., und Phillips, M., »Supernova 1987A!«, in: *Science* 240 (1988), S. 750–759.
Woosley, S., und Weaver, T., »The great supernova of 1987«, in: *Scientific American* 261 (August 1989), S. 32–40.

3. Zur Entstehung des Lebens

Alvarez, L., u. a., »Extraterrestrial cause for the Cretaceous-Tertiary extinction«, in: *Science* 208 (1980), S. 1095–1108.
Ayala, F. J., »The mechanisms of evolution«, in: *Scientific American* 239 (September 1978), S. 56–69.
Barghoorn, E., »The oldest fossils«, in: *Scientific American* 224 (Mai 1971), S. 30–42.
Benditt, J., »Grave doubts: the Neanderthals may have not buried their dead after all«, in: *Scientific American* 260 (Juni 1989), S. 16.
Bürgin, T., u. a., »The fossils of Monte San Giorgio«, in: *Scientific American* 260 (Juni 1989), S. 50–57.

Churchland, P. M. und P. S., »Could a machine think?«, in: *Scientific American* 262 (Januar 1990), S. 32–37.
Coles, J., »The world's oldest road«, in: *Scientific American* 261 (November 1989), S. 100–106.
Crick, F., und Orgel, L. E., »Directed panspermia«, in: *Icarus* 19 (1973), S. 341.
Darwin, Charles, *Die Entstehung der Arten durch natürliche Zuchtwahl.* Übs. v. Carl D. Neumann, Leipzig 1980.
Dobzhansky, T., u. a., *Evolution,* San Francisco 1978.
Dubos, R., *Celebrations of Life,* New York 1981.
Eldredge, N., und Gould, S. J., »Punctuated equilibria: an alternative to phylotic gradualism«, in: *Models in Paleobiology.* Hrsg. v. T. Schopf, San Francisco 1972, S. 82–115.
Fagan, Brian, *Aufbruch aus dem Paradies. Ursprung und frühe Geschichte der Menschen.* Übs. u. f. d. dt. Ausg. bearb. v. Wolfgang Müller, München 1991.
Gore, R., »Extinctions: what caused the earth's great dyings?«, in: *National Geographic* 175 (1989), S. 662–699.
Gould, Stephen J., *Ever Since Darwin,* New York 1977.
–, »Hühnerzähne und Pferdezehen«, in: Gould, S. J., *Wie das Zebra zu seinen Streifen kam,* Basel 1986.
–, *Der Daumen des Panda. Betrachtungen zur Naturgeschichte.* Aus d. Amerik. v. Klaus Laermann, Frankfurt/M. 1989.
– und Eldredge, N., »Punctuated equilibria: the tempo and mode of evolution reconsidered«, in: *Paleobiology* 3 (1977), S. 115–118.
Gregor, B., »Carbon and the atmospheric oxygen«, in: *Science* 174 (1971), S. 316–317.
Hoyle, F., und Wickramasinghe, F., *Lifecloud,* New York 1978.
–, *The Origin of Life,* Cardiff (Wales) 1980.
Jeffrey, D., »Fossils: annals of life written in rock«, in: *National Geographic* 168 (1985), S. 182–191.
Kent, G., *Comparative Anatomy of the Vertebrates,* St. Louis 1983.
Lampert, D., und Brannwell, M. (Hrsg.), *The Brain,* New York 1982.
Leakey, L., und Van Lawick, H., »Adventures in the search for man«, in: *National Geographic* 123 (1963), S. 132–152.
Leakey, M., »Tanzania's Stone Age art«, in: *National Geographic* 164 (1983), S. 84–99.
Leakey, R., und Walker, A., »Homo erectus unearthed«, in: *National Geographic* 168 (1985), S. 624–629.

Marshack, A., »An Ice Age ancestor?«, in: *National Geographic* 174 (1988), S. 478–481.
Mehringer, P., jun., »Weapons of ancient Americans«, in: *National Geographic* 174 (1988), S. 500–503.
Miller, G. T., *Energetics, Kinetics and Life – An Ecological Approach*, Belmont, Cal., 1971.
Miller, S. L., »A production of amino acids under possible primitive Earth conditions«, in: *Science* 117 (1953), S. 528–529.
Morowitz, Harold, *Energy Flow in Biology*, New York 1968.
Oparin, A. I., *The Origin of Life*, New York 1938.
Putnam, J., »The search for modern humans«, in: *National Geographic* 174 (1988), S. 438–477.
Raup, D., Sepkosi, J., jun., »Mass extinctions in the marine fossil record«, in: *Science* 215 (1982), S. 1501–1503.
Renfrew, C., »The origins of Indo-European languages«, in: *Scientific American* 261 (Oktober 1989), S. 106–114.
Rennie, J., »In the beginning: evidence grows that RNA was the first selfmade molecule«, in: *Scientific American* 261 (September 1989), S. 28–32.
Rensberghér, B., »Recent studies spark revolution in the interpretation of evolution«, in: *The New York Times*, 4. November 1980, S. C 3.
Ridley, M., »Evolution and the gaps in the fossil record«, in: *Nature* 286 (1980), S. 444–445.
Rigaud, J. P., »Art treasures from the Ice Age: Lascaux Cave«, in: *National Geographic* 174 (1988), S. 482–499.
Schopf, J. W., »The evolution of the earliest cells«, in: *Scientific American* 239 (September 1978), S. 110–112.
Shakespeare, W., *The Complete Works*, Tudor Edition, London o. J.
–, *Sonette*. Engl. und dt. i. d. Übertr. v. Gottlob Regis, Hamburg o. J.
Stanley, S., und Harper, C., jun., »Stability of species in geologic time«, in: *Science* 192 (1976), S. 267.
Taylor, G. R., *The Great Evolution Mystery*, New York 1983.
Thomas, D. W. (Hrsg.), *Archaeology and Old Testament Study*, Oxford 1967.
Thomas, L., *The Incredible Machine*, Washington, D. C., 1986.
Wald, G., »The origin of life«, in: *Scientific American* 191 (August 1954), S. 44–52.
Weaver, K., »The search for our ancestors«, in: *National Geographic* 168 (1985), S. 559–623.

White, R., »Visual thinking in the Ice Age«, in: *Scientific American* 261 (Juli 1989), S. 92–97.
Wilson, E., »Threats to biodiversity«, in: *Scientific American* 261 (September 1989), S. 108–116.

Stichwortverzeichnis

Die in *kursiv* gesetzten Stichworte beziehen sich auf Zeitschriften und Bücher, auf Eigennamen und Veranstaltungen.